高等教育自学考试
装饰装修工程专业指定教材

AutoCAD装饰设计施工图绘制

蔡红　金光　编著

知识产权出版社
全国百佳图书出版单位

内容提要

本书系"高等教育自学考试装饰装修工程专业指定教材"之一,是根据北京市高等教育自学考试装饰装修工程专业"AutoCAD"教学大纲要求编写的,主要内容包括:概述、绘图准备、绘制环境设置、基本绘图命令、编辑与绘制复杂二维图形工具、文字、尺寸标注及查询命令、块和外部参数、图形的打印和输出、建筑装饰施工图的绘制等。本教材围绕室内装饰施工图讲解AutoCAD2008的命令操作及运用技巧,具有重点突出、注重实践、图文并茂的特点,完全符合自学考试的培养目标。

本书可作为装饰装修工程、室内设计及相关专业的教学和自学用书,亦可作为建筑装饰行业的培训教材。

责任编辑:张 冰　　责任印制:孙婷婷
文字编辑:石陇辉

图书在版编目(CIP)数据

AutoCAD装饰设计施工图绘制/蔡红,金光编著.—北京:知识产权出版社,2012.1(2023.12重印)
高等教育自学考试装饰装修工程专业指定教材
ISBN 978-7-5130-0974-4

Ⅰ.①A… Ⅱ.①蔡… ②金… Ⅲ.室内装饰—建筑设计:计算机辅助设计—AutoCAD软件—高等教育—自学考试—教材 Ⅳ.TU238-39

中国版本图书馆CIP数据核字(2011)第244707号

高等教育自学考试装饰装修工程专业指定教材
AutoCAD装饰设计施工图绘制
蔡红　金光　编著

出版发行:知识产权出版社有限责任公司	
社　　址:北京市海淀区气象路50号院	邮　编:100081
网　　址:http://www.ipph.cn	邮　箱:bjb@cnipr.com
发行电话:010-82000860 转 8101/8102	传　真:010-82005070/82000893
责编电话:010-82000860 转 8024	责编邮箱:740666854@qq.com
印　　刷:北京九州迅驰传媒文化有限公司	经　销:新华书店及相关销售网点
开　　本:787mm×1092mm 1/16	印　张:13.75
版　　次:2009年4月第1版	印　次:2023年12月第5次印刷
字　　数:326千字	印　数:8301~8800
定　　价:30.00元	

ISBN 978-7-5130-0974-4/TU·028 (3856)

版权专有　侵权必究
如有印装质量问题,本社负责调换。

高等教育自学考试
装饰装修工程专业指定教材

编 委 会

名誉主编 安永杰

主 编 蔡 红

编 委 （按姓氏笔画排序）

王淑凤　白英伯　何伟民　何　英

张　寅　杨　儿　金　光　姜喜龙

唐肇文　彭晓燕　葛争红　董景一

序　一

　　高等教育自学考试是我国特有的一种教育制度。凡中华人民共和国公民，不受性别、年龄、民族、种族和已受教育程度的限制，均可参加高等教育自学考试。自学考试以其开放、灵活、国家和个人投资少以及工作与学习矛盾小的优势，为自强不息、立志成才的广大自学者提供了广泛而自由的学习空间。

　　北京是自学考试制度的发源地。28年来，通过自学考试，普通高考落榜生圆了自己的大学梦；通过自学考试，普通高校毕业生取得了"双学历"；通过自学考试，多人获得了学历、技能"双证书"。他们在实现自己人生价值的同时，也为我国的现代化建设作出了重要贡献。多年来的实践表明，自学考试的社会公信度非常高，其学历已被许多发达国家认可。

　　社会的进步和改革开放的深入，对自学考试提出了新要求。在当前和今后相当长的一段时期内，我国高等教育自学考试应该定位在学科型与应用型、职业技能型教育并重，学历教育与非学历教育并重，并大力发展应用型、职业技能型教育的分量，发展技能证书教育，切实提高学生的实践能力、就业能力和创新能力；要以社会需求为导向，拓展自学考试的服务空间，立足于在高等教育层面满足"努力使全体人民学有所教"的需求，全面推进自学考试制度的改革创新和协调发展。

　　多年来，北京联合大学始终坚持适应首都经济建设和社会发展的需要，确立了"发展应用型教育，培养应用型人才，建设应用型大学"的办学宗旨。依托普通高等教育，大力发展成人高等教育，为北京市培养了大批应用型人才。北京联合大学承担了广告（独立本科）、饭店管理、装饰装修工程、网络技术应用与服务等15个面向北京市开考的自学考试专业的主考工作，是北京市自学考试工作的骨干。

　　北京联合大学有一支精业务、重实干、责任心强的专家队伍，他们集多年教学经验，经深入的市场调研，编写了与社会经济发展密切相关的自考教材。蔡红教授主编的装饰装修工程专业系列教材，内容新颖、实用，不仅满足了自考生的自学需求，也为自学考试的教材建设带了好头。

"将来，我们可能盖不了新房子，但肯定要装饰我们的生活空间"——蔡红教授语。

装饰艺术，它的生命力真的很强。

安永杰

2008 年 6 月

序　二

进入 21 世纪，我国的社会经济得到了迅猛发展，尤其是建筑及房地产行业，社会的物质及精神生活都达到了一个崭新高度，与此同时，人们对自身所处的环境要求普遍提高，也对装饰设计有了更深、更全面的认识。各类新材料、新技术、新工艺不断涌现，商业性建筑及居民的家居装饰更新的周期越来越短，装饰市场蓬勃发展，使得装饰行业更加迫切需要既具艺术设计能力、又懂装修技术的专门人才。高等教育自学考试装饰装修工程专业正是在这一背景下应运而生的。

本套高等教育自学考试教材聘请北京市教育考试院自学考试办公室主任安永杰先生任名誉主编、北京联合大学蔡红教授任主编。

本套教材的内容以培养应用型人才为目的，注重"实践性"与"应用性"，内容上力求深入浅出、简洁明了，强调"实操性"与"技术性"，在阐述基础知识的同时，尽量用大量的实例或步骤图来说明问题，以帮助读者理解或掌握该课程。

本套教材包括了高等教育自学考试装饰装修工程专业除公共课之外的所有课程，即《设计素描》、《建筑艺术概论》、《建筑装饰制图》、《建筑效果图表现技法》、《构成设计》、《室内空间设计原理》、《装饰装修工程预算》、《AutoCAD 装饰设计施工图绘制》、《建筑装饰构造与施工》、《装饰工程施工组织与管理》、《建筑装饰设备》、《电脑室内效果图表现技法》。

本套教材依据最新大纲编写，涵盖装饰装修工程专业全部知识点，体系完整，易学易用，因而受众面较广，除了作为高等教育自学考试装饰装修工程专业的指定教材外，还可作为高等院校室内设计、建筑装饰及相关专业的教学用书，同时，亦可作为这些专业的高级培训教材，并可供相关从业人员及所有对装饰装修感兴趣的读者自学参考。

本套教材的出版，得到了北京联合大学自学考试办公室主任王巍老师、北京市自学考试办公室计划科科长赵玉凤老师的热情支持，谨此一并致谢。

　　本套教材的出版，还得到了中国水利水电出版社和知识产权出版社的大力支持，出版社工作人员为之付出了辛勤劳动，在此表示感谢。

　　由于编写时间紧迫，加之经验有限，书中不妥之处在所难免，真诚希望有关专家学者和广大读者给予批评指正。

编委会

2008 年 6 月

前 言

AutoCAD是由美国Autodesk公司开发的一款计算机辅助绘图软件，是CAD技术在绘图方面的应用。它的基本功能是绘制各种工程图形，如今已广泛运用于很多领域。

为了更好地适应装饰装修工程专业的教学，本书不仅介绍了AutoCAD软件基本命令的使用方法，还在讲解过程中时刻围绕"建筑装饰施工图的绘制"这一主题，使学生不但学会软件的操作，还能掌握建筑装饰施工图的绘制技巧。

本书内容丰富，叙述详细，重点突出，循序渐进，通俗易懂，注重理论与操作相结合。全书共分9章，其中第1~8章主要介绍AutoCAD软件的绘制、编辑及打印命令，具体内容包括概述、绘图准备、绘制环境设置、基本绘图命令、编辑与绘制复杂二维图形工具、文字、尺寸标注及查询命令、块和外部参数、图形的打印和输出；第9章则详细讲解了建筑装饰平面图及立面图的绘制步骤，并将前8章的内容综合运用于实际图纸的绘制，具有较强的可读性与实操性，使学生能尽快掌握建筑装饰施工图的绘制技巧。

本书由蔡红主编、统稿。其中，第1~8章由金光编写，第9章由蔡红编写。

本书除了可作为装饰装修工程、室内设计及相关专业的教学和自学用书之外，还可作为建筑装饰行业的培训教材。

由于时间所限，书中不当和疏漏之处在所难免，敬请读者批评指正。

编者
2009年2月

目 录

序一
序二
前言

第1章 概述 ··· 1
1.1 室内设计制图概述 ··· 1
1.2 AutoCAD 界面环境 ··· 2
1.3 图形文件管理 ··· 9

第2章 绘图准备 ··· 12
2.1 绘图的基本常识 ·· 12
2.2 视图显示命令 ··· 14
2.3 对象选择 ··· 17
2.4 利用夹点编辑对象的方法 ·· 18
2.5 绘图中精确定位工具 ·· 20
2.6 QuickCalc 快速计算器 ·· 33
习题 ·· 33

第3章 绘制环境设置 ·· 35
3.1 图幅及绘图单位的设置 ··· 35
3.2 图层、线型及颜色的设定 ·· 37
3.3 管理图层 ··· 39

第4章 基本绘图命令 ·· 41
4.1 绘图菜单与绘图工具栏 ··· 41
4.2 基本绘图命令 ··· 42
习题 ·· 50

第5章 编辑与绘制复杂二维图形工具 ··································· 53
5.1 修改菜单与修改工具栏 ··· 53
5.2 基本编辑工具 ··· 54

5.3　绘制与编辑复杂二维图形对象 63
　　5.4　填充与编辑图案 73
　　习题 78

第6章　文字、尺寸标注及查询命令 81
　　6.1　文字标注 81
　　6.2　文字编辑 87
　　6.3　尺寸标注菜单与标注工具 88
　　6.4　设置尺寸样式 89
　　6.5　尺寸标注 91
　　6.6　尺寸编辑 95
　　习题 96

第7章　块和外部参数 98
　　7.1　图块 98
　　7.2　创建和编辑块属性 100

第8章　图形的打印和输出 103
　　8.1　打印图形 103
　　8.2　输出为其他格式的文件 106
　　8.3　布局 107

第9章　建筑装饰施工图的绘制 113
　　9.1　工程样板文件 115
　　9.2　绘制建筑原况平面图 135
　　9.3　绘制室内平面布置图 163
　　9.4　绘制室内立面图 186

附录A　室内设计制图的要求及规范 198

附录B　题型练习 205

主要参考文献 207

第1章 概　　述

【本章要点】

本章全面介绍了 AutoCAD 软件的基本界面及计算机绘图的基本常识。学习本章，要求了解室内装饰设计的流程及 AutoCAD 的基本界面；识记菜单栏、工具栏、绘图窗口、状态栏、命令行与文本编辑窗口的分布及基本功用；熟练掌握图形文件的新建、打开、保存和关闭。

1.1　室内设计制图概述

1. 室内设计制图的基本概念

室内设计图样是交流设计思想、传达设计意图的技术文件，是室内装饰施工的依据，所以，应该遵循统一制图规范，在正确的制图理论及方法的指导下完成。一般应遵守国家统一的室内制图规范，将室内空间六个面上的设计情况在二维图面上表现出来，它包括室内平面图、室内顶棚平面图、室内立面图和室内细部节点详图等。国家住房和城乡建设部出台的《房屋建筑制图统一标准》（GB 50001—2010）和《建筑制图标准》（GB/T 50104—2010）是进行室内设计手工制图和计算机制图的基本依据。

2. 室内设计制图的方式

室内设计制图有手工制图和计算机制图两种方式。手工制图又分为徒手制图和使用绘图工具进行制图，如图 1-1 所示。

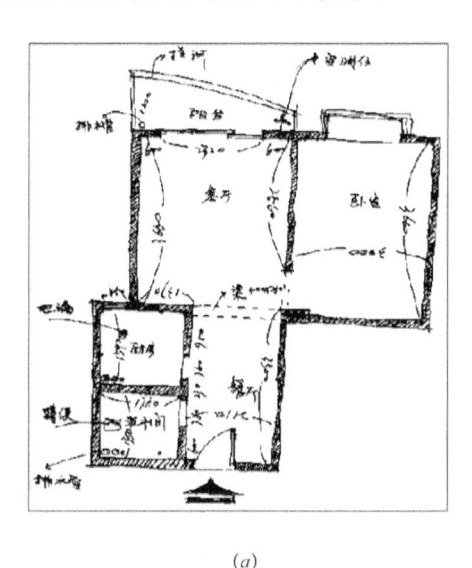

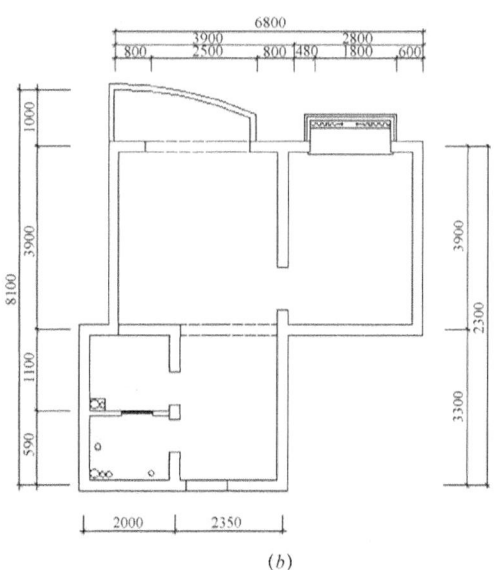

图 1-1　徒手制图和工具制图对比
（a）徒手制图；（b）工具制图

手工制图是设计师必须掌握的技能,也是学习 AutoCAD 工程制图软件或其他计算机绘图软件的基础。手绘好坏往往是设计师素养和基本功的体现。采用手工绘图的方式可以绘制全部的图样文件,但是需要花费大量的精力和时间。在计算机技术发展起来之前多采用传统的手工工程图纸来绘制。

计算机制图是指操作绘图软件在计算机上绘出所需图形,并形成相应的图形文件,通过绘图仪或打印机将图形文件输出,形成具体的图样。计算机制图有着制图速度快、便于修改、便于储存等优点。

一般情况下,手绘方式多用于方案构思设计阶段,计算机制图多用于施工图设计阶段。这两种方式同等重要,不可偏废。在本书中重点讲解在计算机上应用 AutoCAD[1]软件绘制室内设计图。

1.2 AutoCAD 界面环境

启动 AutoCAD 后,窗口界面如图 1-2 所示。AutoCAD 窗口界面由标题栏、菜单栏、工具栏、绘图窗口、状态栏、十字光标、命令行与文本窗口等部分组成。下面具体介绍 AutoCAD 窗口界面的各组成部分。

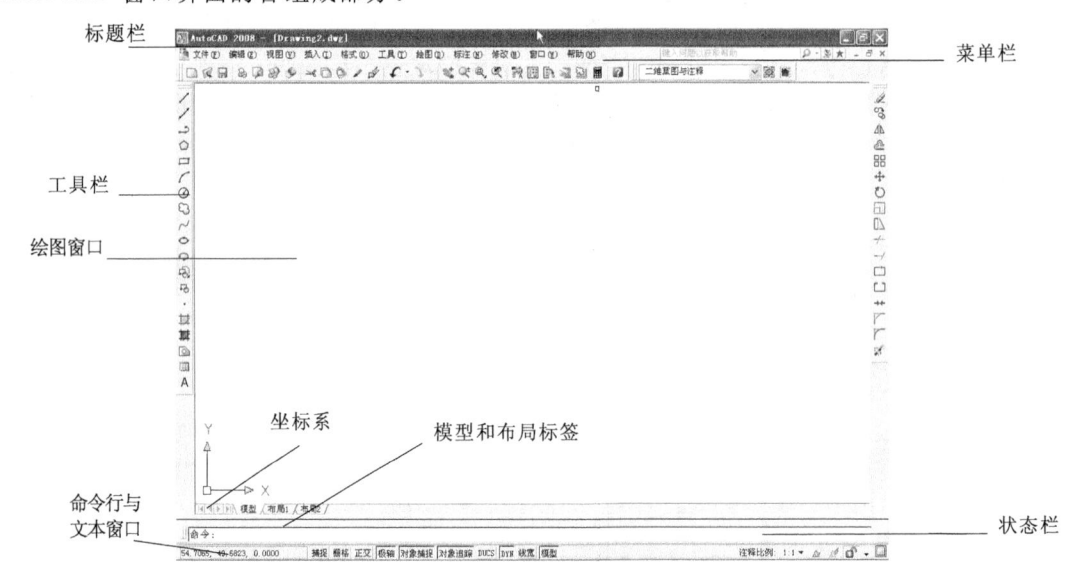

图 1-2 AutoCAD 窗口界面

1.2.1 标题栏

标题栏位于屏幕上方,与其他程序基本相同。左侧显示中文版图标、名称及当前所操作图形的名称,右侧显示窗口最小化、最大化及关闭按钮,如图 1-3 所示。

1.2.2 菜单栏与快捷键

菜单栏位于屏幕上方,与其他程序基本相同,汇集了 AutoCAD 的所有命令。这些命

---

[1] 本书中以中文版 AutoCAD 2008 为例进行介绍,其他版本 AutoCAD 操作方法与此基本相同。

令放置在不同菜单中供使用者选择，在中文版中使用下拉菜单和快捷菜单两种形式。

图 1-3 标题栏

1. 下拉菜单

单击菜单栏中某一项，会弹出相应的下拉菜单，在下拉菜单中单击，即可执行相应的命令，如图 1-4 所示。

在使用菜单命令时，应注意以下几个方面：

（1）命令后跟有"▶"符号，表示该命令下还有子命令。

（2）命令后跟有快捷键，表示按下快捷键可执行该命令。

（3）命令后跟有组合键，表示直接按组合键可执行菜单命令。

（4）命令后跟有"…"符号，表示单击该命令将弹出一个对话框。

（5）命令呈灰色，表示该命令在当前状态下不可使用，需要选定合适对象后方可使用。

2. 快捷菜单

单击鼠标右键，弹出快捷菜单，如图 1-5 所示。

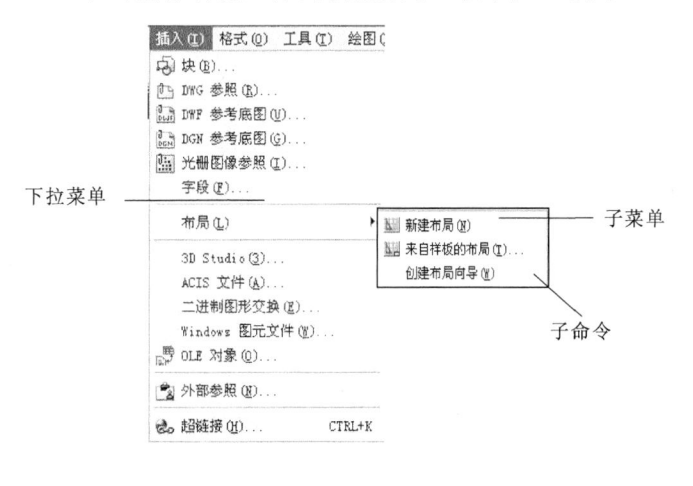

图 1-4 下拉菜单   图 1-5 快捷菜单

快捷菜单中的命令选项取决于鼠标右键点击的位置和 AutoCAD 当前的状态。快捷菜单可以设置成禁止在绘图窗口中使用的状态，此时，单击鼠标右键表示确认当前选项或重复上一次操作的命令。

如果要设置快捷菜单为禁止使用状态，可执行"工具"→"选项"命令，或者在绘图窗口中，单击鼠标右键，在弹出的快捷菜单中选择"选项"命令，打开"选项"对话框，单击"用户系统配置"选项卡，取消选择"绘图区域中使用快捷菜单"复选框，如图 1-6 所示，再单击"确定"按钮即可。

3

图 1-6 取消选择"绘图区域中使用快捷菜单"

1.2.3　工具栏

工具栏是应用程序调用命令的另一种方式，它包含许多由图标表示的命令按钮。在 AutoCAD 中，系统共提供了 39 个已命名的工具栏。默认情况下，"标准"、"工作空间"、"绘图"和"修改"等工具栏处于打开状态，如图 1-7 所示。

图 1-7　工具栏

在菜单栏下的"标准"工具栏中，提供了"新建"、"打开"和"保存"等几种最常见的操作按钮和选项，操作用户可轻松地完成最基本的操作任务，如图 1-8 所示。

图 1-8　"标准"工具栏

"绘图"工具栏及"修改"工具栏如图 1-9 所示，可通过单击相关绘图命令按钮调用绘图或编辑工具。

图 1-9　"绘图"与"修改"工具栏

根据绘图的需要，可在窗口中打开或关闭工具栏。打开或关闭工具栏的方法如下：
（1）使用快捷菜单打开或关闭工具栏。
（2）将光标移到任意一个打开的工具栏上并单击鼠标右键，在弹出的快捷菜单中选择相应的命令即可。

1.2.4 绘图窗口

在 AutoCAD 中，绘图窗口是用户绘图的工作区域，所有的绘图结果都反映在这个窗口中。可以根据需要关闭其周围和里面的各个工具栏，以增大绘图空间。如果图纸比较大，需要查看未显示部分时，可以单击窗口右边与下边滚动条上的箭头，或拖动滚动条上的滑块来移动图纸。

在绘图窗口中除了显示当前的绘图结果外，还显示了当前使用的坐标系类型以及坐标原点、X 轴、Y 轴、Z 轴的方向等。默认情况下，坐标系为世界坐标系。绘图窗口的下方有"模型"和"布局"选项卡，单击其标签可以在模型空间或图纸空间之间来回切换。

1.2.5 布局标签

AutoCAD 系统默认设定一个模型空间布局标签和"布局 1"、"布局 2"两个图纸空间布局标签。在此解释这两个概念。

1. 模型

AutoCAD 的空间分为模型空间和图纸空间。模型空间是我们通常绘图的环境，而在图纸空间中，用户可以创建被称为"浮动视口"的区域，以不同的视图显示所绘图形。用户可以在图纸空间中调整浮动视口并决定所包含视图的缩放比例。如果选择图纸空间，则可打印多个视图，用户可以打印任意布局的视图。AutoCAD 系统默认打开模型空间，用户可以通过鼠标左键单击选择需要的布局。

绘图窗口在默认状态下显示为黑色，可以自定义绘图窗口的显示颜色，具体操作步骤如下：

（1）执行"工具"→"选项"命令，或者在绘图窗口中单击鼠标右键，在弹出的快捷菜单中选择"选项"命令，打开"选项"对话框，单击"显示"选项卡，如图 1-10 所示。

（2）在"窗口元素"区域中，单击"颜色"按钮，弹出"颜色选项"对话框，在"界面元素"列表框中，可以选择要设置颜色的对象，如背景、光标等；在"颜色"下拉列表框中，可以选择需要的颜色进行设置，如图 1-11 所示。

（3）设置完成后，单击"应用并关闭"按钮，改变绘图窗口的显示颜色，返回到"选项"对话框中。

2. 布局

布局是系统为绘画设置的一种环境，包括图纸大小、尺寸单位、角度设定和数值精确度等，在系统预设的三个标签中，这些环境变量都按默认设置。用户根据实际需要改变这些变量的值。例如，默认的尺寸单位是公制的毫米，如果绘制的图形的单位是英制的英寸，就可以改变尺寸单位的环境变量的设置。

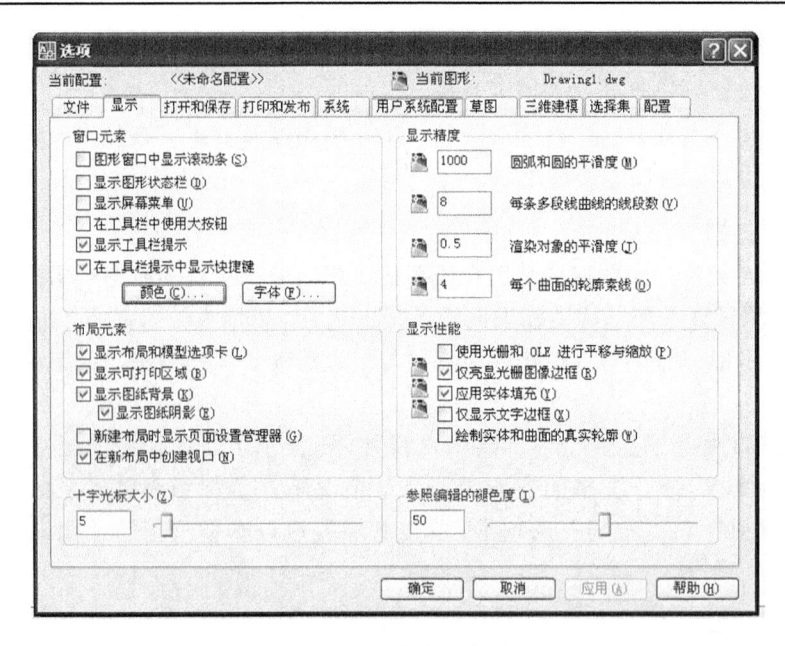

图 1-10 "显示"选项卡

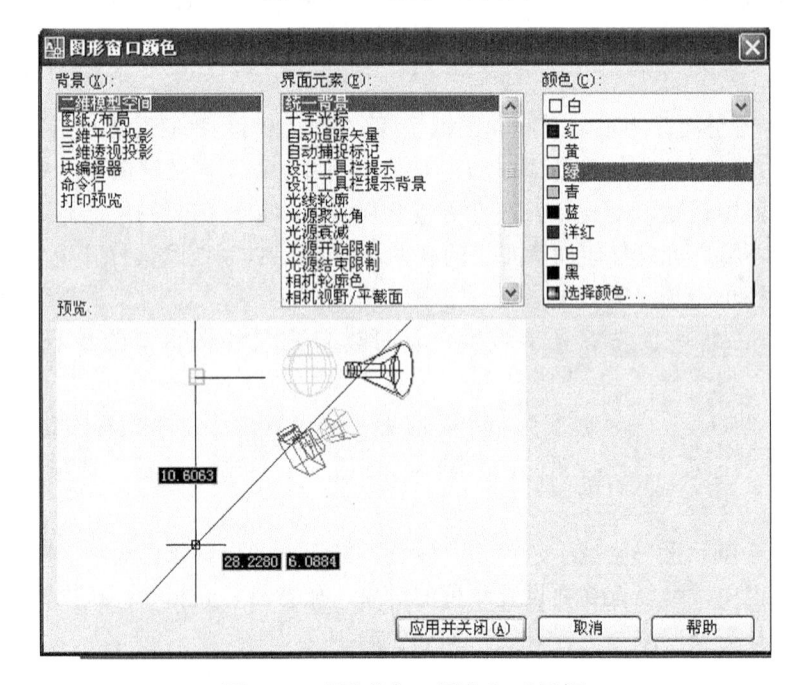

图 1-11 "图形窗口颜色"对话框

1.2.6 状态栏

状态栏位于屏幕底部，其左端显示当前光标位置的坐标值，中部为 AutoCAD 各种模式的转换开关，其中包括捕捉、栅格、正交、极轴、对象捕捉、对象追踪、DUCS、DYN、线宽及模型。状态栏用来显示 AutoCAD 当前的状态，如当前光标的坐标、命令和按钮的说明等。在绘图窗口中移动光标时，状态栏的"坐标"区将动态地显示当前坐标值。

切换坐标读数的显示/关闭的方法：单击状态栏的读数，可以关闭坐标读数显示，再次单击则可以打开读数显示，如图 1-12 所示。

图 1-12 状态栏

状态栏的右端为注释比例的显示，如图 1-13 所示。

图 1-13 注释比例

通过状态栏中的图标，可以很方便地访问注释比例常用功能：

（1）注释比例：左键单击注释比例右下角小三角形符号弹出注释比例列表，如图 1-14 所示。

（2）注释可见性：当图标显亮时，表示显示所有比例的注释对象；当图标变暗时，表示仅显示当前比例的注释性对象。

（3）注释比例更改：更改注释比例时，单击该图标，自动将比例添加到注释对象上。

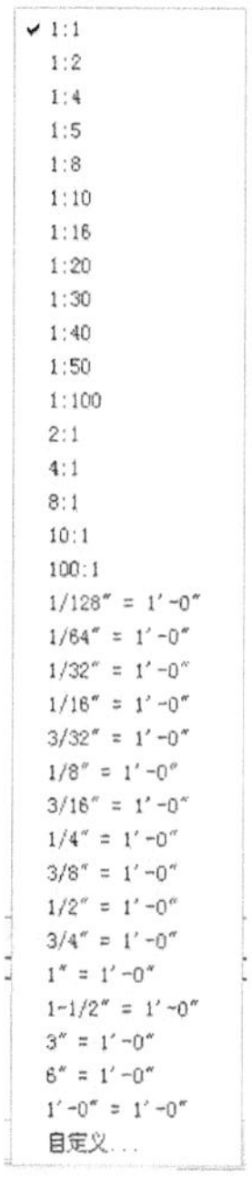

1.2.7 十字光标

在绘图窗口中，光标显示状态为两条相交的十字线，称为十字光标。十字光标的交点表示当前的位置。

十字光标的大小及靶框的大小可以自定义，其操作如下：

（1）执行"工具"→"选项"命令，或者在绘图窗口中单击鼠标右键，在弹出的快捷菜单中选择"选项"命令，打开"选项"对话框，单击"显示"选项卡，在"十字光标大小"区域中，输入数值或拖动滑块来控制十字光标的大小，如图 1-15 所示。

图 1-14 "注释比例"列表

（2）单击"草图"选项卡，在"靶框大小"区域中，可以拖动滑块对十字光标进行控制，还可以预览图标的效果，如图 1-16 所示。

（3）设置完成后，单击"确定"按钮，十字光标按照设置的样式显示。

1.2.8 命令行与文本窗口

"命令行"窗口位于绘图窗口的底部，用于接收用户输入的命令，并显示 AutoCAD 提示信息。

"AutoCAD 文本窗口"是记录 AutoCAD 命令的窗口，是放大的"命令行"窗口，它记录了已执行的命令，也可以用来输入新命令。在 AutoCAD 中，可以选择"视图"→"显示"→"文本窗口"命令、执行 TEXTSCR 命令或按【F2】键来打开 AutoCAD 文本窗口，它记录了对文档进行的所有操作，如图 1-17 所示。

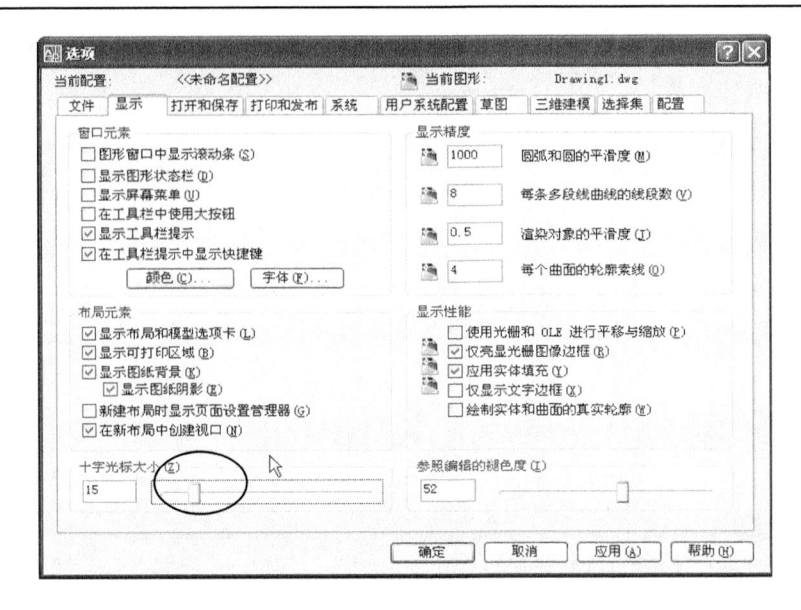

图 1-15　调整十字光标大小

图 1-16　调整靶框大小

图 1-17　AutoCAD 文本窗口

1.2.9　滚动条

滚动条包括水平滚动条和垂直滚动条，用于控制图纸在水平或垂直方向的移动。

1.3 图形文件管理

1.3.1 新建图形文件

选择"文件"→"新建"命令，或在"标准"工具栏中单击"新建"按钮，可以创建新图形文件，此时将打开"选择样板"对话框。在"选择样板"对话框中，可以在"名称"列表框中选中某一样板文件，这时在其右面的"预览"框中将显示出该样板的预览图像。单击"打开"按钮，可以以选中的样板文件为样板创建新图形，此时会显示图形文件的布局（选择样板文件 acad.dwt），如图 1-18 所示。

图 1-18 "选择样板"对话框

1.3.2 打开图形文件

选择"文件"→"打开"命令，或在"标准"工具栏中单击"打开"按钮，可以打开已有的图形文件，此时将打开"选择文件"对话框。选择需要打开的图形文件，在右面的"预览"框中将显示出该图形的预览图像。默认情况下，打开的图形文件的格式为.dwg。

在 AutoCAD 中，可以以"打开"、"以只读方式打开"、"局部打开"或"以只读方式局部打开"等 4 种方式打开图形文件。当以"打开"、"局部打开"方式打开图形时，可以对打开的图形进行编辑；当以"以只读方式打开"或"以只读方式局部打开"方式打开图形时，则无法对打开的图形进行编辑。

如果选择以"局部打开"或"以只读方式局部打开"方式打开图形，这时将打开"局部打开"对话框。可以在"要加载几何图形的视图"选项组中选择要打开的视图，在"要加载几何图形的图层"选项组中选择要打开的图层，然后单击"打开"按钮，即可在视图中打开选中图层上的对象，如图 1-19 所示。

1.3.3 保存图形文件

在 AutoCAD 中，可以使用多种方式将所绘图形以文件形式存入磁盘。例如，可以选择"文件"→"保存"命令，或在"标准"工具栏中单击"保存"按钮，以当前使用

图 1-19 "选择文件"对话框

的文件名保存图形;也可以选择"文件"→"另存为"命令,将当前图形以新的名称保存。在第一次保存创建的图形时,系统将打开"图形另存为"对话框。默认情况下,文件以"AutoCAD2008 图形(*.dwg)"格式保存,也可以在"文件类型"下拉列表框中选择其他格式,如 AutoCAD2000/LT2000 图形(*.dwg)、AutoCAD 图形标准(*.dws)等格式,如图 1-20 所示。

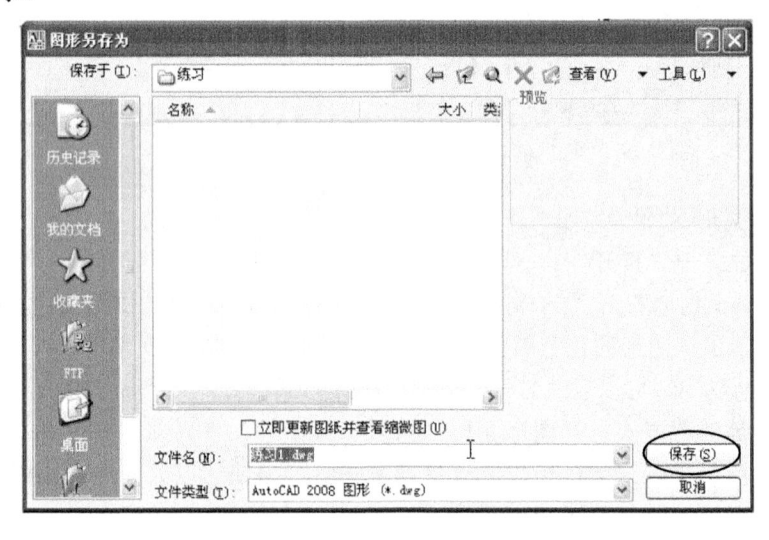

图 1-20 "图形另存为"对话框

1.3.4 关闭图形文件

选择"文件"→"关闭"命令,或在绘图窗口中单击"关闭"按钮,可以关闭当前图形文件。

如果当前图形没有存盘,系统将弹出 AutoCAD 警告对话框,询问是否保存文件。此时,单击"是(Y)"按钮或直接按回车键,可以保存当前图形文件并将其关闭;单击"否(N)"按钮,可以关闭当前图形文件但不存盘;单击"取消"按钮,取消关闭当前图形文件操作，既不保存也不关闭。

如果当前所编辑的图形文件没有命名，那么单击"是（Y）"按钮后，AutoCAD会打开"图形另存为"对话框，要求用户确定图形文件存放的位置和名称，如图1-21所示。

图1-21 "询问是否保存文件"对话框

第 2 章 绘 图 准 备

【本章要点】
本章详细介绍了坐标系统、视图显示命令、对象选择工具、捕捉工具等。学习本章，要求掌握 AutoCAD 视窗操作命令、熟练运用对象选择工具及捕捉工具；领会绝对直角坐标、绝对极坐标、相对直角坐标和相对极坐标的概念及表示方法。

2.1 绘图的基本常识

2.1.1 基本绘图步骤

建筑装饰绘图的基本步骤如下：
（1）设置图幅大小。
（2）设置绘图单位。
（3）设置图层。
（4）绘制与编辑图形。
（5）图形文件的保存与打印。

2.1.2 坐标系统

AutoCAD 坐标系统主要分为绝对直角坐标、绝对极坐标、相对直角坐标与相对极坐标 4 种。直角坐标以"x 坐标，y 坐标"来表示，极坐标以"距离<角度"来表示；相对坐标的表达方式是在绝对坐标前加一个"@"符号。

1. 笛卡尔坐标系

笛卡尔坐标系又称为直角坐标系，由一个原点［坐标为（0，0）］和两个通过原点的、相互垂直的坐标轴构成（见图 2-1）。其中，水平方向的坐标轴为 X 轴，以向右为其正方向；垂直方向的坐标轴为 Y 轴，以向上为其正方向。平面上任何一点 P 都可以由 X 轴和 Y 轴的坐标所定义，即用一对坐标值（x，y）来定义一个点。例如，某点的直角坐标为（3，4）。

2. 极坐标系

极坐标系是由一个极点和一个极轴构成（见图 2-2），极轴的方向为水平向右。平面上任何一点 P 都可以由该点到极点的连线长度 L（>0）和连线与极轴的交角 α（极角，逆时针方向为正）所定义，即用一对坐标值（L<α）来定义一个点，其中"<"表示角度。例如，某点的极坐标为（5<30）。

3. 相对坐标

在某些情况下，用户需要直接通过点与点之间的相对位移来绘制图形，而不想指定每个点的绝对坐标。为此，AutoCAD 提供了使用相对坐标的办法。所谓相对坐标，就是某点与相对点的相对位移值，在 AutoCAD 中相对坐标用"@"标识。使用相对坐标时可以使用笛卡尔坐标，也可以使用极坐标，可根据具体情况而定。

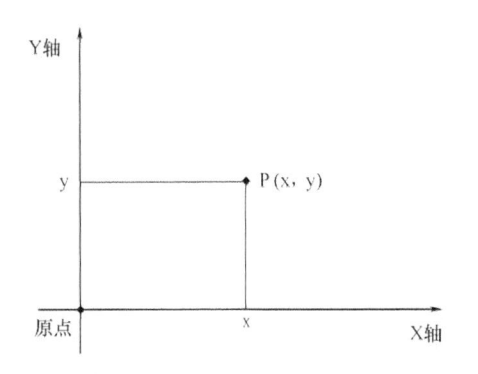

图 2-1　直角（笛卡尔）坐标系　　　　图 2-2　极坐标系

【例题 2-1】　利用点的直角坐标或极坐标，绘制如图 2-3 所示的正五角星。

解：使用 AutoCAD 的"直线"命令，并用相对坐标来表示各点相对于上一点的位置。具体操作步骤如下：

（1）选择"绘图"→"直线"命令，或在"绘图"工具栏中单击"直线"按钮，执行 LINE 命令。

（2）在命令行"指定第一点："的提示下输入 A 点（210，60）。

（3）依次在命令行"指定下一点或［放弃（U）］："的提示下输入其他点坐标：C（@100<108），E（@100<-108），B（@100<36），D（@100<180）。

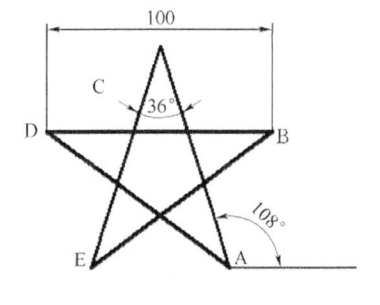

图 2-3　正五角星

（4）在命令行"指定下一点或［闭合（C）/放弃（U）]："的提示下输入 C，然后按回车键，即可得到所需图形。

4．坐标值的显示

在屏幕底部状态栏中显示当前光标所处位置的坐标值，该坐标值有三种显示状态，如图 2-4 所示。

绝对坐标状态：60.9522，-15.2182，0.0000
相对极坐标状态：143.6574<270，0.0000
关闭状态：151.4731，146.1747，0.0000

图 2-4　坐标值的显示

（1）绝对坐标状态：显示光标所在位置的坐标。
（2）相对极坐标状态：在相对于前一点来指定第二点时可使用此状态。

13

(3) 关闭状态：颜色变为灰色，并"冻结"关闭时所显示的坐标值。
用户可根据需要在这三种状态之间进行切换，切换方法有以下两种：
（1）连续按【F6】键可在这三种状态之间相互切换。
（2）在状态栏中显示坐标值的区域，双击也可以进行切换。

2.2 视图显示命令

视图显示命令包括：平移（PAN）和缩放（ZOOM）、"实时缩放"按钮、缩放工具栏、快速平移。在绘图和编辑命令的执行过程中，可以透明地使用这些命令去改变视图，使绘图工作更快捷、更容易、更准确。

2.2.1 "缩放"菜单和"缩放"工具栏

在 AutoCAD 中，选择"视图"→"缩放"命令（ZOOM）中的子命令或使用"缩放"工具栏，可以缩放视图，如图 2-5 所示。

通常，在绘制图形的局部细节时，需要使用缩放工具放大该绘图区域，当绘制完成后，再使用缩放工具缩小图形来观察图形的整体效果。常用的缩放命令或工具有"实时"、"窗口"、"动态"和"中心点"，如图 2-6 所示。

图 2-5 "缩放"工具栏

1. 实时缩放视图

选择"视图"→"缩放"→"实时"命令，或在"标准"工具栏中单击"实时缩放"按钮，进入实时缩放模式。

此时鼠标指针呈放大镜形状，向上拖动光标可放大整个图形，向下拖动光标可缩小整个图形，释放鼠标后停止缩放，如图 2-7 所示。

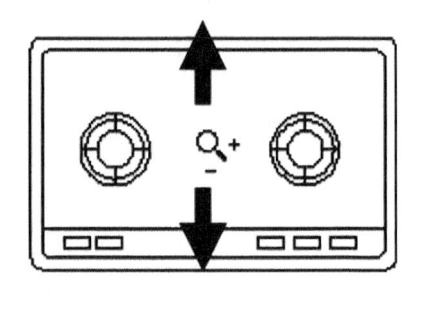

图 2-6 "视图"菜单中缩放命令　　　　图 2-7 实时缩放

2. 窗口缩放视图

选择"视图"→"缩放"→"窗口"命令，可以在屏幕上拾取两个对角点 A、B 以确定一个矩形窗口，之后系统将矩形范围内的图形放大至整个屏幕，如图 2-8 和图

2-9 所示。

图 2-8 窗口缩放拾取 A、B 点   图 2-9 窗口放大结果

在使用窗口缩放时，如果系统变量 REGENAUTO 设置为关闭状态，则与当前显示设置的界线相比，拾取区域显得过小。系统提示将重新生成图形，并询问是否继续下去，此时应回答"No"，并重新选择较大的窗口区域。

3．动态缩放视图

选择"视图"→"缩放"→"动态"命令，可以动态缩放视图。当进入动态缩放模式时，在屏幕中将显示一个带"×"的矩形方框。单击鼠标左键，此时选择窗口中心的"×"消失，显示一个位于右边框的方向箭头，拖动鼠标可改变选择窗口的大小，以确定选择区域大小，最后按下回车键，即可缩放图形。

4．设置视图中心点

选择"视图"→"缩放"→"中心点"命令，在图形中指定一点，然后指定一个缩放比例因子或者指定高度值来显示一个新视图，而选择的点将作为该新视图的中心点，如图2-10所示。如果输入的数值比默认值小，则会放大图像；如果输入的数值比默认值大，则会缩小图像。

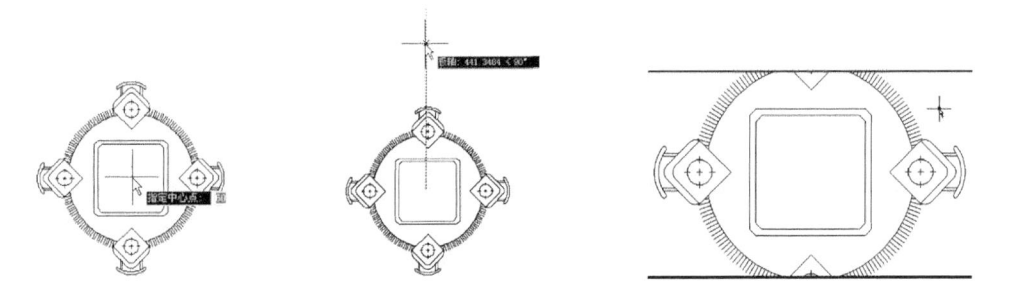

图 2-10 视图中心点缩放

要指定相对的显示比例，可输入带 x 的比例因子数值。例如，输入 2x 将显示比当前视图大两倍的视图。如果正在使用浮动视口，则可以输入 xp 来相对于图纸空间进行比例缩放。

2.2.2 平移视图

使用平移视图命令，可以重新定位图形，以便看清图形的其他部分。此时不会改变图形中对象的位置或比例，只改变视图。

1. "平移"菜单

选择"视图"→"平移"命令中的子命令，如图 2-11 所示。单击"标准"工具栏中的"实时平移"按钮，或在命令行直接输入 PAN 命令，都可以平移视图。使用平移命令平移视图时，视图的显示比例不变。除了可以上、下、左、右平移视图外，还可以使用"实时"和"定点"命令平移视图。

2. 实时平移

选择"视图"→"平移"→"实时"命令，此时光标指针变成手形，按住鼠标左键拖动，窗口内的图形就可按光标移动的方向移动。释放鼠标，可返回到平移等待状态。按取消键或回车键退出实时平移模式，如图 2-12 所示。

图 2-11　平移菜单

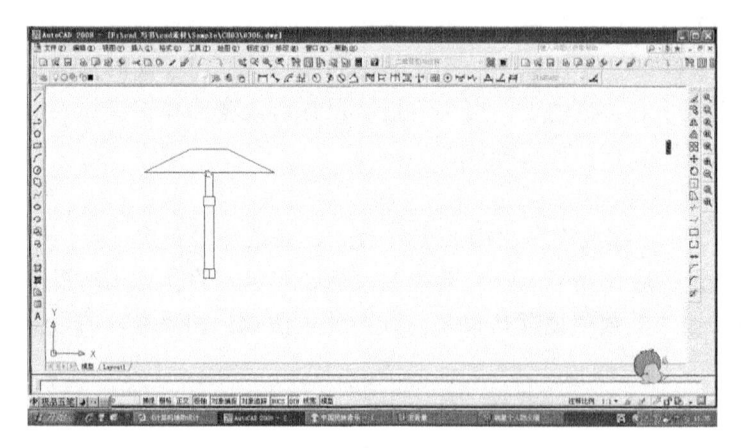

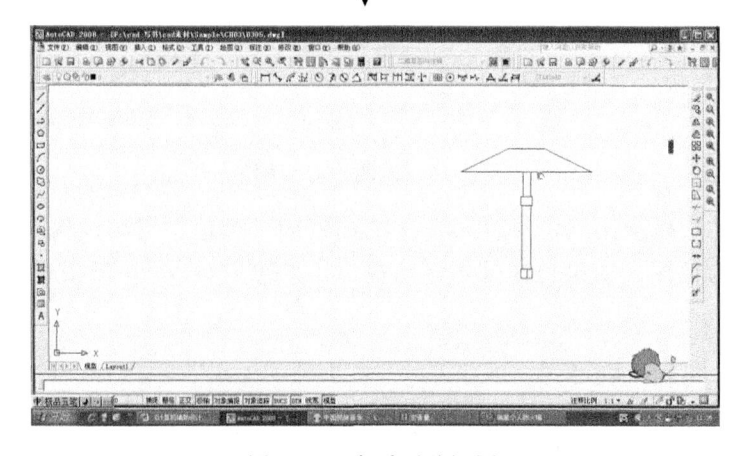

图 2-12　实时平移视图

16

2.3 对象选择

选择单个对象，包括窗口对象选择、交叉窗口对象选择、绘制折线选择对象、绘制任意多边形选择对象、选择全部对象、给选择集添加或删除对象和使用编组选择集等。

1. 选择对象的方法

在对图形进行编辑操作之前，首先需要选择要编辑的对象。在 AutoCAD 中，选择对象的方法很多。例如，可以通过单击对象逐个拾取，也可利用矩形窗口或交叉窗口选择；可以选择最近创建的对象、前面的选择集或图形中的所有对象，也可以向选择集中添加对象或从中删除对象。AutoCAD 用虚线亮显所选的对象，如图 2-13 和图 2-14 所示。

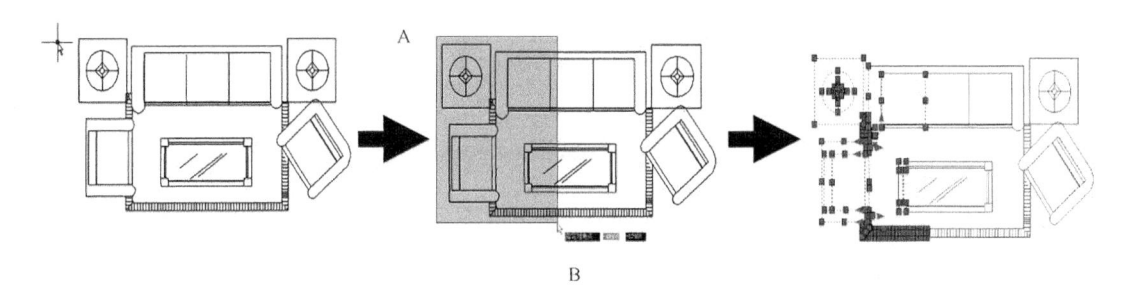

图 2-13 A 到 B 窗口对象选择

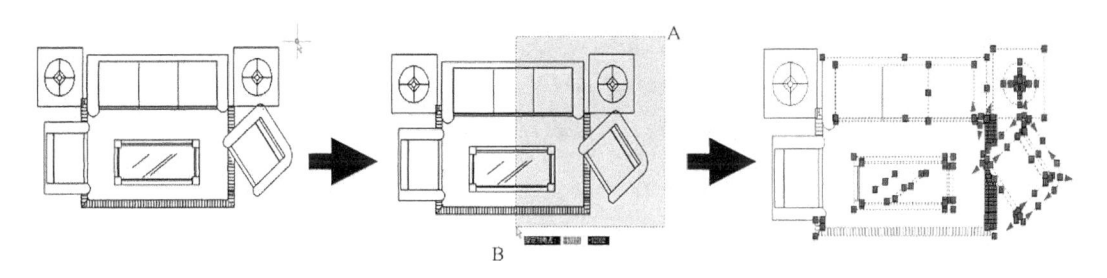

图 2-14 A 到 B 交叉窗口选择

2. 过滤选择

在 AutoCAD 中，可以以对象的类型（如直线、圆及圆弧等）、图层、颜色、线型或线宽等特性作为条件，过滤选择符合设定条件的对象。在命令行中输入 FILTER 命令，打开"对象选择过滤器"对话框。

提示：此时必须考虑图形中对象的这些特性是否设置为随层，如图 2-15 所示。

3. 快速选择

在 AutoCAD 中，当需要选择具有某些共同特性的对象时，可利用"快速选择"对话框，根据对象的图层、线型、颜色和图案填充等特性与类型，创建选择集。选择"工具"→"快速选择"命令，可打开"快速选择"对话框，如图 2-16 所示。

图 2-15 "对象选择过滤器"对话框

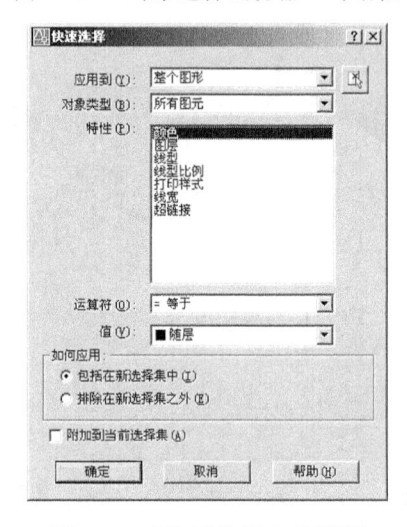

图 2-16 "快速选择"对话框

2.4 利用夹点编辑对象的方法

在 AutoCAD 中,用户可以使用夹点对图形进行简单编辑,或综合使用"修改"菜单和"修改"工具栏中的多种编辑命令对图形进行较为复杂的编辑。

1. 夹点

选择对象时,在对象上将显示出若干个小方框,这些小方框用来标记被选中对象的夹点,夹点就是对象上的控制点,如图 2-17 所示。

2. 使用夹点拉伸对象

在 AutoCAD 中,夹点是一种集成的编辑模式,提供了一种方便

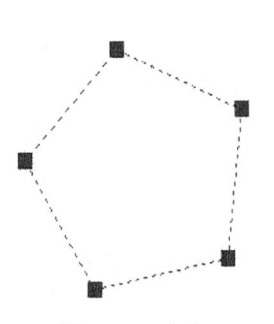

图 2-17 夹点

18

快捷的编辑操作途径。在不执行任何命令的情况下选择对象，显示其夹点，然后单击其中一个夹点作为"拉伸"的基点，命令行将显示如下提示信息（见图2-18）：

指定拉伸点或 [基点（B）/复制（C）/放弃（U）/退出（X）]：

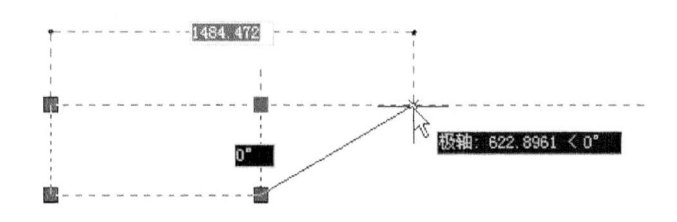

图2-18 使用"夹点"拉伸对象

默认情况下，指定拉伸点（可以通过输入点的坐标或者直接用鼠标指针拾取点）后，AutoCAD将把对象拉伸或移动到新的位置。因为对于某些夹点，移动时只能移动对象而不能拉伸对象，如文字、块、直线中点、圆心、椭圆中心和点对象上的夹点。

3. 使用夹点移动对象

移动对象仅仅是位置上的平移，对象的方向和大小并不会改变。要精确地移动对象，可使用捕捉模式、坐标、夹点和对象捕捉模式。在夹点编辑模式下确定基点后，在命令行提示下输入"MO"进入"移动"模式，命令行将显示如下提示信息（见图2-19）：

指定移动点或 [基点（B）/复制（C）/放弃（U）/退出（X）]：

通过输入点的坐标或拾取点的方式来确定平移对象的目的点后，即可以基点为平移的起点，以目的点为终点将所选对象平移到新位置。

图2-19 "夹点编辑"快捷菜单

4. 使用夹点旋转对象

在夹点编辑模式下，确定基点后，在命令行提示下输入"RO"进入"旋转"模式，命令行将显示如下提示信息：

指定旋转角度或 [基点（B）/复制（C）/放弃（U）/参照（R）/退出（X）]：

默认情况下，输入旋转的角度值后或通过拖动方式确定旋转角度后，即可将对象绕基点旋转指定的角度。也可以选择"参照"选项，以参照方式旋转对象，这与"旋转"命令中的"对照"选项功能相同。

5. 使用夹点缩放对象

在夹点编辑模式下确定基点后，在命令行提示下输入"SC"进入"缩放"模式，命令行将显示如下提示信息：

指定比例因子或 [基点（B）/复制（C）/放弃（U）/参照（R）/退出（X）]：

默认情况下，当确定了缩放的比例因子后，AutoCAD将相对于基点进行缩放对象操作。

19

当比例因子大于1时放大对象,当比例因子大于0而小于1时缩小对象。

6. 使用夹点镜像对象

与"镜像"命令的功能类似,镜像操作后将删除原对象。在夹点编辑模式下确定基点后,在命令行提示下输入"MI"进入"镜像"模式,命令行将显示如下提示信息:

指定第二点或[基点(B)/复制(C)/放弃(U)/退出(X)]:

指定镜像线上的第2个点后,AutoCAD将以基点作为镜像线上的第1点,新指定的点为镜像线上的第2个点,将对象进行镜像操作并删除原对象。

2.5 绘图中精确定位工具

在绘制图形时,尽管可以通过移动光标来指定点的位置,但却很难精确指定点的某一位置。在AutoCAD中,使用"捕捉"和"栅格"功能,可以用来精确定位点,提高绘图效率。

AutoCAD的栅格由有规则的点矩阵组成,延伸到指定为图形界限的整个区域,如图2-20所示。使用栅格与在坐标纸上绘图是十分相似的,利用栅格可以对齐对象并直观显示对象之间的距离。如果放大或缩小图形,可能需要调整栅格间距,使其更适合新的比例。虽然栅格在屏幕上是可见的,但它并不是图形对象,因此不会被打印出来。

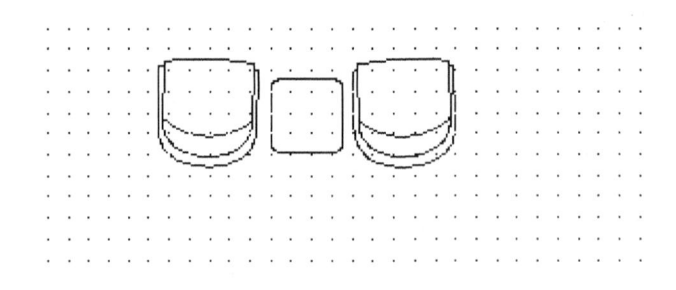

图 2-20 栅格显示

2.5.1 打开或关闭捕捉和栅格

要打开或关闭"捕捉"和"栅格"功能,可以选择以下几种方法:

(1)在AutoCAD程序窗口的状态栏中,单击"捕捉"和"栅格"按钮。

(2)按【F7】键打开或关闭栅格,按【F9】键打开或关闭捕捉。

提示:如果栅格的间距设置太小,当进行"打开栅格"操作时,AutoCAD将在文本窗口中显示"栅格太密,无法显示"的信息,而不在屏幕上显示栅格点。或者使用"缩放"命令时将图形缩放很小,也可出现同样的提示,不显示栅格。

2.5.2 设置捕捉和栅格参数

可以单击状态栏上的"栅格"按钮或按【F7】键打开或关闭栅格。启用栅格并设置栅格在X轴方向和Y轴方向上的间距有以下几种方法:

(1)命令行:DSETTINGS(缩写为DS)。

(2)菜单:工具→草图设置。

(3)快捷菜单:"栅格"按钮处单击鼠标右键→设置。

执行上述命令,系统打开"草图设置"对话框,如图 2-21 所示。

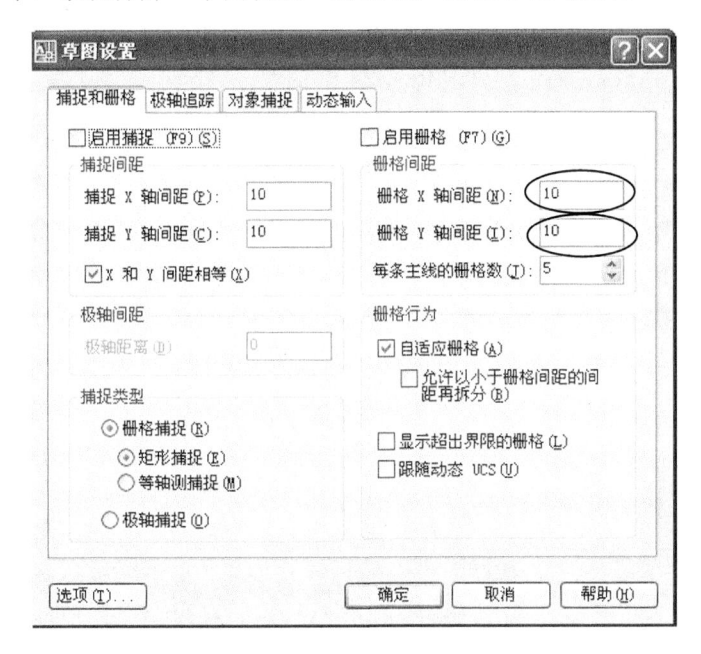

图 2-21 "草图设置"对话框

如果需要显示栅格,选择"启用栅格"复选框。在"栅格 X 轴间距"文本框中,输入栅格点之间的水平距离,单位为毫米。如果使用相同的间距设置垂直和水平的栅格点,则按【Tab】键。否则,在"栅格 Y 轴间距"文本框中输入栅格之间的垂直距离。

用户可以改变栅格与图形界限的相对位置。默认情况下,栅格以图形界限的左下角为起点,沿着与坐标轴平行的方向填充整个由图形界限所确定的区域。在"捕捉"选项区这种的"角度"项可决定栅格与相应坐标轴之间的夹角;"X 基点"和"Y 基点"项可决定栅格与图形界限的相对位移。

捕捉可以使用户直接使用鼠标快捷准确地定位目标点。捕捉模式分:栅格捕捉、对象捕捉、极轴捕捉和自动捕捉。

【例题 2-2】 活用"捕捉和栅格"的"矩形捕捉",如图 2-22 所示。

解:具体操作步骤如下。

(1)调整设置——捕捉 X 轴间距和栅格 X 轴间距 = 20;调整设置——捕捉 Y 轴间距和栅格 Y 轴间距 = 20;捕捉类型和样式,选用栅格捕捉→矩形捕捉。

(2)打开【F7】、【F9】和【F8】垂直水平模式。

(3)执行 LINE 或 PLINE 命令完成绘图。

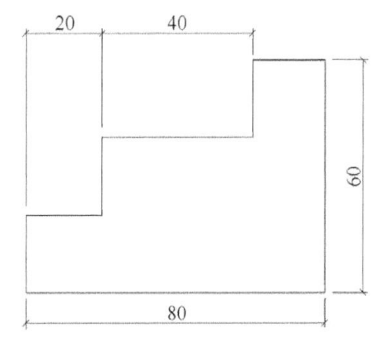

图 2-22 栅格捕捉

2.5.3 对象捕捉功能

在绘图的过程中,经常要指定一些对象上已有的点,例如端点、圆心和两个对象的交

21

点等。如果只凭观察来拾取，不可能非常准确地找到这些点。在 AutoCAD 中，可以通过单击状态栏中的"对象捕捉"选项或在"草图设置"对话框的"对象捕捉"选项卡中选择"启用对象捕捉"单选框，来完成启用对象捕捉功能。在绘图过程中，对象捕捉功能的调用可以通过以下方式完成，如图 2-23 和图 2-24 所示。

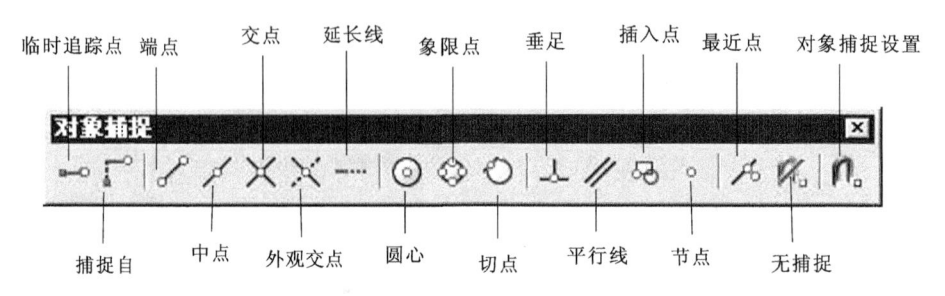

图 2-23 "对象捕捉"工具栏

1. "对象捕捉"工具栏

在绘图过程中，当要求指定点时，单击"对象捕捉"工具栏中相应的特征点按钮，再把光标移到要捕捉对象上的特征点附近，AutoCAD 会自动提示并捕捉到这些特征点。例如，如果需要用直线连接一系列圆的圆心，可以将"圆心"设置为执行对象捕捉。如果有两个可能的捕捉点落在选择区域，AutoCAD 将捕捉离光标中心最近的符合条件的点。还有可能指定点时需要检查哪一个对象捕捉有效，例如在指定位置有多个对象捕捉符合条件，在指定点之前，按【Tab】键即可遍历所有可能的点。

对象捕捉快捷菜单：在需要指定位置时，还可以按住【Ctrl】键或【Shift】键，单击鼠标右键，弹出对象捕捉快捷菜单，如图 2-25 所示。从该菜单上可以选择某一个特征点执行对象捕捉，把光标移动到要捕捉的对象上的特征点附近，即可捕捉到这些特征点。

图 2-24 "对象捕捉"快捷菜单

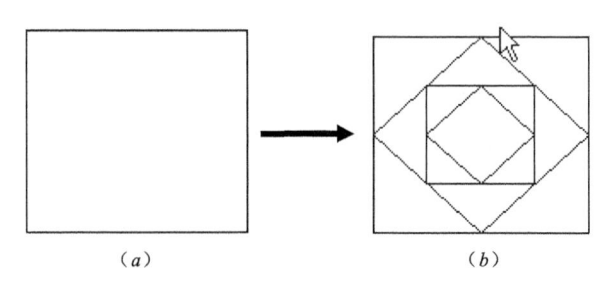

(a)　　　　　　　(b)

图 2-25 例题 2-3 图
(a) 原型图；(b) 结果图

提示：

（1）对象捕捉不可单独使用，必须配合其他绘图命令一起使用。当 AutoCAD 提示输入点时，对象捕捉才生效。如果试图在命令提示下使用对象捕捉，AutoCAD 将显示错误信息。

（2）对象捕捉只影响屏幕可见的对象，包括锁定图层、布局视口边界和多段线上的对象。不能捕捉不可见对象，如未显示的对象、关闭或冻结图层上的对象或虚线的空白部分。

【例题 2-3】 利用对象捕捉功能，完成图形绘制后的结果如图 2-25 所示。

解：使用 AutoCAD 的对象捕捉功能来绘制图形。具体操作步骤如下：

（1）选择"工具"→"草图设置"命令，打开"草图设置"对话框，然后再进入"对象捕捉"选项卡，并按图 2-26 所示进行设置，注意要选中"启用对象捕捉"复选框。

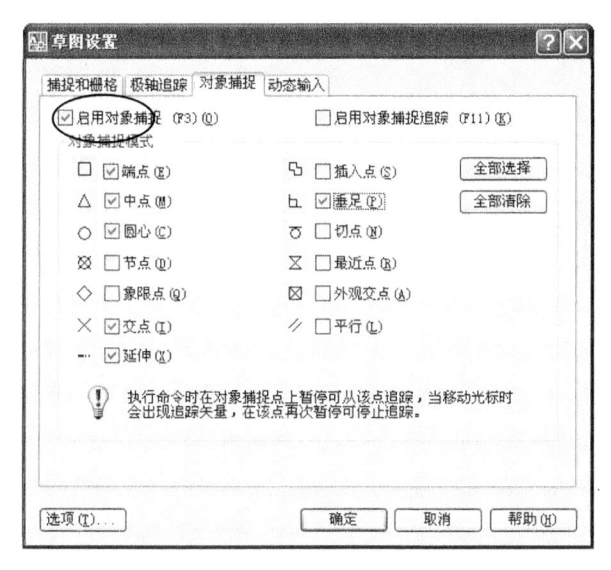

图 2-26 "草图设置"对话框中"对象捕捉"选项卡

（2）选择"绘图"→"直线"命令，或在"绘图"工具栏中单击"直线"按钮，执行 LINE 命令。

（3）在"指定下一点或［放弃（U）］："提示下，将光标移到直线 AB 的中点 E 点附近，当捕捉到中点 E 时，将出现如图 2-27 所示的提示"中点"。

（4）此时单击左键，即确定将点 E 作为直线的端点。

（5）重复步骤（3）和（4），即可依次捕捉到其他直线的中点 F、G、H，然后输入 C 并按回车键即可完成，如图 2-28 所示。

2. 使用自动捕捉功能

绘图的过程中，使用对象捕捉的频率非常高。为此，AutoCAD 又提供了一种自动对象捕捉模式。自动捕捉就是当把光标放在一个对象上时，系统自动捕捉到对象上所有符合条件的几何特征点，并显示相应的标记。如果把光标放在捕捉点上多停留一会，系统还会

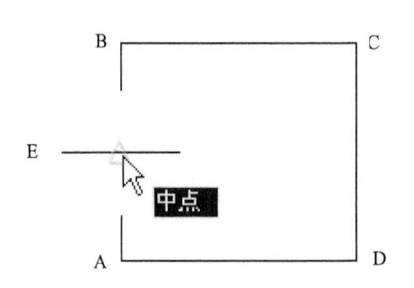

图 2-27 捕捉到直线 AB 的中点到 E 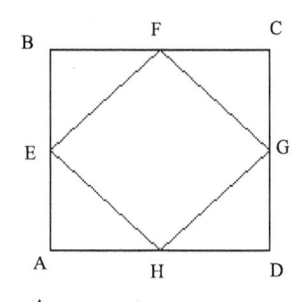　　图 2-28 完成四边形 EFGH 的绘制

显示捕捉的提示。这样，在选点之前，就可以预览和确认捕捉点。要打开对象捕捉模式，可在"草图设置"对话框的"对象捕捉"选项卡中，选中"启用对象捕捉"复选框，然后在"对象捕捉模式"选项组中选中相应复选框，如图 2-29 所示。

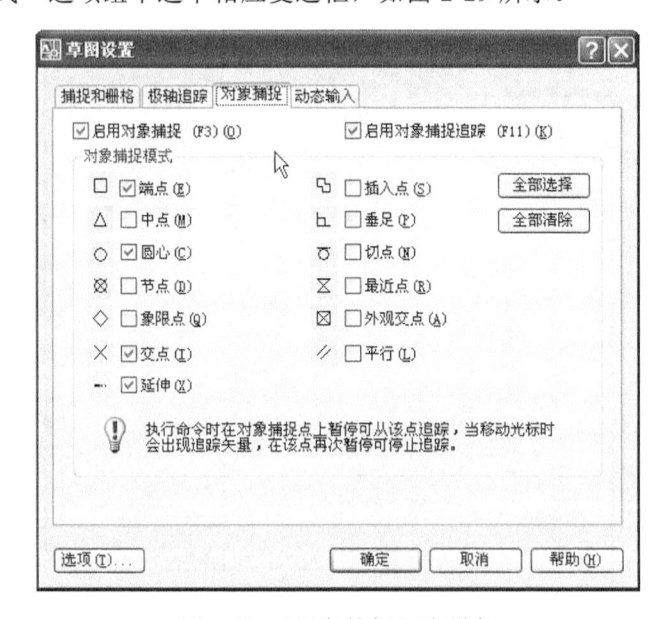

图 2-29 "对象捕捉"选项卡

3．对象捕捉快捷菜单

当要求指定点时，可以按下【Shift】键或者【Ctrl】键，单击鼠标右键打开快捷菜单，选择需要的子命令，再把光标移到要捕捉对象的特征点附近，即可捕捉到相应的对象特征点。

2.5.4 使用"临时追踪点"和"捕捉自"功能

在"对象捕捉"工具栏中，还有两个非常有用的对象捕捉工具，即"临时追踪点"和"捕捉自"工具。

（1）"临时追踪点"工具：可在一次操作中创建多条追踪线，并根据这些追踪线确定所要定位的点。

（2）"捕捉自"工具：在使用相对坐标指定下一个应用点时，"捕捉自"工具可以提示输入基点，并将该点作为临时参照点，这与通过输入前缀@使用最后一个点作为参照点类似。它不是对象捕捉模式，但经常与对象捕捉一起使用。

24

【例题 2-4】 如图 2-30（a）所示，以直线 AB 作为直角三角形的斜边，画出相应的两条直角边 AC 和 CB。结果如图 2-30（b）所示。

解：使用 AutoCAD 的临时追踪点捕捉功能来绘制图形。具体操作步骤如下：

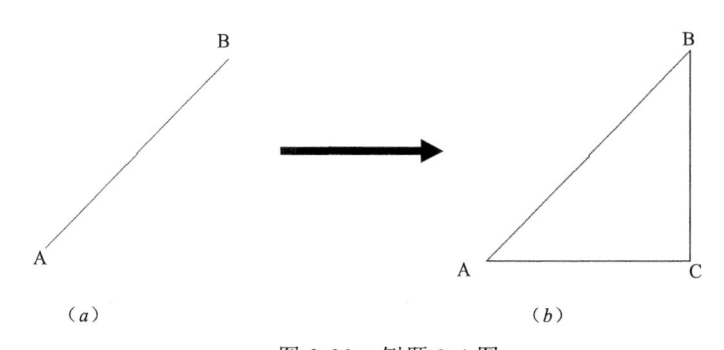

图 2-30 例题 2-4 图
（a）斜边 AB；（b）完成直角边的绘制

（1）选择"绘图"→"直线"命令，或在"绘图"工具栏中单击"直线"按钮，执行 LINE 命令，完成 AB 直线，回车结束直线绘制，如图 2-30（a）所示。

（2）用鼠标右键单击工具栏，选择打开"对象捕捉"工具栏，如图 2-31 所示。

图 2-31 "对象捕捉"工具栏

（3）选择"绘图"→"直线"命令，或在"绘图"工具栏中单击"直线"按钮，执行 LINE 命令，捕捉端点 B，单击对象捕捉工具栏中临时追踪点，如图 2-32 所示。

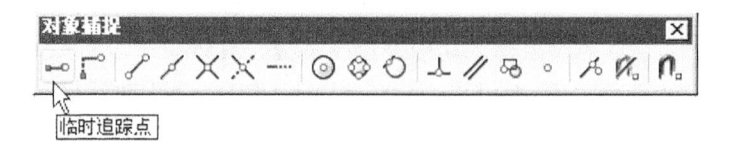

图 2-32 "对象捕捉"工具栏中"临时追踪点"

（4）选 A 点指定临时追踪点，如图 2-33 所示。

（5）水平移动光标到 C 点，回车确定绘制出 BC 直线，如图 2-34 所示。

（6）选择"绘图"→"直线"命令，或在"绘图"工具栏中单击"直线"按钮，执行 LINE 命令，捕捉端点 A 至端点 C，完成直角三角形的绘制。

2.5.5 使用自动追踪功能绘图

使用自动追踪功能可以快速而且精确地定位点，在很大程度上提高了绘图效率。在 AutoCAD 中，要设置自动追踪功能选项，可打开"选项"对话框，在"草图"选项卡的"自动追踪设置"选项组中进行设置，其各选项功能如下：

（1）"显示极轴追踪矢量"复选框：设置是否显示极轴追踪的矢量数据。

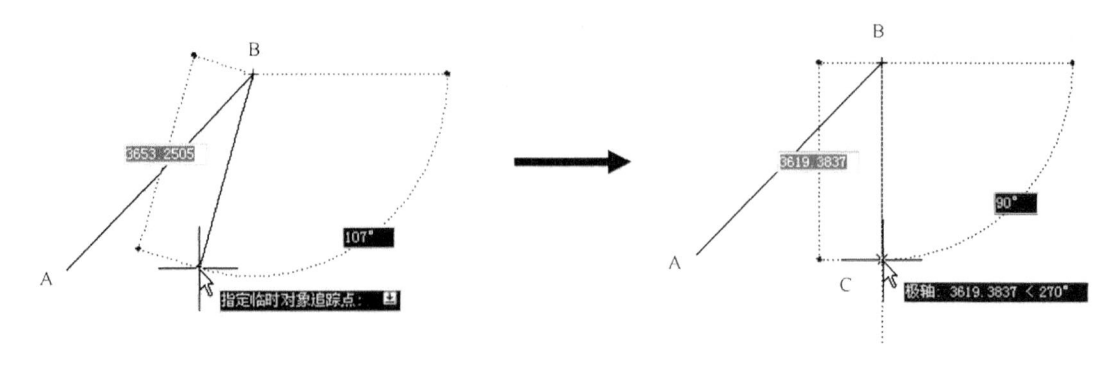

图 2-33　指定临时对象追踪点 A　　　　图 2-34　水平移动光标至 C 点

（2）"显示全屏追踪矢量"复选框：设置是否显示全屏追踪的矢量数据。

（3）"显示自动追踪工具栏提示"复选框：设置在追踪特征点时是否显示工具栏上的相应提示文字。

【例题 2-5】　使用追踪模式为圆添加中心线，如图 2-35 所示。

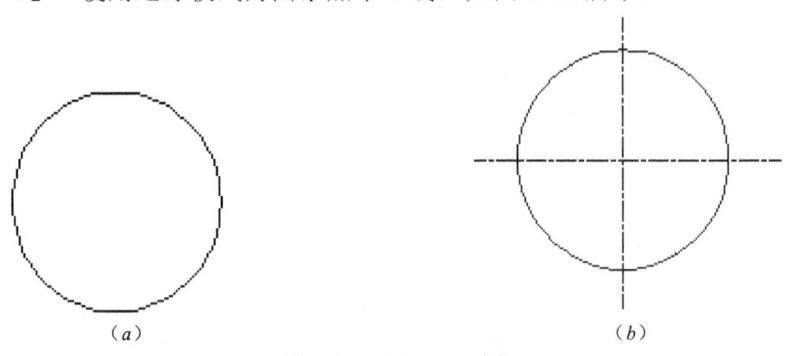

图 2-35　例题 2-5 图
(a) 原型图；(b) 结果图

解：使用 AutoCAD 的对象追踪功能来绘制直线。具体操作步骤如下：

（1）选择"工具"→"草图设置"命令，打开"草图设置"对话框。然后再进入其中的"对象捕捉"选项卡，如图 2-29 所示。单击"全部清除"按钮，然后选中"圆心"复选框，以便通过圆心进行追踪捕捉。同时要选中"启动对象捕捉"和"启用对象捕捉追踪"复选框。

（2）选择"绘图"→"直线"命令，或在"绘图"工具栏中单击"直线"按钮，执行 LINE 命令。

（3）在"指定下一点："提示下将光标移动到圆周上捕捉到圆心，然后将光标移到圆心上，在出现如图 2-36 所示的"圆心"提示时，竖直向上移动光标，此时将出现一条由虚点所构成的直线即追踪线，在图 2-36 中所示的位置单击，即可确定竖直中心线的起点。

提示：一定要打开对象追踪功能。

（4）在"指定下一点或 ［放弃（U）］："提示下竖直向下移动光标，在经过圆心时稍作停留，以便确定圆心。然后继续向下移动，出现追踪线，沿追踪线移动到如图 2-37 和图 2-38 所示位置，单击确定竖直中心线的终点。按回车键，完成竖直中心线的绘制。

（5）同理，重复步骤（2）、（3）和（4），参照图 2-39 和图 2-40 所示，即可绘出圆的水平中心线了。

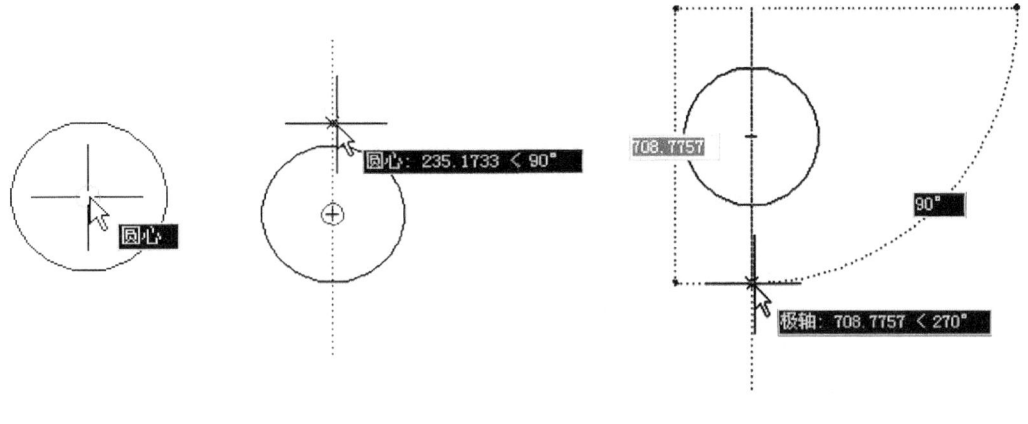

图 2-36 捕捉圆心　　图 2-37 确定起点　　图 2-38 完成竖直中心线的绘制

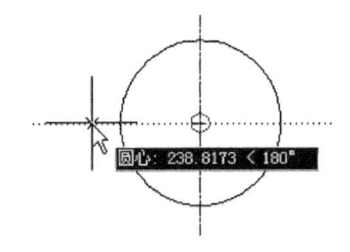

图 2-39 确定水平中心线的起点 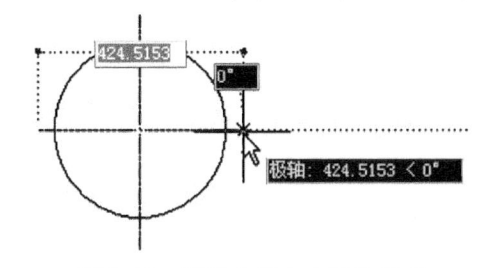　　图 2-40 确定水平中心线的终点

2.5.6 极轴捕捉

极轴捕捉是在创建或修改对象时,按事先给定的角度增量和距离来追踪特征点,即捕捉相对的初始点、以此满足指定的极轴距离和极轴角的目标点。

极轴追踪设置主要是设置追踪的距离和角度增量,以及与之相关联的捕捉模式。这些设置可以通过"草图设置"对话框的"捕捉和栅格"选项卡与"极轴追踪"选项卡来实现,如图 2-41 和图 2-42 所示。

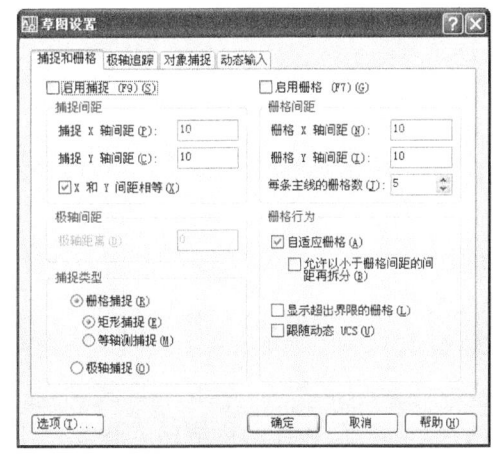

图 2-41 "捕捉和栅格"选项卡 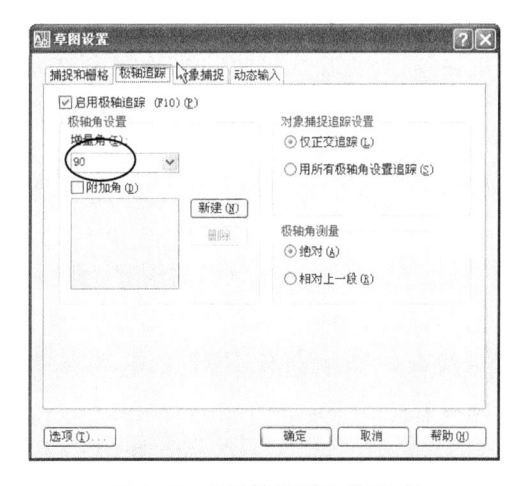　　图 2-42 "极轴追踪"选项卡

（1）设置极轴距离。如图 2-41 所示，在"草图设置"对话框的"捕捉和栅格"选项卡中，可以设置极轴距离，单位为毫米。绘图时光标将按指定的极轴距离增量进行移动。

（2）设置极轴角度。在"草图设置"对话框的"极轴追踪"选项卡中，可以设置极轴角增量角度。设置时，可以单击向下箭头选择下拉列表中的 90°、45°、30°、22.5°、18°、15°、10°和 5°的极轴增量，也可直接输入指定的其他任意角度。光标移动时，如果接近极轴角，将显示对齐路径和工具栏提示。

例如，如图 2-42 所示，当极轴角增量设置为 30，光标移动 90 时显示的对齐路径。

"附加角"用于设置极轴追踪时是否采用附加角度追踪。选中"附加角"复选框，通过"增加"按钮或"删除"按钮来增加、删除附加角度值。

（3）对象捕捉追踪设置。用于设置对象捕捉追踪的模式。如果选择"仅正交追踪"选项，则当采用追踪功能时，系统仅在水平和垂直方向上显示追踪数据；如果选择"用所有的极轴角设置追踪"选项，则当采用追踪功能时，系统不仅可以在水平和垂直方向显示追踪数据，还可以在设置的极轴追踪角度与附加角度所确定的一系列方向上显示追踪数据。

（4）极轴角测量。用于设置极轴角的角度测量所采用的参考基准。"绝对"则是相对水平方向逆时针测量，"相对上一段"则是以上一段对象为基准进行测量。

2.5.7 使用正交模式绘图

正交绘图模式，即在命令的执行过程中，光标只能沿 X 轴或 Y 轴移动。所有绘图的线段和构造线都将平行于 X 轴或 Y 轴，因此它们相互垂直，即正交。使用正交绘图，对于绘制水平和垂直线非常有用，特别是当绘制构造线时经常使用。而且，当捕捉模式为等轴测模式时，它还迫使直线平行于 3 个等轴测中的一个。

设置正交绘图可以直接单击状态栏中的"正交"按钮，或按【F8】键，相应地会在文本窗口中显示开/关提示信息。也可以在命令行中输入 ORTHO 命令，执行开启或关闭正交绘图。

注意："正交"模式将光标限制在水平或垂直轴上。不能同时打开"正交"模式和极轴追踪，因此"正交"模式打开时，AutoCAD 会关闭极轴追踪。如果再次打开极轴追踪，AutoCAD 将关闭"正交"模式。

【例题 2-6】 绘制倾斜的水槽，如图 2-43 所示。

解：使用 AutoCAD 的"直线"命令，并使用正交和捕捉模式来指定直线的各个端点。具体操作步骤如下：

图 2-43 "倾斜水槽"

（1）选择"工具"→"草图设置"命令，打开"草图设置"对话框，再进入"捕捉和栅格"和"极轴追踪"选项卡，如图 2-44 所示。

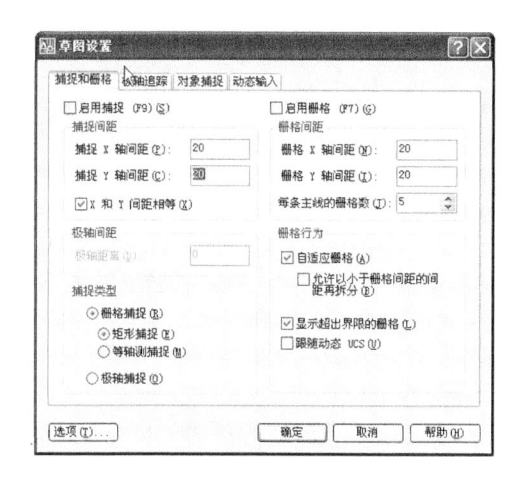

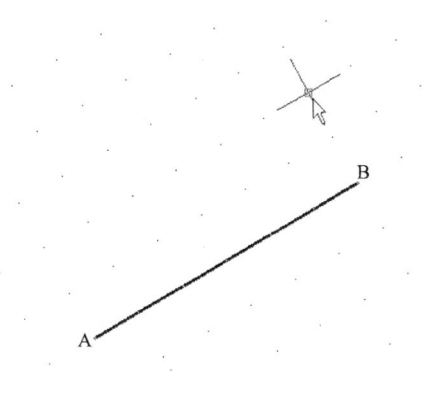

图 2-44 "捕捉和栅格"选项卡　　　　　图 2-45 画直线 AB

（2）在"捕捉和栅格"选项卡中，选中"启用捕捉"和"启用栅格"复选框，分别在"捕捉 X 轴间距"、"捕捉 Y 轴间距"、"栅格 X 轴间距"和"栅格 Y 轴间距"文本框中输入 20。在"极轴追踪"选项卡中，"增量角"文本框中输入 30。设置完成后单击"确定"按钮。

（3）选择"绘图"→"直线"命令，或在"绘图"工具栏中单击"直线"按钮，执行 LINE 命令。

（4）在命令行的"指定第一点："提示下，捕捉任意点 A 开始画直线。

（5）在"指定下一点或 [放弃（U）]："提示下，向右上方移动光标，移动距离为 6 个栅格点。

（6）单击即可确定端点 B，画出直线 AB。然后在"指定下一点或 [放弃（U）]："提示下，向左上方移动光标，移动距离 3 个栅格点，如图 2-45 所示。

（7）单击确定端点 C，画出直线 BC。然后将光标向左下方移动 2 个栅格点，如图 2-46 所示。

（8）单击确定端点 D，画出直线 CD。然后将光标向下方移动 1 个栅格点，如图 2-47 所示。

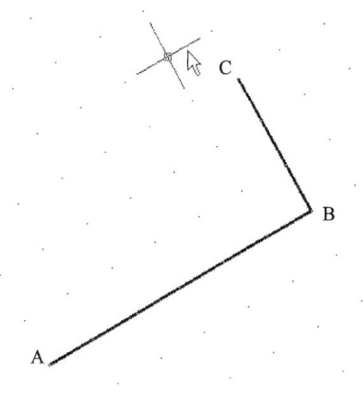

图 2-46 画直线 BC　　　　　图 2-47 画直线 CD

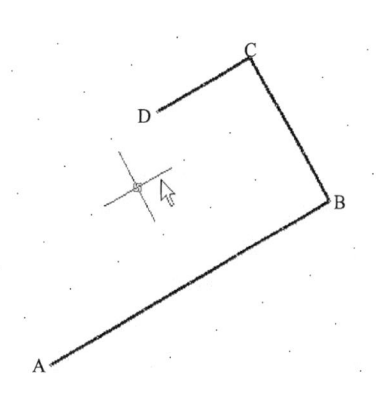

29

（9）单击确定端点 E，画出直线 DE。然后光标向左下方移动 2 个栅格，如图 2-48 所示。

（10）单击确定端点 F，画出直线 EF。然后光标向左上方移动 1 个栅格，如图 2-49 所示。

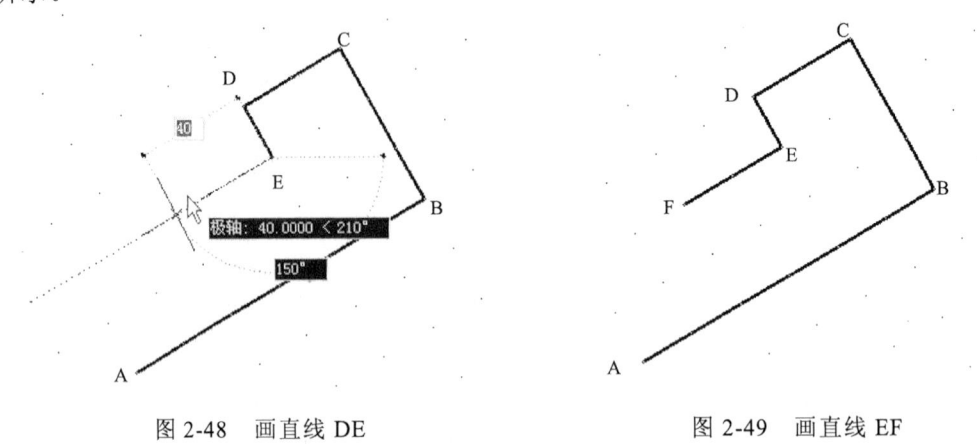

图 2-48　画直线 DE

图 2-49　画直线 EF

（11）单击确定端点 G，画出直线 FG。然后光标向左下方移动 2 个栅格，如图 2-50 所示。

（12）单击确定端点 H，画出直线 GH，如图 2-51 所示。

（13）最后在命令行"指定下一点或［放弃（U）］:"的提示下输入 C，然后按回车键完成图形绘制。

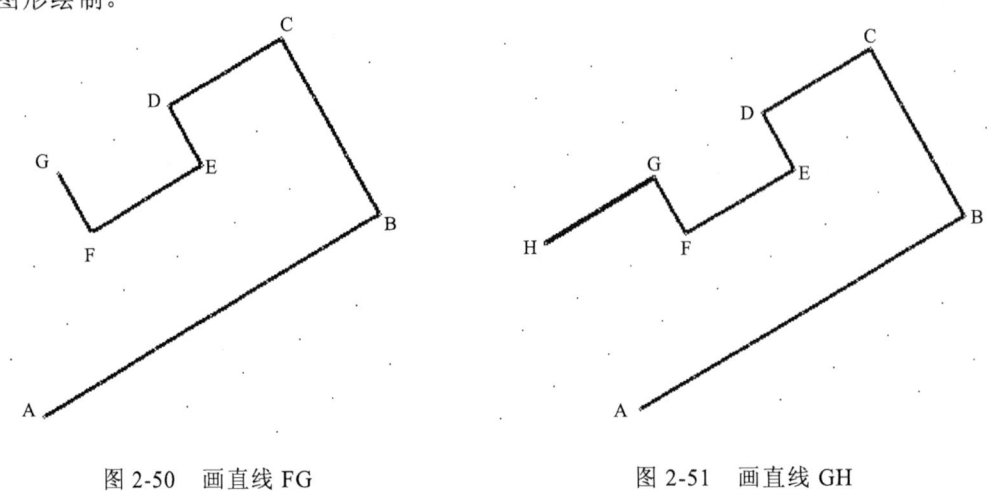

图 2-50　画直线 FG

图 2-51　画直线 GH

2.5.8　使用动态输入

在 AutoCAD 中，使用动态输入功能可以在指针位置处显示标注输入和命令提示等信息，从而极大地方便了绘图。

1. 启用指针输入

在"草图设置"对话框的"动态输入"选项卡中，选中"启用指针输入"复选框可以启用指针输入功能。可以在"指针输入"选项组中单击"设置"按钮，使用打开的"指针输入设置"对话框设置指针的格式和可见性，如图 2-52 和图 2-53 所示。

图 2-52 "草图设置"中"动态输入"选项卡　　　图 2-53 "指针输入设置"对话框

2．启用标注输入

在"草图设置"对话框的"动态输入"选项卡中，选中"可能时启用标注输入"复选框可以启用标注输入功能。在"标注输入"选项组中单击"设置"按钮，使用打开的"标注输入的设置"对话框可以设置标注的可见性，如图 2-54 所示。

3．显示动态提示

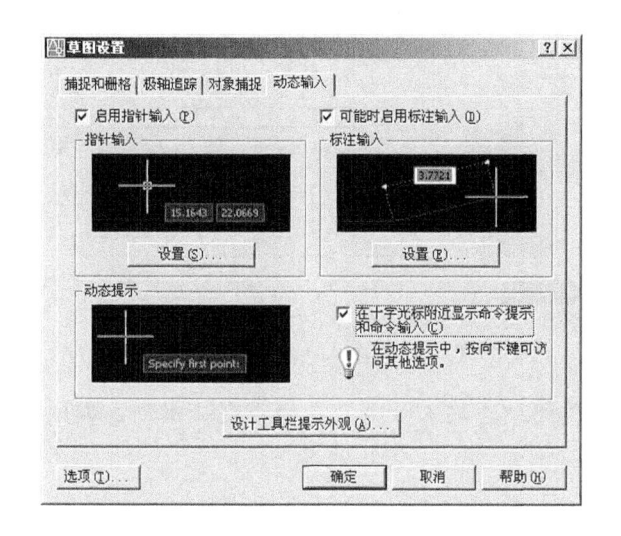

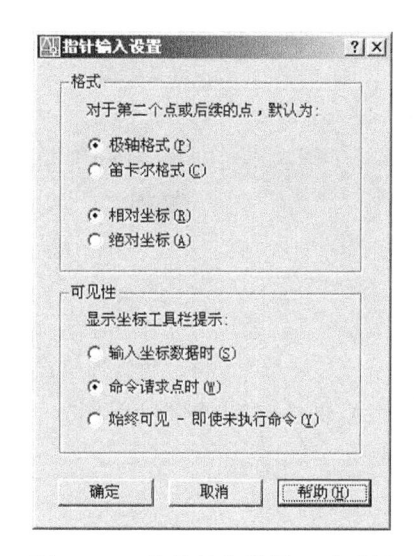

在"草图设置"对话框的"动态输入"选项卡中，选中"动态提示"选项组中的"在十字光标附近显示命令提示和命令输入"复选框，可以在光标附近显示命令提示，如图 2-55 和图 2-56 所示。

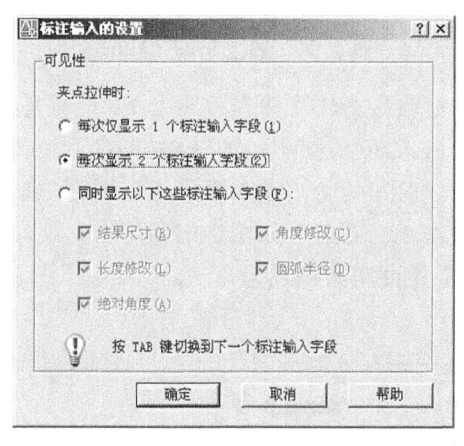

图 2-54 "标注输入的设置"对话框　　　图 2-55 "工具栏提示外观"对话框

【例题 2-7】　利用"动态输入"提示绘制如图 2-57 所示四边形。

解：具体操作步骤如下。

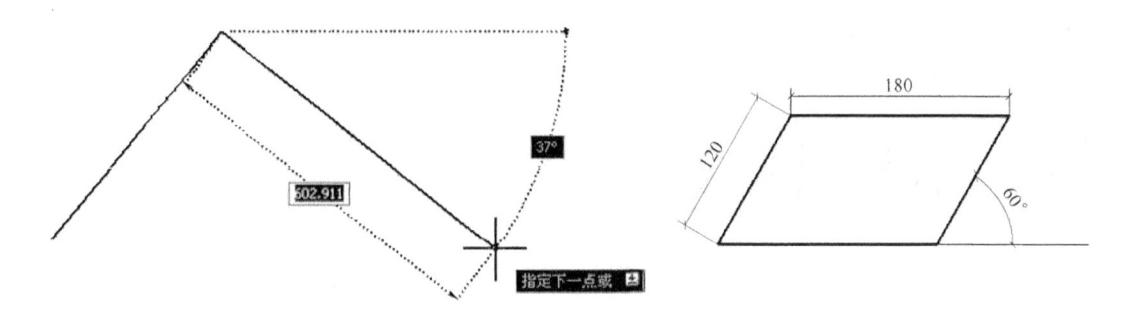

图 2-56 绘图时的动态提示　　　　　　　　图 2-57 四边形

（1）以【F12】键作为开关，可打开或关闭动态输入开关。关闭正交、极轴，如图 2-58 所示。

图 2-58 状态栏中"动态输入"按钮

（2）执行画直线命令，如图 2-59 所示。
（3）输入距离 180，按【Tab】键切换到角度框输入 0 回车，如图 2-60 所示。

图 2-59 输入 LINE 命令　　　　　　　　图 2-60 输入距离"180"

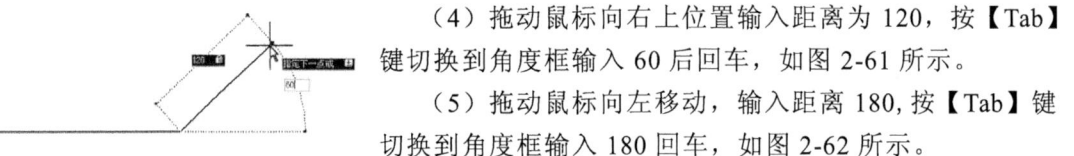

（4）拖动鼠标向右上位置输入距离为 120，按【Tab】键切换到角度框输入 60 后回车，如图 2-61 所示。

（5）拖动鼠标向左移动，输入距离 180，按【Tab】键切换到角度框输入 180 回车，如图 2-62 所示。

（6）按【C】键回车封闭图形。

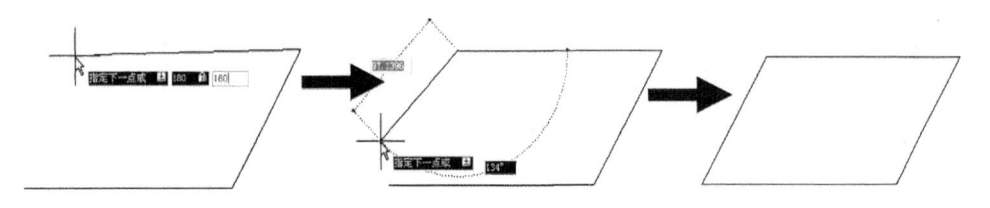

图 2-61 输入角度"60"

图 2-62 完成图形

2.6　QuickCalc 快速计算器

快速计算器是一个非常有用的小工具，在制图时可用它进行相关的计算。
在命令行输入 QuickCalc 或按下快捷键【Ctrl】+【8】即可打开"快速计算器"，如图 2-63 所示。

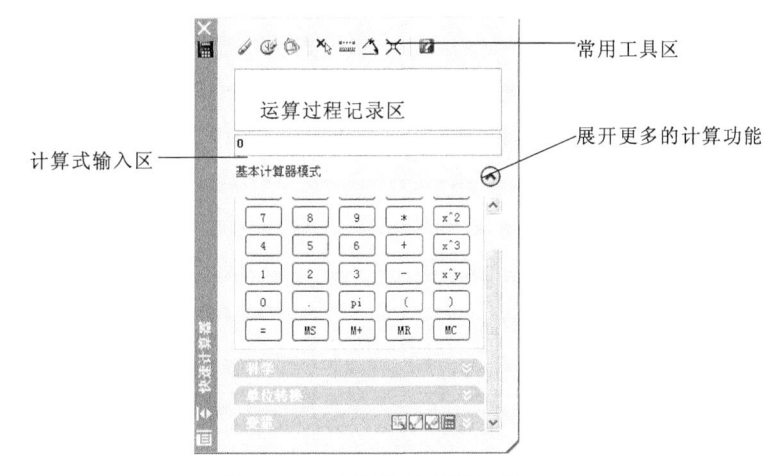

图 2-63　"快速计算器"窗口

"快速计算器"常用工具如下：
（1）取得坐标信息。
（2）取得两点间距离。
（3）取得由两点定义的直线角度信息。
（4）取得两直线的交点。
（5）清除。
（6）清除历史。
（7）将值粘贴到命令行。
（8）帮助。

习　　题

2-1　绘制如图 2-64 所示的平行四边形。
2-2　绝对坐标应用，如图 2-65 所示。
2-3　图框绘制，如图 2-66 所示。
2-4　绘制如图 2-67 所示浴盆轮廓。
2-5　利用捕捉与栅格功能完成图 2-68 所示图形绘制。
2-6　利用正交功能完成图 2-69 所示图形绘制。
2-7　某一直线的起点坐标为（5,5）、终点坐标为（10,5），则终点相对于起点的相对坐标为（@5,0），用相对极坐标表示应为（@5<0）绘制该直线。
2-8　首先绘制长、宽各为 500 的正方形，如图 2-70（a）所示。利用追踪功能完成直径340、直径260同心圆的绘制，如图2-70（b）所示。

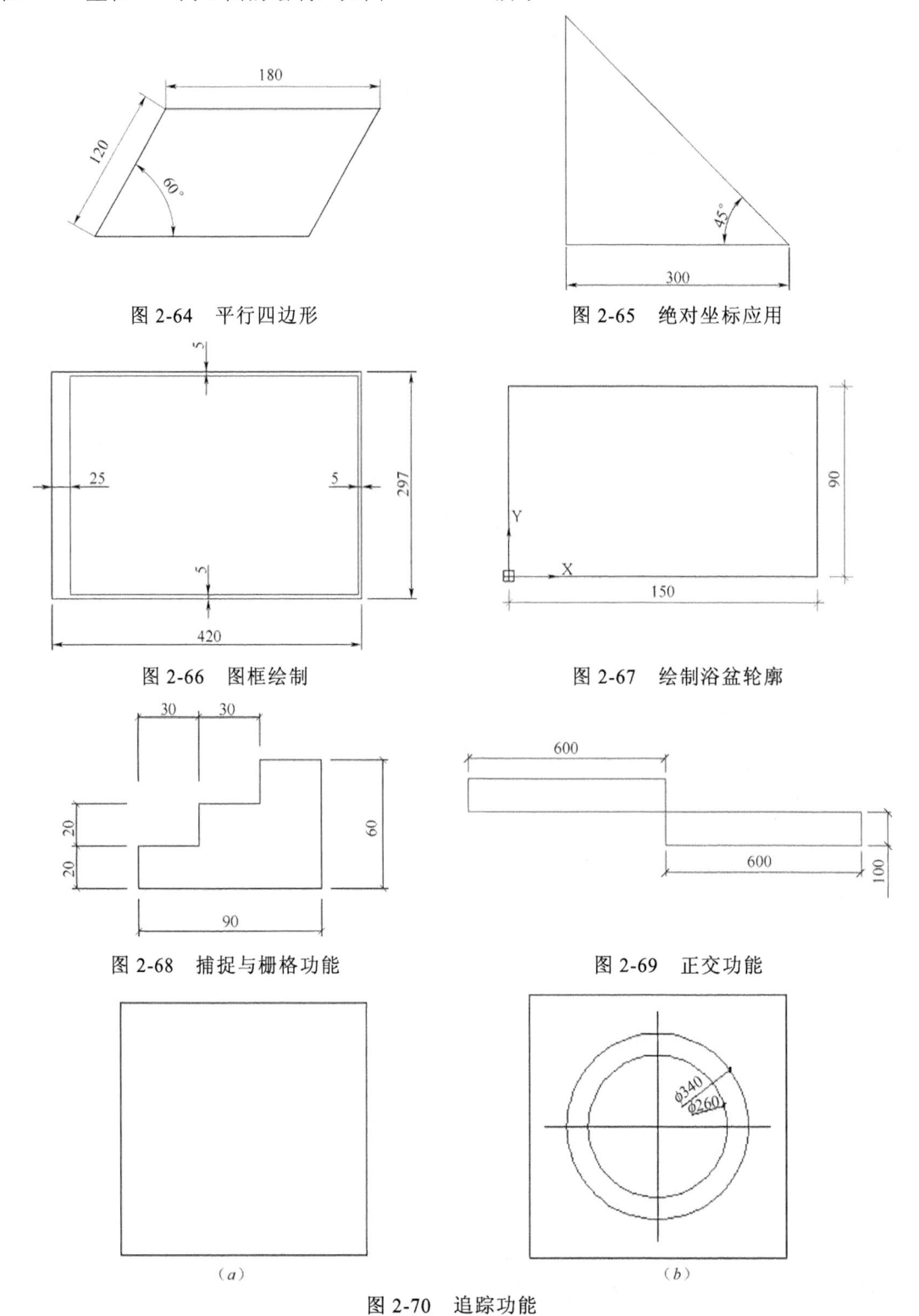

图2-64　平行四边形

图2-65　绝对坐标应用

图2-66　图框绘制

图2-67　绘制浴盆轮廓

图2-68　捕捉与栅格功能

图2-69　正交功能

（a）　　　　　　　　　　　　　　（b）

图2-70　追踪功能

第 3 章 绘制环境设置

【本章要点】

本章详细介绍了 AutoCAD 绘图前的基础设定,其中包括图幅设置、绘图单位设置,以及图层、线型和颜色的设定。学习本章,要求了解绘图前准备工作的内容;掌握图幅、绘图单位、图层、线型及颜色的设定方式,为后续的绘图工作打好基础。

3.1 图幅及绘图单位的设置

3.1.1 设置图幅大小

"绘图界限"命令(LIMITS)可以用来设置绘图极限范围,一般应大于或等于整图的绝对尺寸。设置了绘图界限并打开绘图界限的开关(ON)后,将无法在图形界限外绘制图形,从而保证了绘图的正确性。

在 AutoCAD 中,用户不仅可以通过设置参数选项和图形单位来设置绘图环境,还可以设置绘图图限。使用 LIMITS 命令可以在模型空间中设置一个想象的矩形绘图区域,也称为图限。它确定的区域是可见栅格指示的区域,如图 3-1 所示。同时也是选择"视图"→"缩放"→"全部"命令时决定显示多大图形的一个参数。

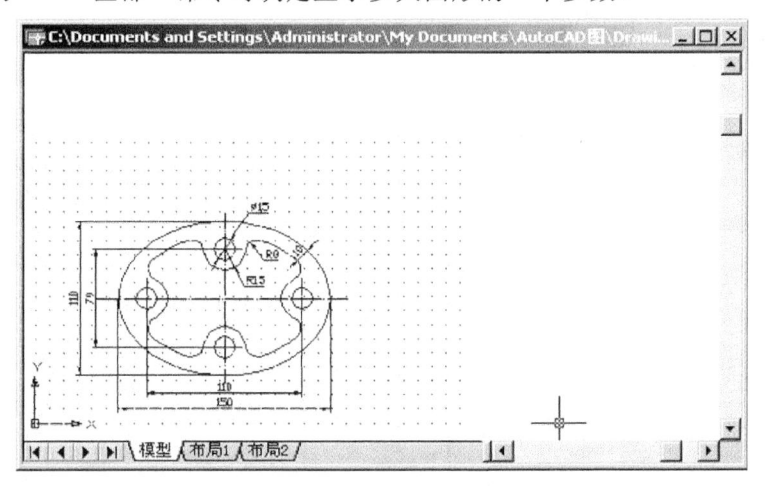

图 3-1 绘图界限显示

【例题 3-1】 设定 297mm×210mm 大小的图形界限。

解:具体操作步骤如下。

(1)在命令行中输入"LIMITS"。

（2）系统提示如下：

重新设置模型空间界限：

指定左下角点或[开（ON）/关（OFF）]<0，0>：（输入图形边界左下角的坐标"0，0"后回车）

指定左下角点：<297,210>：（输入图形边界右上角的坐标后回车）

在此提示下输入坐标值以指定图形左下角的 X、Y 坐标，或在图形中选择一个点，或按回车键，接受默认的坐标值（0，0），AutoCAD 将继续提示指定图形右上角的坐标。输入坐标值以指定图形右上角的 X、Y 坐标，或在图形中选择一个点，确定图形的右上角坐标。

提示：输入的左下角和右上角的坐标，仅仅设置了图形界限，但是仍然可以在绘图窗口内任何位置绘图。若想配置 AutoCAD，使它能阻止将图形绘制到图形界限以外，可以通过打开图形界限。为达到此目的，应再次调用 LIMITS 命令，然后键入 ON，按回车键即可。此时用户不能在图形界限之外绘制图形对象，也不能使用"移动"或"复制"命令将图形移到界限外。

3.1.2 设置绘图单位

菜单栏"格式"→"单位"命令用于设置图形的单位。其中包括"长度"和"角度"。单位的设置包括制式选择及精度设定。AutoCAD 中可以采用所有"英制"和"公制"的实际单位。系统打开"图形单位"对话框，如图 3-2 所示。该对话框用于定义单位和角度格式。

（1）"长度"与"角度"选项组。制定测量的长度与角度的当前单位及精度。通常建筑制图单位选毫米，精度设置为 0。

（2）"插入比例"下拉列表框。设置使用工具选项板拖入当前图形的块的测量单位。如果块或图形创建时使用的单位与该选项指定的单位不同，则在插入这些块或图形时，将对其按比例缩放。插入比例是源块或图形使用的单位与目标图形使用的单位之比。如果插入块时不按指定单位缩放，请选择"无单位"。

（3）"方向"按钮。单击该按钮，系统显示"方向控制"对话框，如图 3-3 所示。在该对话框中进行方向控制设置。

图 3-2 "图形单位"对话框　　　　图 3-3 "方向控制"对话框

3.2 图层、线型及颜色的设定

3.2.1 图层的创建与使用

在绘制图形对象时，该对象将位于当前图层上，为了便于图形的设置与管理，更方便地进行操作，一般在绘图前，应创建若干图层，为层上的对象设置颜色、线型、线宽等特性。利用"图层特性管理器"可一次创建多个图层。通过对图层状态的操作，可以决定各图层的可见性与可操作性，同一层的图形对象处于同一种状态。

1. "图层特性管理器"对话框的组成

图层是 AutoCAD 提供的一个管理图形对象的工具，用户可以根据图层对图形几何对象、文字和标注等进行归类处理，使用图层来管理它们，不仅能使图形的各种信息清晰、有序，便于观察，而且也会给图形的编辑、修改和输出带来很大的方便。

AutoCAD 提供了图层特性管理器，利用该工具用户可以很方便地创建图层以及设置其基本属性。选择"格式"→"图层"命令，即可打开"图层特性管理器"对话框，如图3-4所示。

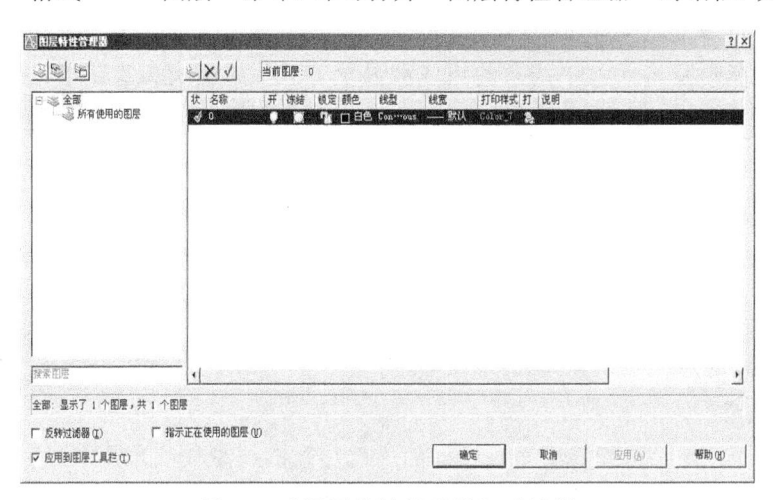

图 3-4 "图层特性管理器"对话框

2. 创建新图层

开始绘制新图形时，AutoCAD 将自动创建一个名为 0 的特殊图层。默认情况下，图层 0 将被指定使用 7 号颜色（白色或黑色），由背景色决定，本书中将背景色设置为白色，因此，图层颜色就是黑色、Continuous（连续线）线型、"默认"线宽及打印样式，用户不能删除或重命名该图层。在绘图过程中，如果用户要使用更多的图层来组织图形，就需要先创建新图层。

在"图层特性管理器"对话框中单击"新建图层"按钮，可以创建一个名称为"图层1"的新图层。默认情况下，新建图层与当前图层的状态、颜色、线型和线宽等设置相同。

当创建了图层后，图层的名称将显示在图层列表框中，如果要更改图层名称，可单击该图层名，然后输入一个新的图层名并按回车键即可。

3. 设置图层颜色

颜色在图形中具有非常重要的作用，可用来表示不同的组件、功能和区域。图层的颜色实际上是图层中图形对象的颜色。每个图层都拥有自己的颜色，对不同的图层可以设置相同的颜色，也可以设置不同的颜色，绘制复杂图形时就可以很容易区分图形的各部分。

新建图层后，要改变图层的颜色，可在"图层特性管理器"对话框中单击图层的"颜色"列对应的图标，打开"选择颜色"对话框，如图 3-5 所示。

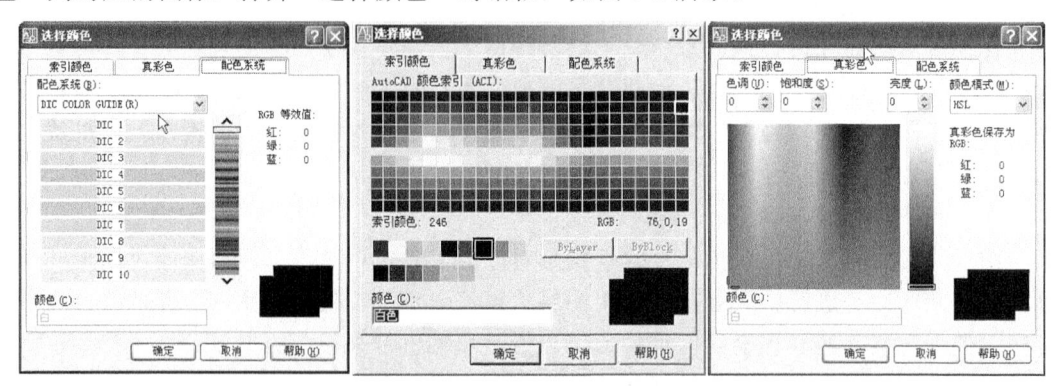

图 3-5 "选择颜色"对话框

3.2.2 线型的设定

线型是指图形基本元素中线条的组成和显示方式，如虚线和实线等。在 AutoCAD 中既有简单线型，也有由一些特殊符号组成的复杂线型，以满足不同国家或行业标准的要求。

1. 设置图层线型

在绘制图形时要使用线型来区分图形元素，这就需要对线型进行设置。默认情况下，图层的线型为 Continuous。要改变线型，可在图层列表中单击"线型"列的 Continuous，打开"选择线型"对话框，在"已加载的线型"列表框中选择一种线型，然后单击"确定"按钮，如图 3-6 所示。

2. 加载线型

默认情况下，在"选择线型"对话框的"已加载的线型"列表框中只有 Continuous 一种线型，如果要使用其他线型，必须将其添加到"已加载的线型"列表框中。可单击"加载"按钮打开"加载或重载线型"对话框，从当前线型库中选择需要加载的线型，然后单击"确定"按钮，如图 3-7 所示。

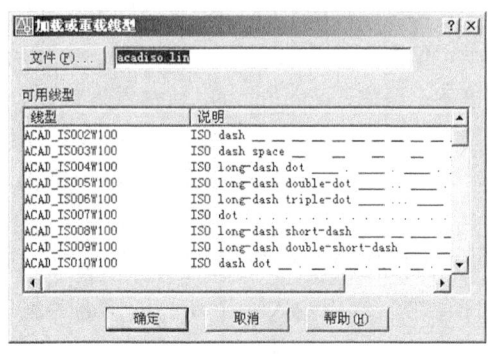

图 3-6 "选择线型"对话框　　　　图 3-7 "加载或重载线型"对话框

3. 设置线型比例

选择"格式"→"线型"命令，打开"线型管理器"对话框，可设置图形中的线型比例，从而改变非连续线型的外观，如图3-8所示。

可以用菜单中的"格式"→"线型"命令或在命令行输入LINETYPE命令来进行线型的加载。加载后的线型可用于当前的图形及图层设置。除"Continuous"外，每一种线型都是由线段、点或空白段组成的序列，当线型组成元素太密或太疏时，可以通过修改"线型比例因子"来调整。

4. 设置图层线宽

线宽设置就是改变线条的宽度。在AutoCAD中，使用不同宽度的线条表现对象的大小或类型，可以提高图形的表达能力和可读性。要设置图层的线宽，可以在"图层特性管理器"对话框的"线宽"列中单击该图层对应的线宽"——默认"，打开"线宽"对话框，有20多种线宽可供选择。也可以选择"格式"→"线宽"命令,打开"线宽设置"对话框,如图3-9所示，通过调整线宽比例，使图形中的线宽显示得更宽或更窄。

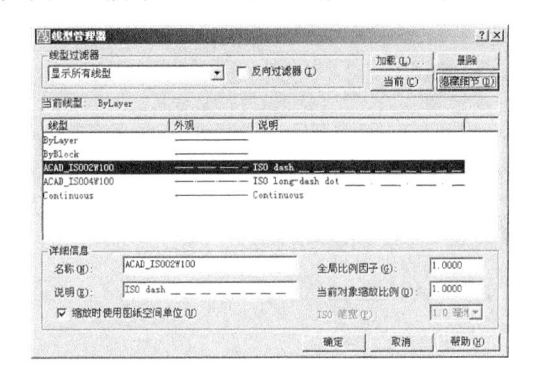

图3-8 "线型管理器"对话框　　　　图3-9 "线宽设置"对话框

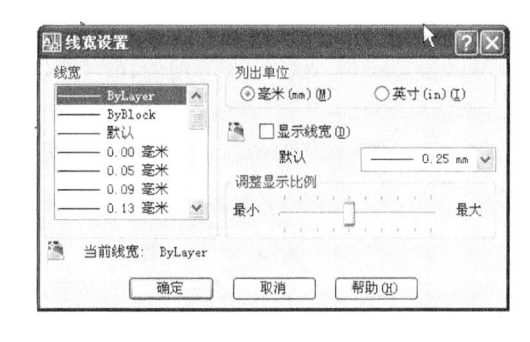

3.3 管 理 图 层

在AutoCAD中，使用"图层特性管理器"对话框不仅可以创建图层，设置图层的颜色、线型和线宽，还可以对图层进行更多的设置与管理，如图层的切换、重命名、删除及图层的显示控制等。

3.3.1 设置图层特性

使用图层绘制图形时，新对象的各种特性将默认为随层，由当前图层的默认设置决定。也可以单独设置对象的特性，新设置的特性将覆盖原来随层的特性。在"图层特性管理器"对话框中，每个图层都包含状态、名称、打开/关闭、冻结/解冻、锁定/解锁、线型、颜色、线宽和打印样式等特性，如图3-10所示。

3.3.2 切换当前层

在"图层特性管理器"对话框的图层列表中，选择某一图层后，单击"当前图层"按钮，即可将该层设置为当前层。在实际绘图时，为了便于操作，主要通过"图层"工具栏和"对象特性"工具栏来实现图层切换,这时只需选择要将其设置为当前层的图层名称即可。此外,"图层"工具栏和"对象特性"工具栏中的主要选项与"图层特性管理器"对话框中的内容相对应,因此也可以用来设置与管理图层特性,如图 3-11 所示。

图 3-10 "图层特性管理器"对话框

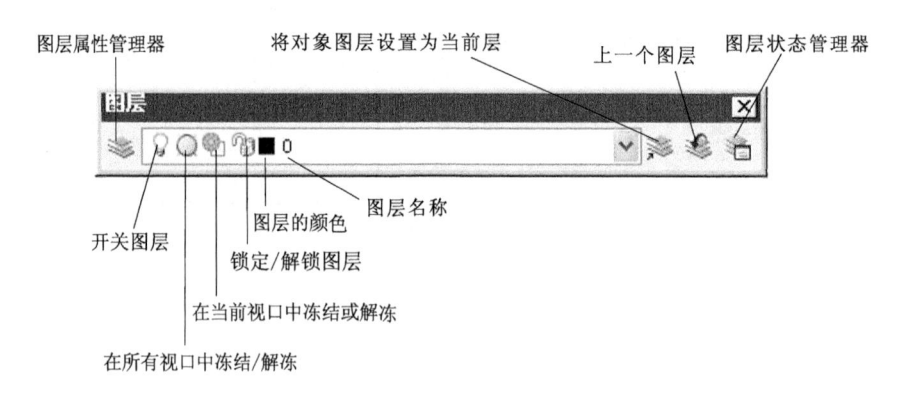

图 3-11 "图层"对话框

第4章 基本绘图命令

【本章要点】

本章详细讲述了 AutoCAD 的基本绘图工具。学习本章，要求识记各种基本绘图命令（直线、多段线、射线、构造线、矩形、正多边形、圆、椭圆、多线、圆环和实心圆）的主要功能及参数设置，并能结合对象捕捉工具，在绘图过程中灵活应用各种命令，选择最便捷的工具绘制指定图形。

4.1 绘图菜单与绘图工具栏

绘图菜单是绘制图形最基本、最常用的方法，其中包含了 AutoCAD 的大部分绘图命令。选择该菜单中的命令或子命令，可绘制出相应的二维图形，如图 4-1 所示。

"绘图"工具栏中的每个工具按钮都与"绘图"菜单中的绘图命令相对应，是图形化的绘图命令，如图 4-2 所示。

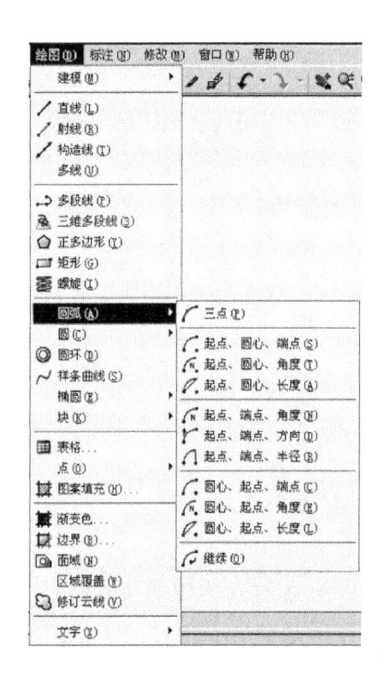

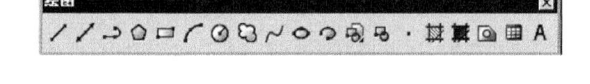

图 4-1 "绘图"菜单　　　　　图 4-2 "绘图"工具栏

4.2 基本绘图命令

4.2.1 绘制直线

直线是各种绘图中最常用、最简单的一类图形对象，只要指定了起点和终点即可绘制一条直线。在 AutoCAD 中，可以用二维坐标（x，y）或三维坐标（x，y，z）来指定端点，也可以混合使用二维坐标和三维坐标。如果输入二维坐标，AutoCAD 将会用当前的高度作为 Z 轴坐标值，默认值为 0。

绘制直线的命令"LINE"通过逐个输入点坐标的方式来绘制直线。直线命令是 AutoCAD 绘图中最常用的，需要掌握。按【F8】键即可进行斜线与水平线或垂直线之间的切换。

绘制直线操作方法有以下几种：

（1）命令行：LINE（缩写为 L）。

（2）菜单：绘图→直线。

（3）工具栏：绘图→直线。

下面以直接输入 LINE 或 L 命令为例，说明直线的绘制方法。

命令：LINE（输入绘制直线命令）

指定第一点：（指定直线起点 a 或输入端点坐标）

指定下一点或 [放弃（U）]：（指定直线终点 b 或输入端点坐标）

指定下一点或 [放弃（U）]：（回车）

4.2.2 绘制射线

射线为一端固定，另一端无限延伸的直线。选择"绘图"→"射线"命令（RAY），指定射线的起点和通过点即可绘制一条射线。在 AutoCAD 中，射线主要用于绘制辅助线。指定射线的起点后，可在"指定通过点："提示下指定多个通过点，绘制以起点为端点的多条射线，直到按取消键或回车键退出为止。

绘制射线操作方法有以下几种：

（1）命令行：RAY。

（2）菜单：绘图→射线。

下面以直接输入 RAY 命令为例，说明射线的绘制方法，如图 4-3 所示。

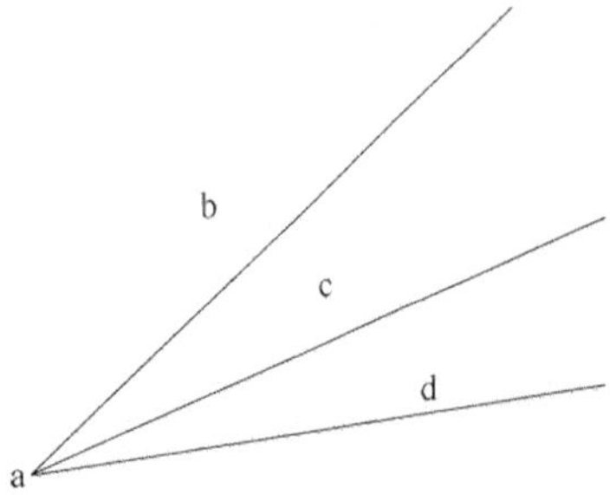

命令：RAY（输入绘制射线命令）

指定起点：（指定射线起点 a 的位置）

指定通过点：（指定射线所通过点的位置 b）

指定通过点：（指定射线所通过点的位置 c）

……（下一点）

指定通过点：（回车）

图 4-3 射线绘制

4.2.3 绘制构造线

构造线为两端可以无限延伸的直线，没有起点和终点，可以放置在三维空间的任何地方，主要用于绘制辅助线。选择"绘图"→"构造线"命令（XLINE），或在"绘图"工具栏中单击"构造线"按钮，都可绘制构造线。

绘制构造线的操作方法有以下几种：

（1）命令行：XLINE。

（2）菜单：绘图→构造线。

（3）工具栏：绘图→构造线。

下面以直接输入 XLINE 命令为例，说明构造线的绘制方法，如图 4-4 所示。

命令：XLINE（绘制构造线）

指定点或［水平（H）/垂直（V）/角度（A）/二等分（B）/偏移（O）］:（指定构造线起点 a 位置）

指定通过点:（指定构造线通过点的位置 b）

指定通过点:（指定下一条构造线所通过点的位置 c）

指定通过点:（指定下一条构造线所通过点的位置 d）

……

指定通过点:（回车）

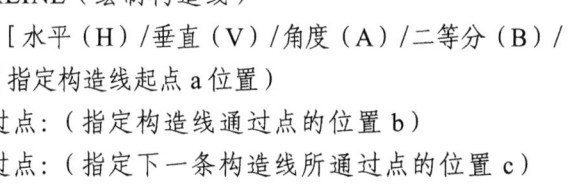

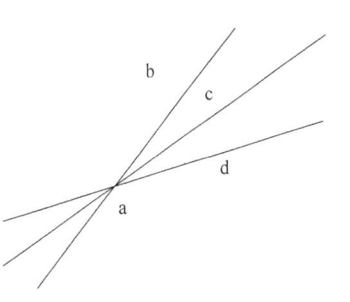

图 4-4 构造线绘制

4.2.4 绘制矩形

在 AutoCAD 中，可以使用"矩形"命令绘制矩形。选择"绘图"→"矩形"命令（RECTANG），或在"绘图"工具栏中单击"矩形"按钮，即可绘制出倒角矩形、圆角矩形、有厚度的矩形等多种矩形。

绘制矩形操作方法有以下几种：

（1）命令行：RECTANG（缩写为 REC）。

（2）菜单：绘图→矩形。

（3）工具栏：绘图→矩形。

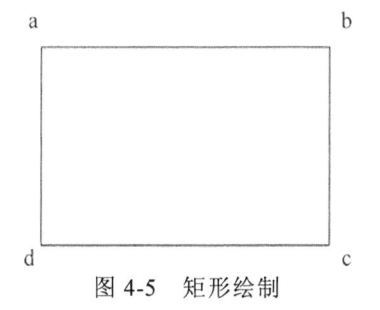

下面以直接输入 RECTANG 命令为例，说明矩形的绘制方法，如图 4-5 所示。

命令：RECTANG（绘制矩形）

指定第一个角点或［倒角（C）/标高（E）/圆角（F）/厚度（T）/宽度（W）］:（鼠标指定 a 点）

指定另一个角点或［面积（A）/尺寸（D）/旋转（R）］:D（输入 D 指定尺寸）

指定矩形的长度<0>:1500（输入矩形的长度）

图 4-5 矩形绘制

指定矩形的宽度<0>: 1000（输入矩形的宽度）

指定另一个角点或［面积（A）/尺寸（D）/旋转（R）］:（指定矩形另一个角点的位置或移动光标以显示矩形可能的四个位置之一并单击需要的一个位置）

提示：使用长度和宽度创建矩形时，第三个指定点将矩形定位在与第一个角点相关的四个位置之一内。

【例题 4-1】 绘制如图 4-6 所示的双人沙发平面图。

解：使用 AutoCAD 的"矩形"命令。具体操作步骤如下：

（1）选择"绘图"→"矩形"命令，或在"绘图"工具栏中单击"矩形"按钮，执行 RECTANG 命令。

（2）在"指定第一个角点或［倒角（C）/标高（E）/圆角（F）/厚度（T）/宽度（W）］："提示下按 F 键并回车。在"指定矩形的圆角半径<0.0000>："提示下，输入 40 并按回车键，然后在屏幕上单击确定一点作为矩形的第一个角点。在"指定另一个角点或［面积（A）/尺寸（D）/旋转（R）］："提示下，输入（@1210,160）并回车，绘出第一个矩形。

（3）直接按回车键，再次执行"矩形"命令。在"指定第一个角点或［倒角（C）/标高（E）/圆角（F）/厚度（T）/宽度（W）］："提示下，单击"对象捕捉"工具栏上的"捕捉自"按钮。在"from 基点："提示下，捕捉已画矩形下边的中点，如图 4-7 所示。在"<偏移>："提示下输入相对坐标（@-540,-40），按回车键。在"指定另一个角点或［面积（A）/尺寸（D）/旋转（R）］："提示下，输入相对坐标（@510,-580），完成矩形绘制，结果如图 4-8 所示。

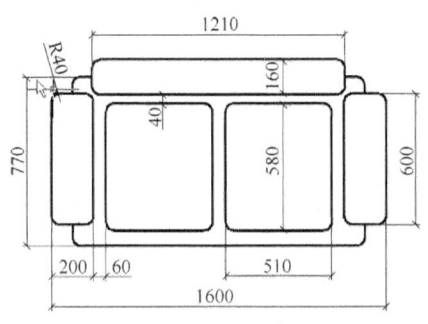

图 4-6 双人沙发平面图

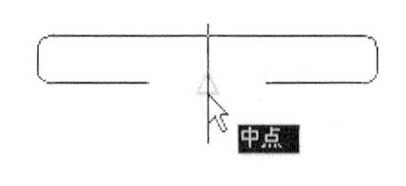

图 4-7 捕捉矩形下边中点

（4）重复步骤（3），画出另外 4 个矩形，结果如图 4-9 所示。

（5）选择"修改"→"修剪"命令，在"选择对象："提示下选择图中所示的 1、2 和 3 三个圆角三角形，并按回车键，然后分别单击选择要修剪的对象 AB、CD 和 EF。选择结束后按回车键结束。

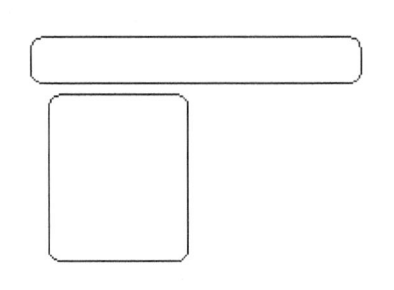

图 4-8 绘制两个矩形

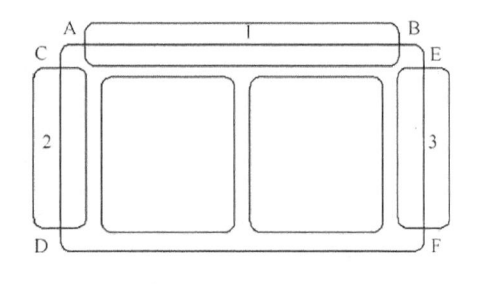

图 4-9 修剪前的沙发

4.2.5 绘制正多边形

在 AutoCAD 中，可以使用"正多边形"命令绘制正多边形。选择"绘图"→"正多边形"命令（POLYGON），或在"绘图"工具栏中单击"正多边形"按钮，可以绘制边数为 3~1024 的正多边形。当正多边形边数无限大时，其形状逼近圆形。正多边形是一种多段线对象，AutoCAD 以零宽度绘制多段线，并且没有切线信息。

绘制正多边形的操作方法有以下几种：

（1）命令行：POLYGON。

（2）菜单：绘图→正多边形。

（3）工具栏：绘图→正多边形。

下面以直接输入 POLYGON 命令为例，说明正多边形的绘制方法。

（1）以内接于圆确定正多边形，内接于圆是指定外接圆的半径，正多边形的所有顶点都在此圆周上，如图 4-10 所示。

命令：POLYGON（绘制正多边形）

输入边的数目<4>：6（输入正多边形的边数）

指定正多边形的中心点或 [边（E）]：（指定正多边形中心点位置 O）

输入选项 [内接于圆（I）/外切于圆（C）] <I>：I（输入 I 以内接于圆确定正多边形）

指定圆的半径：50（指定内接圆半径）

（2）以外切于圆确定正多边形，外切于圆是指定从正多边形中心点到各边中心的距离。

命令：POLYGON（绘制正多边形）

输入边的数目<4>：6（输入正多边形的边数）

指定正多边形的中心点或 [边（E）]：（指定正多边形中心点位置 O）

输入选项 [内接于圆（I）/外切于圆（C）] <I>：C（输入 C 以外切于圆确定正多边形）

指定圆的半径：50（指定外切圆半径）

【例题 4-2】 绘制如图 4-11 所示的扳手工具。

解：使用 AutoCAD 的"正多边形"命令。具体操作步骤如下：

（1）选择"绘图"→"直线"命令，绘出辅助线，如图 4-12 所示。

（2）选择"绘图"→"圆"命令，分别绘出如图 4-13 所示的两个圆。

（3）选择"绘图"→"正多边形"命令，或在"绘图"工具栏中单击"正多边形"按钮，执行 POLYGON 命令。

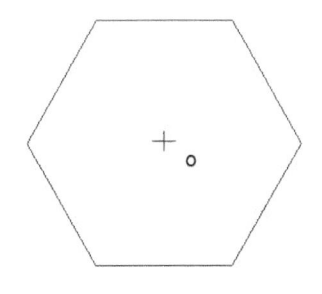

图 4-10　正多边形绘制　　　　　　图 4-11　扳手工具

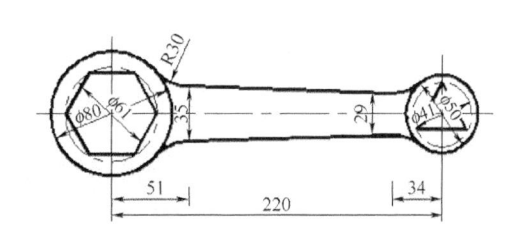

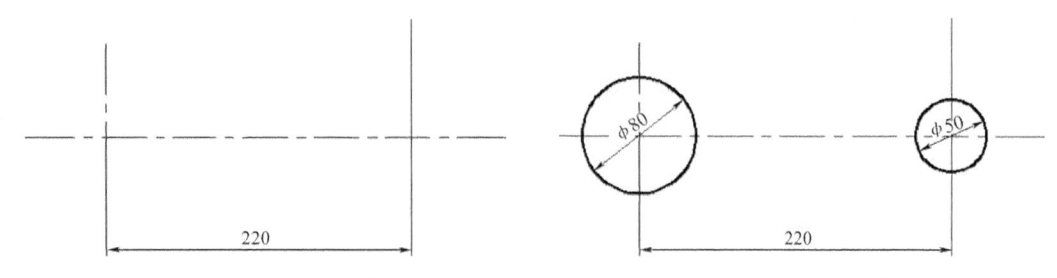

图 4-12　绘制辅助线　　　　　　　　图 4-13　绘制两个圆

（4）在"输入边的数目<4>："提示下，输入 6 并按回车键。在"指定正多边形的中心点或［边（E）］："提示下，捕捉左侧大圆的圆心作为正六边形的中心。在"输入选项［内接于圆（I）/外切于圆（C）］<I>："提示下，按回车键。在"指定圆的半径："提示下输入 30 并按回车键，即可绘出正六边形，如图 4-14 所示。

（5）重复步骤（3）和（4），在右侧绘出正三角形。

（6）选择"绘图"→"直线"命令，通过"捕捉自"功能画出两条直线，如图 4-15 所示。

图 4-14　绘制正六边形　　　　　　　　图 4-15　绘制直线

（7）选择"绘图"→"圆、相切、半径"命令，画 4 个半径为 30 并且分别与圆和直线相切的圆，结果如图 4-16 所示。

4.2.6　绘制圆

绘制圆的命令"CIRCLE"可以通过输入圆心及半径（直径）的方式得到一圆形。还可利用此命令绘制经过三点的圆及与两条线相切的圆。选择"绘图"→"圆"命令中的子命令，或单击"绘图"工具栏中的"圆"按钮即可绘制圆。

绘制圆的操作方法有以下几种：

（1）命令行：CIRCLE（缩写为 C）。

（2）菜单：绘图→圆。

（3）工具栏：绘图→圆。

可以通过中心点或圆周上三点中的一点创建圆，还可以选择与圆相切的对象。下面以直接输入 CIRCLE 命令为例，说明圆形的绘制方法，如图 4-17 所示。

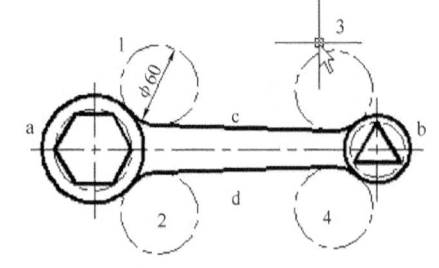

图 4-16　绘制 4 个半径为 30 的圆　　　　　　　　图 4-17　绘制圆

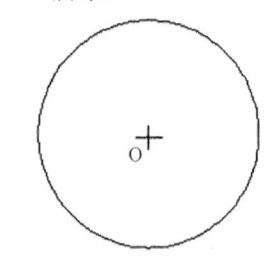

命令：CIRCLE（绘制圆形）

指定圆的圆心或［三点（3P）/两点（2P）/相切、相切、半径（T）］:（指定圆心点的位置 O）

指定圆的半径或［直径（D）］<30>: 50（输入圆形半径或在屏幕上直接点取）

【例题 4-3】 绘制如图 4-18 所示的洗手池。

解： 使用 AutoCAD 中的"圆"命令绘制图形，并利用对象捕捉功能来精确地绘制图形。

（1）选择"绘图"→"圆"命令，或在"绘图"工具栏中单击"圆"按钮，执行 CIRCLE 命令。

图 4-18 洗手池

（2）在"指定圆的圆心或［三点（3P）/两点（2P）/相切、相切、半径（T）］:"提示下，在屏幕上任意指定一点作为圆心，设置半径为 200，按回车键，即可画出直径为 400 的圆。

（3）选择"工具"→"草图设置"命令，在"对象捕捉"选项卡中选中"启动对象捕捉"、"端点"、"中心"、"圆心"和"象限点"复选框，单击"确定"按钮。

（4）选择"绘图"→"圆"命令，捕捉到直径为 400 的圆的圆心，然后输入半径为 230，按回车键，即可画出直径为 460 的圆。结果如图 4-19 所示。

（5）选择"绘图"→"圆"命令，并单击"对象捕捉"工具栏上的"捕捉自"按钮，在"from 基点:"提示下捕捉到直径为 400 的圆的圆心，在"<偏移>:"提示下输入相对坐标（@0，23）并按回车键后，指定圆的半径为 22.5，从而画出直径为 45 的小圆，如图 4-20 所示。

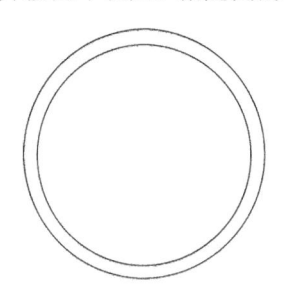

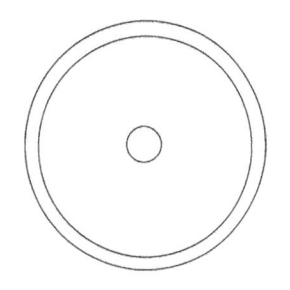

图 4-19 画出两个大圆　　　　图 4-20 画出直径为 45 的小圆

（6）选择"绘图"→"圆"命令，画出直径 66 的同心圆。

（7）选择"绘图"→"圆"命令，并单击"对象捕捉"工具栏上的"捕捉自"按钮，在"from 基点:"提示下捕捉到直径为 400 的圆的圆心，在"<偏移>:"提示下输入相对坐标（@-99.5，109），指定圆的半径为 15.5 而画出直径为 31 的小圆，如图 4-21 所示。

（8）选择"绘图"→"圆"命令，画出直径为 51 的同心圆。

（9）选择"修改"→"镜像"命令，在"选择对象:"提示下单击选择直径为 31 和 51 的两个圆然后按回车键结束选择。在"指定镜像线的第一点:"提示下捕捉直径为 45 的圆的圆心，在"指定镜像线的第二点:"提示下竖直向上移动光标，出现追踪线，在追踪线的任意位置单击，在"要删除源对象吗？［是（Y）/否（N）］<N>:"提示下，直接按回车键，即可镜像复制得到右侧直径为 31 和 51 的两个圆，结果如图 4-22 所示。

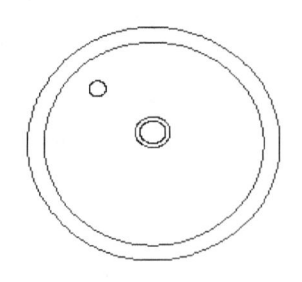

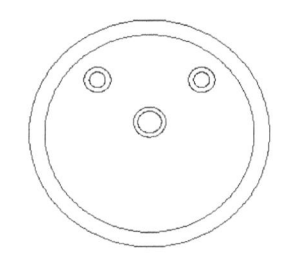

图 4-21　画出直径为 31 的小圆　　　　图 4-22　镜像复制到右侧的两个小圆

（10）选择"绘图"→"矩形"命令，在"指定第一个角点或［倒角（C）/标高（E）/圆角（F）/厚度（T）/宽度（W）］："提示下，单击"对象捕捉"工具栏上的"捕捉自"按钮，在"from 基点："提示下捕捉到直径为 45 的圆的圆心，在"<偏移>："提示下输入相对坐标"@-19，18"，按回车键后，在"指定另一个角点或［面积（A）/尺寸（D）/旋转（R）］："提示下输入相对坐标"@38，104"，完成矩形的绘制。

（11）选择"绘图"→"圆"命令，捕捉直径为 460 的圆的下方象限点作为圆心，以矩形的长边中点作为圆周上的一点，画出一个辅助圆，如图 4-23 所示。

（12）选择"修改"→"修剪"命令，在"选择对象："提示下，选择矩形和直径为 400 的大圆，然后按回车键。在"选择要修剪的对象，或按住【Shift】键选择要延伸的对象或在"［栏选（F）/窗交（C）/投影（P）/边（E）/删除（R）/放弃（U）］："提示下，选择直径 400 的圆外的部分和矩形内的辅助圆部分，以及直径为 45 和 66 的两个圆位于矩形内的部分，最后按回车键结束修改命令，结果如图 4-24 所示。

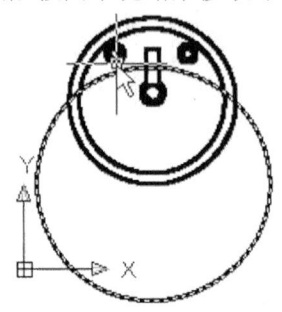

图 4-23　画辅助圆　　　　图 4-24　最后结果

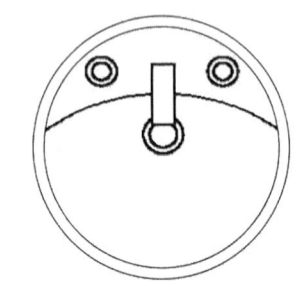

4.2.7　绘制椭圆

AutoCAD 绘制椭圆形的命令与椭圆曲线是一致的，均为 ELLIPSE 命令。

绘制椭圆的操作方法有以下几种：

（1）命令行：ELLIPSE（缩写为 EL）。

（2）菜单：绘图→椭圆。

（3）工具栏：绘图→椭圆。

下面以直接输入 ELLIPSE 命令为例，说明椭圆的绘制方法，如图 4-25 所示。

命令：ELLIPSE（绘制椭圆形）
指定椭圆的轴端点或［圆弧（A）/中心点（C）］：（指定一个椭圆形轴线端点 a）
指定轴的另一个端点：（指定该椭圆形轴线另外一个端点 b）
指定另一条半轴长度或［旋转（R）］：（指定与另外一个椭圆轴线长度距离 oc）

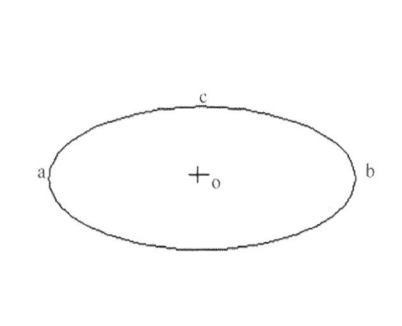

图 4-25　椭圆绘制　　　　　　　　　图 4-26　洗脸池

【例题 4-4】　绘制如图 4-26 所示的洗脸池。
解：使用 AutoCAD 的"椭圆"和"椭圆弧"命令。具体操作步骤如下：

（1）选择"工具"→"草图设置"命令，在"草图设置"对话框中启用对象捕捉、极轴追踪和对象追踪等设置。

（2）选择"绘图"→"椭圆"命令，或在"绘图"工具栏中单击"椭圆"按钮○，执行 ELLIPSE 命令。

（3）在"指定椭圆的轴端点或［圆弧（A）/中心点（C）］："提示下，在屏幕上单击确定一点 A 作为椭圆的轴端点。在"指定轴的另一个端点："提示下，水平向右移动光标，出现水平追踪线，如图 4-27 所示。输入 399 并按回车键，这样就确定了水平轴的另一端点 B，如图 4-27 所示。在"指定另一条半轴长度或［旋转（R）］："提示下输入 120 并按回车键，即可绘出第一个椭圆，如图 4-28 所示。

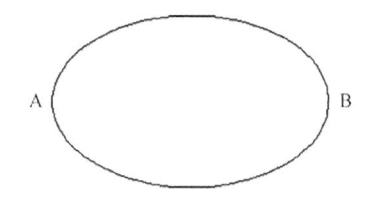

图 4-27　产生水平极轴追踪线　　　　　图 4-28　绘制第一个椭圆

（4）选择"绘图"→"椭圆弧"命令，或在"绘图"工具栏中单击"椭圆弧"按钮，执行 ELLIPSE 命令。

（5）在"指定椭圆弧的轴端点或［中心点（C）］："提示下按【C】键并回车，捕捉已画椭圆的中心作为椭圆弧的中心。在"指定轴的端点："提示下，水平向右移动光标以产生水平追踪线，输入 230 并按回车键。在"指定另一条半轴长度或［旋转（R）］："提示下输入

150 并按回车键。在"指定起始角度或［参数（P）］:"提示下输入 180 并按回车键,在"指定终止角度或［参数（P）/包含角度（I）］:"提示下,输入 360 并按回车键,如图 4-29 所示。

（6）选择"绘图"→"直线"命令,在"指定第一点:"提示下,捕捉外侧椭圆左侧的轴端点。在"指定下一点或［放弃（U）］:"提示下,输入相对坐标（@56.5, 210）并按回车键。水平向右移动光标,出现水平追踪线,输入 347 后按回车键,然后捕捉外侧椭圆的右侧轴端点,按回车键完成直线绘制命令,如图 4-30 所示。

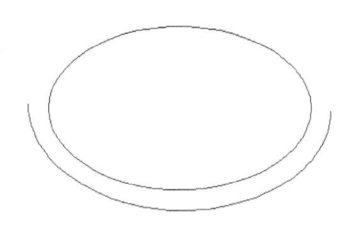

图 4-29 完成椭圆弧的绘制　　　　　图 4-30 完成直线绘制

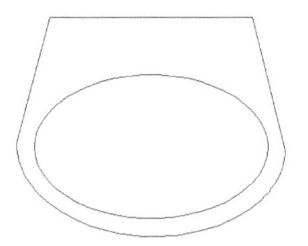

4.2.8 绘制圆环与实心圆

圆环是由宽弧线组成的闭合多段线构成的。其 AutoCAD 功能命令是 DONUT。圆环内的填充图案取决于 FILL 命令的当前设置,AutoCAD 根据中心点来设置圆环的位置。指定内径和外径之后,AutoCAD 提示用户输入绘制圆环的位置。

绘制圆环操作方法有以下几种:

（1）命令行:DONUT。

（2）菜单:绘图→圆环。

（3）工具栏:绘图→圆环。

下面以直接输入 DONUT 命令为例,说明等圆环的绘制方法,如图 4-31 所示。

命令:DONUT（绘制圆环）

指定圆环的内径<0.5>: 30（输入圆环内半径）

指定圆环的外径<1>: 50（输入圆环外半径）

指定圆环的中心点或<退出>:（在屏幕上点取圆环的中心点位置 o）

图 4-31 圆环绘制

指定圆环的中心点或<退出>:（指定下一个圆环的中心点位置）

……

指定圆环的中心点或<退出>:（回车）

提示:圆环是具有内径和外径的图形,可以认为是圆形的一种特例,如果指定的内径为 0,则圆环成为实心圆。

习　题

4-1 绘制如图 4-32 所示床头柜平面图。

4-2 绘制如图 4-33 所示门立面图。

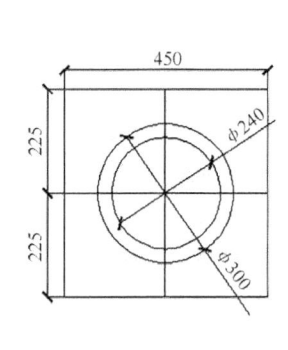

图 4-32 床头柜 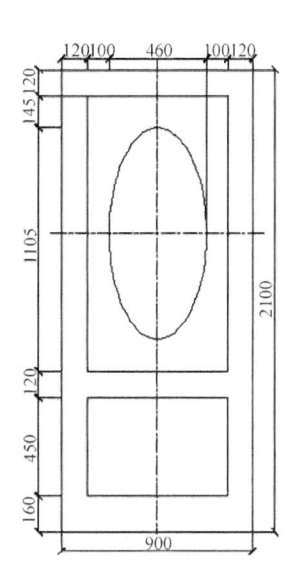　　　　　　　图 4-33 门立面

4-3 绘制如图 4-34 所示双人床。
4-4 绘制如图 4-35 所示墙体。

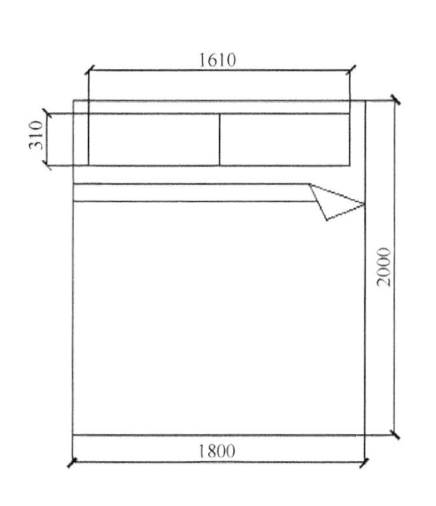

图 4-34 双人床 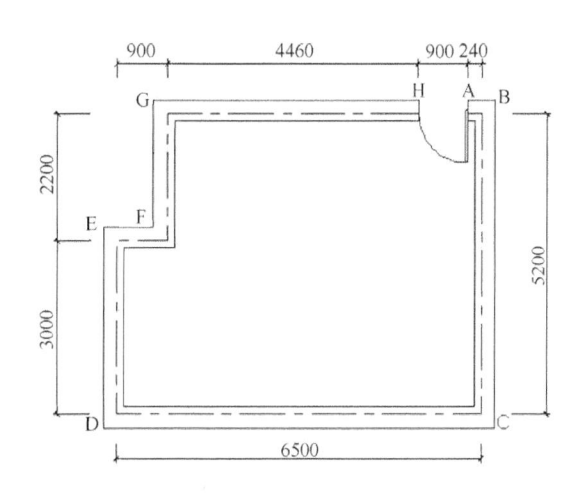　　　　　　　图 4-35 墙体

4-5 绘制如图 4-36 所示的水闸手柄平面图。
4-6 利用多线命令绘制如图 4-37 所示标准间。
4-7 绘制如图 4-38 所示的坐便器。
4-8 绘制如图 4-39 所示的浴盆。

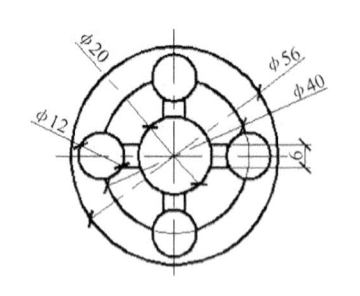

图 4-36 水闸手柄平面图

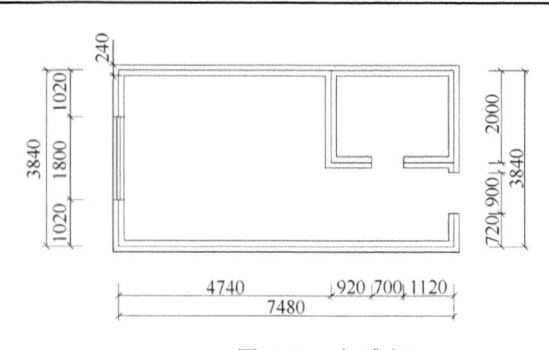

图 4-37 标准间

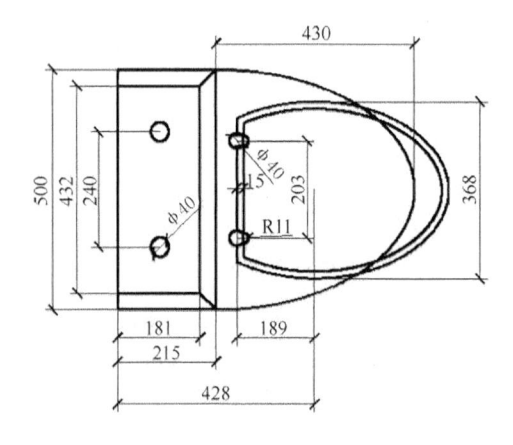

图 4-38 坐便器

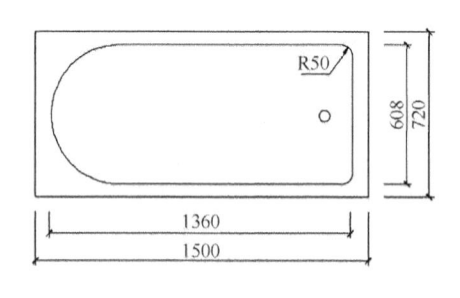

图 4-39 浴盆

52

第 5 章　编辑与绘制复杂二维图形工具

【本章要点】

本章详细讲述了 AutoCAD 的编辑工具。学习本章，要求识记各种基本编辑命令（删除、复制、镜像、偏移、阵列、移动、旋转、缩放、拉伸、拉长、修剪、延伸、倒角、打断、打断于点、分解、合并）的主要功能及参数设置；掌握夹点模式、特性修改、编辑多段线、图案填充等命令，并能综合第 4 章的绘图工具，绘制出较为复杂的指定图形。

5.1　修改菜单与修改工具栏

"修改"菜单用于编辑图形，创建复杂的图形对象，如图 5-1 所示。"修改"菜单中包含了 AutoCAD 的大部分编辑命令，通过选择该菜单中的命令或子命令，可以完成对图形的所有编辑操作。

"修改"工具栏的每个工具按钮都与"修改"菜单中相应的绘图命令相对应，单击即可执行相应的修改操作，如图 5-2 所示。

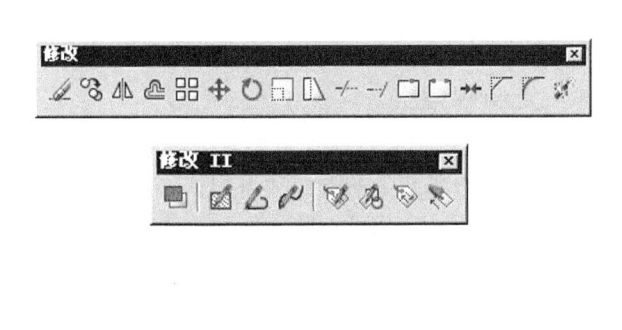

图 5-1　"修改"菜单　　　　　　　　　图 5-2　"修改"工具栏

5.2 基本编辑工具

5.2.1 图形对象的选择

对图形对象的编辑前提就是选择对象。选择图形对象的方式有三种：点选、窗选（w）、交叉选（c）。在编辑选择集的过程中可随时添加或删除对象。

5.2.2 删除对象

删除编辑功能的命令为 ERASE。也可选择图形对象后，按【DELETE】键删除图形对象，作业同 ERASE 命令。

删除对象的操作方法有以下几种：

（1）命令行：ERASE（缩写为 E）。

（2）菜单：修改→删除。

（3）工具栏：修改→删除。

下面以直接输入 ERASE 命令为例，说明删除的使用方法，如图 5-3 和图 5-4 所示。

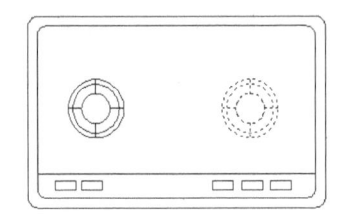

图 5-3　选择右侧灶心　　　　　图 5-4　删除左右两侧灶心

命令：ERASE（执行删除编辑功能）

选择对象：指定对角点：找到 7 个（以此选择要删除的图线）

选择对象：指定对角点：找到 7 个，总计 14 个（重复选择左侧灶心）

……

选择对象：（回车，图形的一部分被删除）

5.2.3 复制对象

在 AutoCAD 中要想创建与原有对象相同的图形，可以使用 COPY 命令。

复制对象的操作方法有以下几种：

（1）命令行：COPY（缩写为 CO 或 CP）。

（2）菜单：修改→复制。

（3）工具栏：修改→复制。

下面以直接输入 COPY 命令为例，说明复制编辑的使用方法，如图 5-5 所示。

命令：COPY（执行复制编辑功能）

选择对象：指定对角点：找到 4 个

选择对象：（回车）

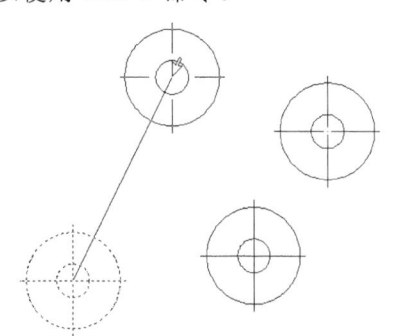

图 5-5　复制编辑功能

当前设置：复制模型＝多个
指定基点或［位移（D）/模式（O）］<位移>:（捕捉圆心点）
指定基点或［位移（D）/模式（O）］<位移>:（进行复制，指定复制图形的复制点位置）
指定第二个点或［退出（E）/放弃（U）］<退出>:（指定复制位置下一个点位置）
……
指定第二个点或［退出（E）/放弃（U）］<退出>:（回车）
提示：复制操作有两种方式，即只复制一个图形对象和复制多个图形对象。

5.2.4 镜像对象

在 AutoCAD 中要想将对象以镜像线的方式对称复制可以使用"镜像"命令（MIRROR）。镜像生成的图形对象与原图形对象呈某种对称关系（如左右对称或上下对称）。

镜像对象的操作方法有以下几种：
（1）命令行：MIRROR （缩写为 MI）。
（2）菜单：修改→镜像。
（3）工具栏：修改→镜像。

下面以直接输入 MIRROR 命令为例，说明镜像编辑的使用方法，如图 5-6 所示。

命令：MIRROR（执行镜像命令，回车）
选择对象：指定对角点：找到 36 个（窗口选择方式左上角到右下角，选择对象）

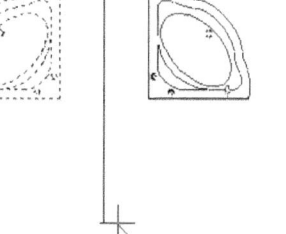

图 5-6 镜像编辑功能

选择对象:（回车）
指定镜像线的第一点:（指定镜像的一点）
指定镜像线的第二点:（指定镜像第二个点）
要删除源对象吗？［是（Y）/否（N）］<N>:（回车）（镜像或保留原图形对象）

5.2.5 偏移对象

在 AutoCAD 中要想对指定的直线、圆弧、圆等对象作同心偏移复制。可以使用"偏移"命令（OFFSET），在实际应用中，常利用偏移命令的特性创建平行线或等距离分布图形。

偏移对象的操作方法有以下几种：
（1）命令行：OFFSET（缩写为 O）。
（2）菜单：修改→偏移。
（3）工具栏：修改→偏移。

下面以直接输入 OFFSET 命令为例,说明偏移编辑的使用方法,如图 5-7 和图 5-8 所示。
命令：OFFSET
当前设置：删除源=否　图层=源　OFFSETGAPTYPE=0
指定偏移距离或［通过（T）/删除（E）/图层（L）］<通过>: 30（指定要偏移的距离）
选择要偏移的对象,或［退出（E）/放弃（U）］<退出>:（选择垂直线）
指定要偏移的那一侧上的点,或［退出（E）/多个（M）/放弃（U）］<退出>:（指定

55

垂直线向右偏移 30 个单位）

　　选择要偏移的对象，或［退出（E）/放弃（U）］<退出>:（选择水平线）

　　指定要偏移的那一侧上的点，或［退出（E）/多个（M）/放弃（U）］<退出>:（指定水平线向上偏移 30 个单位）

　　选择要偏移的对象，或［退出（E）/放弃（U）］<退出>:（回车确定）

图 5-7　偏移前图形　　　　　　　　图 5-8　偏移后图形

5.2.6　阵列对象

在 AutoCAD 中，还可以通过"阵列"命令（ARRAY）多重复制对象。设置以矩形阵列或者环形阵列方式多重复制对象。

阵列对象的操作方法有以下几种：

（1）命令行：ARRAY（缩写为 AR）。

（2）菜单：修改→阵列。

（3）工具栏：修改→阵列。

下面以直接输入 ARRAY 命令为例，说明阵列编辑的使用方法，如图 5-9～图 5-11 所示。

图 5-9　"矩形阵列"对话框　　　　　　图 5-10　原型图

图 5-11　完成阵列 2 行 3 列

（1）矩形阵列复制。在"阵列"对话框中，选择"矩形阵列"单选按钮，可以以矩形阵列方式复制对象。

命令：ARRAY（执行命令后，弹出阵列对话框，选择要阵列的对象设置相关参数指定行间距和列间距）

选择对象：指定对角点：找到 1 个（窗口选择要阵列的对象）

选择对象：（在阵列对话框中单击确定按钮）

（2）环形阵列复制。在"阵列"对话框中，选择"环形阵列"单选按钮，可以以环形阵列方式复制图形，如图 5-12 和图 5-13 所示。

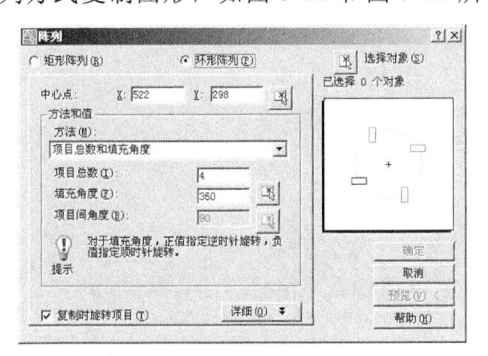

图 5-12　环形阵列对话框　　　　图 5-13　环形阵列

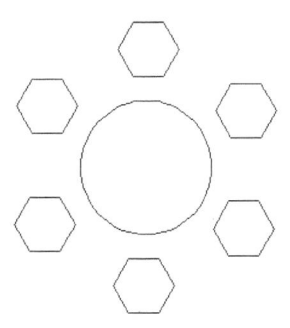

5.2.7　移动对象

移动对象是指对象的重定位。选择"移动"命令（MOVE），可以在指定方向上按指定距离移动对象，对象的位置发生了改变，但方向和大小不改变。要移动对象，首先选择要移动的对象，然后指定位移的基点和位移矢量。

移动对象操作方法有以下几种：

（1）命令行：MOVE（缩写为 M）。

（2）菜单：修改→移动。

（3）工具栏：修改→移动。

下面以直接输入 MOVE 命令为例，说明移动编辑的使用方法，如图 5-14 所示。

命令：MOVE

选择对象：找到 1 个

选择对象：找到 1 个，总计 2 个

……

选择对象：找到 1 个，总计 11 个

选择对象：（回车确定）

图 5-14　移动编辑功能

指定基点或［位移（D）］<位移>：指定第二个点或<使用第一个点作为位移>：（选移动基点）

5.2.8　旋转对象

在 Auto CAD 中，可以使用"旋转"命令（ROTATE）来旋转对象。

旋转对象的操作方法有以下几种：

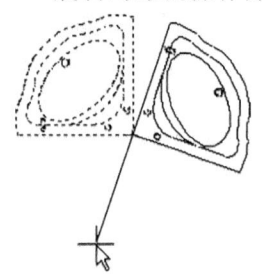

（1）命令行：ROTATE（缩写为 RO）。

（2）菜单：修改→旋转。

（3）工具栏：修改→旋转。

（4）快捷菜单：选择要旋转的对象，在绘图区域右击鼠标，从打开的快捷菜单中选择"旋转"。

下面以直接输入 ROTATE 命令为例，说明旋转编辑的使用方法，如图 5-15 所示。

图 5-15　旋转编辑功能

命令：ROTATE

UCS 当前的正角方向：ANGDIR=逆时针　ANGBASE=0

选择对象：指定对角点：找到 36 个（选择要旋转的浴盆对象）

选择对象：（回车确定选择对象）

指定基点：（选定要旋转对象的基点位置）

指定旋转角度，或［复制（C）/参照（R）］<0>：（输入角度）

提示：角度前输入"－"号为顺时针旋转，角度前输入"＋"为逆时针旋转。

5.2.9　缩放对象

在 AutoCAD 中，可以使用"缩放"命令（SCALE）按比例增大或缩小对象。

缩放对象的操作方法有以下几种：

（1）命令行：SCALE（缩写为 SC）。

（2）菜单：修改→缩放。

（3）工具栏：修改→缩放。

（4）快捷菜单：选择要缩放的对象，在绘图区域单击鼠标右键，从打开的快捷菜单中选择"缩放"。

下面以直接输入 SCALE 命令为例，说明缩放的使用方法，如图 5-16 所示。

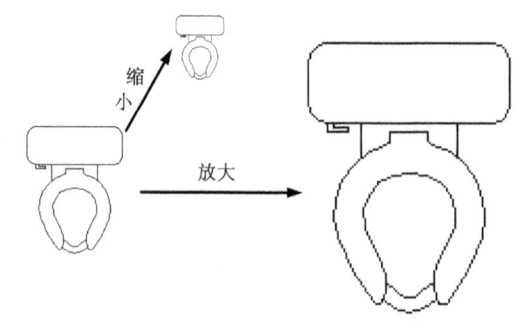

图 5-16　缩放编辑功能

命令：SCALE

选择对象：指定对角点：找到 41 个（窗口选择对象）

选择对象：（确定选择对象完毕）

指定基点：（指定缩放的基点）

指定比例因子或［复制（C）/参照（R）］<1.0000>：0.5 或 2（输入缩放的比例值）

提示：直接指定缩放的比例因子，对象将根据该比例因子相对于基点缩放，当比例因子大于 0 而小于 1 时缩小对象，当比例因子大于 1 时放大对象。如果选择"参照（R）"选项，对象将按参照的方式缩放，需要依次输入参照长度的值和新的长度值，AutoCAD 根据参照长度与新长度的值自动计算比例因子（比例因子=新长度值/参照长度值），然后进行缩放。

5.2.10　拉伸对象

选择"拉伸"命令（STRETCH），就可以移动或拉伸对象，操作方式根据图形对象在选择框中的位置决定。执行该命令时，可以使用"交叉窗口"方式或者"交叉多边形"方式选择对象，然后依次指定位移基点和位移矢量，将会移动全部位于选择窗口之内的对象，而拉伸（或压缩）与选择窗口边界相交的对象。

拉伸对象的操作方法有以下几种：

（1）命令行：STRETCH（缩写为 S）。

（2）菜单：修改→拉伸。

（3）工具栏：修改→拉伸。

下面以直接输入 STRETCH 命令为例，说明拉伸的使用方法，如图 5-17 和图 5-18 所示。

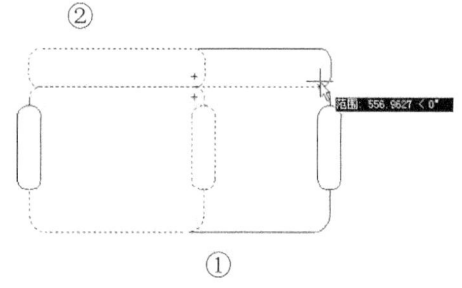

图 5-17　以穿越方式选①点和②点　　　　图 5-18　拉伸完成

命令：STRETCH（执行拉伸命令）

以交叉窗口或交叉多边形选择要拉伸的对象…

选择对象：指定对角点：找到 4 个（以穿越方式选择图形对象）

选择对象：

指定基点或［位移（D）］<位移>:（指定拉伸的基点）

指定第二个点或 <使用第一个点作为位移>:（指定拉伸的位置）

5.2.11　拉长对象

选择"修改"→"拉长"命令（LENGTHEN），或在"修改"工具栏中单击"拉长"按钮，即可修改线段或者圆弧的长度。

5.2.12　修剪对象

在 AutoCAD 中，可以使用"修剪"命令（TRIM）剪短对象。可以以某一对象为剪切边修剪其他对象。可以作为剪切边的对象有直线、圆弧、圆、椭圆或椭圆弧、多段线、样条曲线、构造线、射线以及文字等。剪切边也可以同时作为被剪边。默认情况下，选择要修剪的对象（即选择被剪边），系统将以剪切边为界，将被剪切对象上位于拾取点一侧的部分剪切掉。如果按下【Shift】键，同时选择与修剪边不相交的对象，修剪边将变为延伸边界，将选择的对象延伸至与修剪边界相交。

修剪对象的操作方法有以下几种：

（1）命令行：TRIM（缩写为 TR）。

（2）菜单：修改→修剪。

（3）工具栏：修改→修剪。

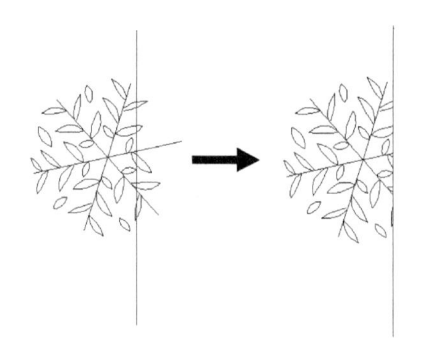

图 5-19　修剪编辑功能

下面以直接输入 TRIM 命令为例，说明修剪的使用方法，如图 5-19 所示。

命令：TRIM

当前设置：投影=UCS，边=无

选择剪切边…

选择对象或 <全部选择>：找到 1 个（选择要剪切的边界）

选择对象：（回车确定）

选择要修剪的对象，或按住 Shift 键选择要延伸的对象，或

[栏选（F）/窗交（C）/投影（P）/边（E）/删除（R）/放弃（U）]：（选择要剪掉的对象）

选择要修剪的对象，或按住 Shift 键选择要延伸的对象，或

[栏选（F）/窗交（C）/投影（P）/边（E）/删除（R）/放弃（U）]：（选择要剪掉的对象）

……

[栏选（F）/窗交（C）/投影（P）/边（E）/删除（R）/放弃（U）]：（回车确定）

5.2.13　延伸对象

在 AutoCAD 中，可以使用"延伸"命令（EXTEND）拉长对象。可以延长指定的对象与另一对象相交或外观相交。延伸命令的使用方法和修剪命令的使用方法相似，不同之处在于：使用延伸命令时，如果在按下【Shift】键的同时选择对象，则执行修剪命令；使用修剪命令时，如果在按下【Shift】键的同时选择对象，则执行延伸命令。

延伸对象的操作方法有以下几种：

（1）命令行：EXTEND（缩写为 EX）。

（2）菜单：修改→延伸。

（3）工具栏：修改→延伸。

下面以直接输入 EXTEND 命令为例，说明延伸的使用方法，如图 5-20 所示。

图 5-20　延伸编辑功能

命令：EXTEND

当前设置：投影=UCS，边=无

选择边界的边…

选择对象或 <全部选择>：找到 1 个（选择要延伸的边界）

选择对象：（回车确定）

选择要延伸的对象，或按住 Shift 键选择要修剪的对象，或

[栏选（F）/窗交（C）/投影（P）/边（E）/放弃（U）]：（选择要延伸的边）

选择要延伸的对象，或按住 Shift 键选择要修剪的对象，或

[栏选（F）/窗交（C）/投影（P）/边（E）/放弃（U）]：（选择要延伸的边）

选择要延伸的对象，或按住 Shift 键选择要修剪的对象，或

[栏选（F）/窗交（C）/投影（P）/边（E）/放弃（U）]：（回车完成）

5.2.14 倒角对象

"圆角"命令（FILLET）可以用已知的圆弧连接两根相交的直线，并自动修剪切点以外的多余线段，或自动延伸长度不足的直线段。"倒角"命令（CHAMFER）与此类似，所不同的是，它在两直线间形成的是一个切角。当圆角半径或切角距离设为"0"时，两交叉直线形成直角。

在 AutoCAD 中，可以使用"圆角"命令修改对象使其以圆角相接。选择"修改"→"圆角"命令（FILLET），或在"修改"工具栏中单击"圆角"按钮，即可对对象用圆弧修圆角。修圆角的方法与修倒角的方法相似，在命令行提示中，选择"半径（R）"选项，即可设置圆角的半径大小。

1. 倒角对象

倒角对象的操作方法有以下几种：

（1）命令行：CHAMFER（缩写为 CHA）。

（2）菜单：修改→倒角。

（3）工具栏：修改→倒角。

下面以直接输入 CHAMFER 命令为例，说明图形倒角的使用方法，如图 5-21 所示。

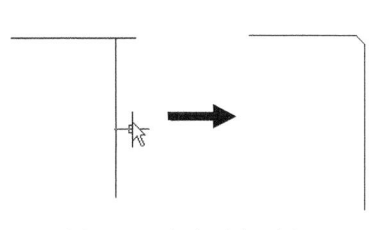

图 5-21 倒角编辑功能

命令：CHAMFER（执行倒角命令）

（"修剪"模式）当前倒角距离 1 = 1，距离 2 = 1

选择第一条直线或 [放弃（U）/多段线（P）/距离（D）/角度（A）/修剪（T）/方式（E）/多个（M）]：d（输入 D 距离）

指定第一个倒角距离<1>：60（输入第一个倒角距离）

指定第二个倒角距离<60>：60（输入第二个倒角距离）

选择第一条直线或 [放弃（U）/多段线（P）/距离（D）/角度（A）/修剪（T）/方式（E）/多个（M）]：（选择第一条边）

选择第二条直线，或按住 Shift 键选择要应用角点的直线：（选择第二条边）

2. 圆角对象

圆角对象操作方法有以下几种：

（1）命令行：FILLET。

（2）菜单：修改→圆角。

（3）工具栏：修改→圆角。

下面以直接输入 FILLET 命令为例，说明图形圆角的使用方法，如图 5-22 所示。

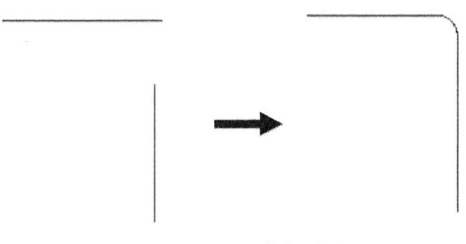

图 5-22 圆角编辑功能

命令：FILLET（执行圆角命令）

当前设置：模式=修剪，半径=0

选择第一个对象或 [放弃（U）/多段线（P）/半径（R）/修剪（T）/多个（M）]：R（输入 R 设置圆角半径大小）

指定圆角半径 <0>：120（输入圆角半径值 120）

选择第一个对象或［放弃（U）/多段线（P）/半径（R）/修剪（T）/多个（M）］:（选择第 1 条倒圆角对象边界）

选择第二个对象,或按住 Shift 键选择要应用角点的对象:（选择第 2 条倒圆角对象边界）

5.2.15 打断对象

在 AutoCAD 中，使用"打断"命令（BREAK）可部分删除对象或把对象分解成两部分，还可以使用"打断于点"命令将对象在一点处断开成两个对象。

打断对象的操作方法有以下几种：

（1）命令行：BREAK（缩写为 BR）。

（2）菜单：修改→打断。

（3）工具栏：修改→打断。

下面以直接输入 BREAK 命令为例，说明打断编辑功能的使用方法，如图 5-23 所示。

（1）打断对象。选择"修改"→"打断"命令（BREAK），或在"修改"工具栏中单击"打断"按钮，即可部分删除对象或把对象分解成两部分。执行该命令并选择需要打断的对象。

命令：BREAK

选择对象:（选择图形圆的①处）

指定第二个打断点或［第一点（F）］:（选择图形圆的②处）

（2）打断于点。在"修改"工具栏中单击"打断于点"按钮，可以将对象在一点处断开成两个对象，它是从"打断"命令中派生出来的。执行该命令时，需要选择要被打断的对象，然后指定打断点，即可从该点打断对象，如图 5-24 所示。

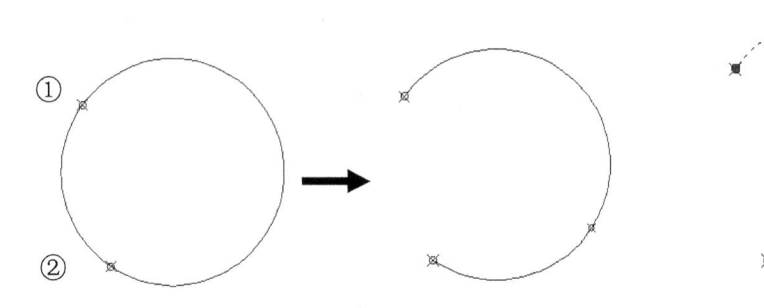

图 5-23 打断编辑功能   图 5-24 打断于点编辑功能

命令：BREAK

选择对象:（选择图形对象）

指定第二个打断点或［第一点（F）］: _f

指定第一个打断点:（指定③点）

指定第二个打断点: @

命令：指定对角点：

5.2.16 分解对象

对于矩形、块等由多个对象编组成的组合对象，如果需要对单个成员进行编辑，就需要先将它分解开。选择"修改"→"分解"命令（EXPLODE），或在"修改"工具栏中单击"分解"按钮，选择需要分解的对象后按回车键，即可分解图形并结束该命令。

分解对象的操作方法有以下几种：
（1）命令行：EXPLODE。
（2）菜单：修改→分解。
（3）工具栏：修改→分解。
下面以直接输入 EXPLODE 命令为例，说明分解编辑功能的使用方法，如图 5-25 所示。

图 5-25　分解编辑功能

命令：EXPLODE（执行分解命令）
选择对象：找到 1 个（拾取分解对象）
选择对象：

5.2.17　合并对象

如果需要连接某一连续图形上的两个部分，或者将某段圆弧闭合为整圆，可以选择"修改"→"合并"命令或在命令行输入 JOIN 命令，也可以单击"修改"工具栏上的"合并"按钮。

合并对象的操作方法有以下几种：
（1）命令行：JOIN。
（2）菜单：修改→合并。
（3）工具栏：修改→合并。
下面以直接输入 JOIN 命令为例，说明合并编辑功能的使用方法，如图 5-26 所示。

命令：JOIN 选择源对象：（执行合并命令）
选择要合并到源的直线：找到 1 个（选择①线）

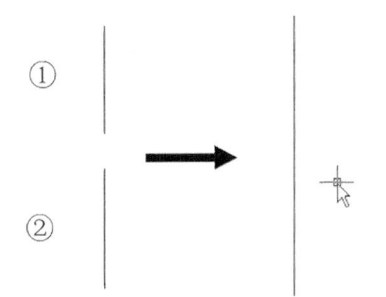

图 5-26　合并编辑功能

选择要合并到源的直线：（选择②线）
已将 1 条直线合并到源
命令：_u 合并 GROUP
命令：_u INTELLIZOOM

5.3　绘制与编辑复杂二维图形对象

5.3.1　绘制与编辑多线

多线是一种由多条平行线组成的组合对象，平行线之间的间距和数目是可以调整的，多线常用于绘制建筑图中的墙体、电子线路图等平行线对象。

1. 绘制多线

多线又称为多重平行线，指由两条相互平行的直线构成的线型。其 AutoCAD 绘制命令为 MLINE（缩写为 ML）。其中的比例因子 Scale 是控制多线的全局宽度（这个比例不影响线型比例），该比例基于在多线样式定义中建立宽度。例如，以比例因子为 3 绘制多线时，其宽度是样式定义的宽度的两倍。负比例因子将翻转偏移线的次序，即当从左至右绘制多线时，偏移最小的多线绘制在顶部。负比例因子的绝对值也会影响比例。比例因子为 0 时将使多线变为单一的直线。

绘制多线的操作方法有以下几种：

（1）命令行：MLINE（缩写为 ML）。

（2）菜单：绘图→多线。

多线的样式，打开"格式"下拉菜单，选择"多线样式"选项。在弹出的对话框中就可以修改名称、设置特性和加载新的多线的样式等。

下面以直接输入 MLINE 命令为例，说明多线的绘制方法，如图 5-27 所示。

命令：MLINE（或 ML）

指定起点或［对正（J）/比例（S）/样式（ST）］：S（输入 S 设置多线宽度）

输入多线比例<20>：240（输入多线宽度）

当前设置：对正=上，比例=240，样式 = STANDARD

指定起点或［对正（J）/比例（S）/样式（ST）］：（指定多线起点 a 位置）

指定下一点：（指定多线下一点 b 位置）

指定下一点或［放弃（U）］：（指定多线下一点 c 位置）

指定下一点或［闭合（C）/放弃（U）］：（指定多线下一点 d 位置）

指定下一点或［闭合（C）/放弃（U）］：（指定多线下一点 e 位置）

……

指定下一点或［闭合（C）/放弃（U）］：（回车）

（1）设置多线样式。

下面举例说明多线样式的设置。

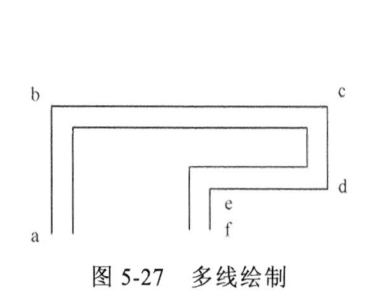

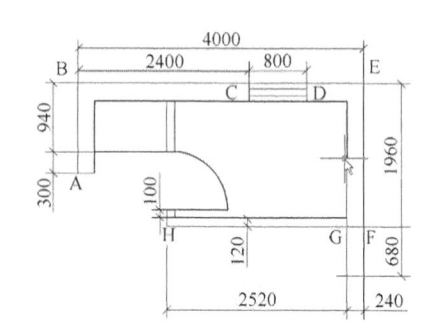

图 5-27 多线绘制

图 5-28 洗手间平面图

【例题 5-1】 绘制如图 5-28 所示的洗手间平面图。

解：使用 AutoCAD 的"多线"命令来绘制。在建筑制图中，"多线"命令具有广泛的应用，在使用时要注意合理选择对正、比例等参数。此外，在使用"多线"命令前要对多线样式进行设置。具体操作步骤如下：

1）选择菜单"格式"→"多线样式"命令，打开如图 5-29 所示的"多线样式"对话框。

2）单击"新建"按钮，打开"创建新的多线样式"对话框。输入新样式名称"Q"（墙的拼音首字母，表示墙线），如图 5-30 所示。

3）单击"继续"按钮，打开"新建多线样式：Q"对话框，在"起点"和"端点"选项组选中"直线"复选框,这样画出来的墙的端口将是闭合的,如图 5-31 所示。

图 5-29 "多线样式"对话框　　　　图 5-30 "创建新的多线样式"对话框

图 5-31 "新建多线样式:Q"对话框

4）单击"确定"按钮回到"多线样式"对话框。单击"保存"按钮,打开如图 5-32 所示的"保存多线样式"对话框。系统默认保存在 acad.mln 文件中,直接单击"保存"按钮。

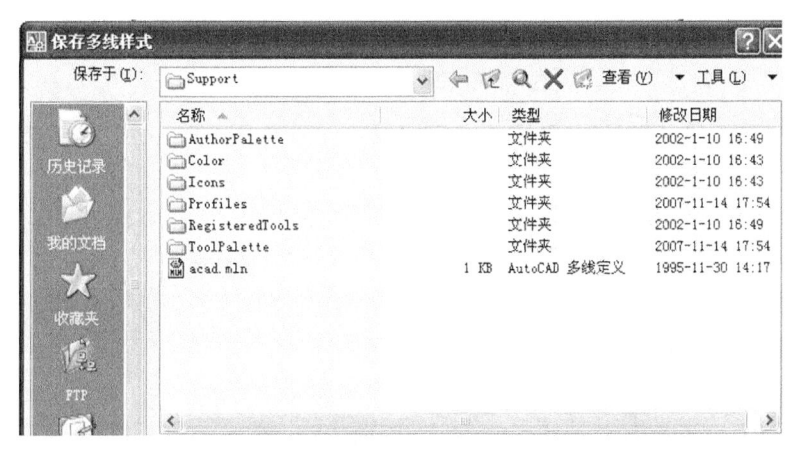

图 5-32 "保存多线样式"对话框

65

5）用同样的方法新建多线样式 C（表示窗户），在如图 5-33 所示的"新建多线样式：C"对话框单击"添加"按钮，在多线样式中添加一根线，将"偏移"文本框的值改为 0.2，按回车键。再次单击"添加"按钮，将"偏移"文本框的值改为-0.2，再按回车键，如图 5-34 所示。然后单击"确定"按钮回到"多线样式"对话框。

图 5-33 "新建多线样式：C"对话框

图 5-34 添加多线

至此，在 C 样式中将有 4 根线，它们的偏移值分别是 0.5、0.2、-0.2 和-0.5。最外侧两线的间距为 1，这样在使用多线命令时，比例值就是多线的宽度。

6）单击"保存"按钮，将多线样式 C 保存在 acad.mln 文件中。

（2）绘制墙体与窗：

1）选择菜单"工具"→"草图设置"命令，打开"草图设置"对话框，进行对象捕捉模式、极轴追踪和对象追踪的设置。

2）选择"绘图"→"多线"命令，或执行 MLINE 命令。

3）在命令行"指定起点或［对正（J）/比例（S）/样式（ST）］："提示下，输入 J。在"输入对正类型［上（T）/无（Z）/下（B）]<上>："提示下（默认上对正），按回车键，回到"指定起点或［对正（J）/比例（S）/样式（ST）］:"的提示下，输入 S。在"输入多线比例<20.00>:"提示下，输入 240 并按回车键（原设置多线宽为 1mm，乘以 240，则最终多线宽为 240mm）。最后在"指定起点或［对正（J）/比例（S）/样式（ST）］:"的提示下，输入 ST，再按回车键。在"输入多线样式名或［?］:"提示下，输入 Q，以两根线的 Q 样式开始画墙。

4）在"指定起点或［对正（J）/比例（S）/样式（ST）］:"提示下，在屏幕上单击确定一点 A 作为起点。在"指定下一点:"提示下，竖直向上移动光标以产生极轴追踪线，如图 5-35 所示。输入 1240 并回车，然后在"指定下一点或［放弃（U）］:"提示下，水平向右移动光标，输入 2400，画出多线 BC 段，然后按两次回车键，完成"多线"命令，如图 5-36 所示。

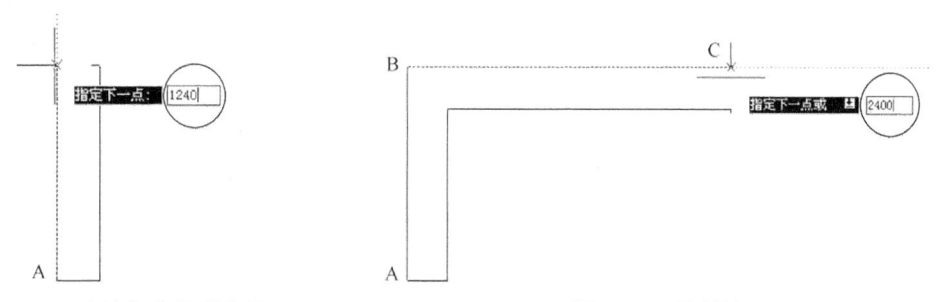

图 5-35　对正方式为"上"　　　　　图 5-36　绘制墙

5）再次按回车键，重新开始执行多线命令。在"指定起点或［对正（J）/比例（S）/样式（ST）］:"提示下，输入 ST，并按回车键。在"输入多线样式名或［?］:"提示下，输入 C，以 4 根线的 C 样式开始画窗户。

6）在"指定起点或［对正（J）/比例（S）/样式（ST）］:"提示下，捕捉端点 C，水平向右移动光标，输入 800 后按回车键，画出窗户 CD。

7）重复步骤 5）和 6），画出墙 DE 和 EF 段。

8）再次选择"绘图"→"多线"命令，在"指定起点或［对正（J）/比例（S）/样式（ST）］:"提示下，输入 S。在"输入多线比例 <20.00>:"提示下，输入 120 后按回车键。然后使用"捕捉自"模式绘制出宽度为 120 的墙，如图 5-28 所示。

提示：在建筑制图中大部分标注是针对墙中线的，如果是这样，在使用"多线"命令时，应将其对正类型设置为"无"。

2．编辑多线

选择"修改"→"对象"→"多线"命令（MLEDIT），打开"多线编辑工具"对话框，可以使用其中的 12 种编辑工具编辑多线，如图 5-37 所示。

编辑多线的操作方法有以下几种：

（1）命令行：MLEDIT。

（2）菜单：修改→对象→多线。

按上述方法执行 MLEDIT 命令后，AutoCAD 弹出一个"多线编辑工具"对话框，如图 5-37 所示，其中第 1 列至第 4 列分别是处理十字交叉线、T 形交叉线、多线的角点和顶点、断开或连接多线的工具。若单击一个图标，则表示使用该种方式进行多线编辑操作。

67

图 5-37 "多线编辑工具"对话框

下面以直接输入 MLEDIT 命令为例,说明多线的编辑修改方法。

(1)十字交叉的多线编辑,单击对话框中的十字打开图标,如图 5-38 所示。

命令:MLEDIT(执行多线编辑命令,弹出对话框选十字打开)

选择第一条多线:(选第一条线)

选择第二条多线:(选第二条线)

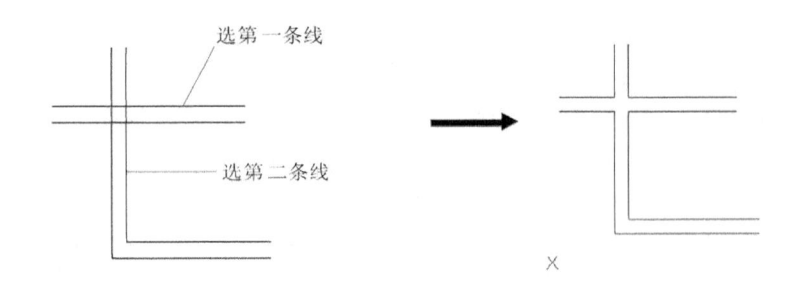

图 5-38 十字交叉多线编辑

(2)T 形交叉的多线编辑,单击对话框中的 T 形打开图标,如图 5-39 所示。

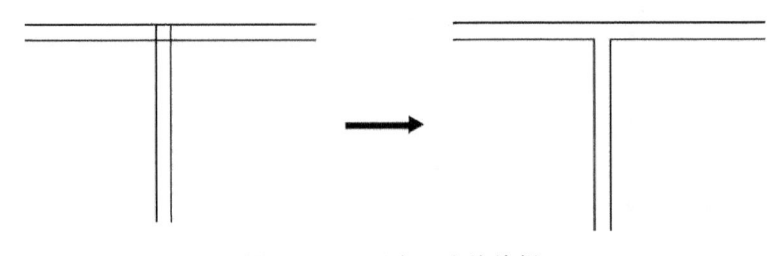

图 5-39 T 形交叉多线编辑

命令:MLEDIT

选择第一条多线:(选第一条线)

68

选择第二条多线：（选第二条线）

（3）多线的角点和顶点编辑，单击对话框中的角点结合图标，如图 5-40 所示。

命令：MLEDIT（执行多线编辑命令，弹出对话框选角点结合）

选择第一条多线：（选第一条线）

选择第二条多线：（选第二条线）

选择第一条多线 或 [放弃（U）]：

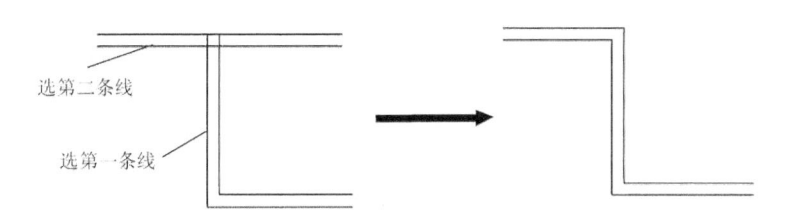

图 5-40 角点结合多线编辑

5.3.2 绘制与编辑多段线

在 AutoCAD 中，"多段线"是一种非常有用的线段对象，它是由多段直线段或圆弧段组成的一个组合体，既可以一起编辑，也可以分别编辑，还可以具有不同的宽度。

1. 绘制多段线

AutoCAD 的多段线功能命令为 PLINE（PLINE 为 Polyine 的简写形式，缩写为 PL），绘制多段线同样可通过直接输入端点坐标（x，y）或直接在屏幕上使用鼠标点取。

提示：多段线功能命令与直线命令类似，区别在于其绘制的线条是一体的。

绘制多段线操作方法有以下几种：

（1）命令行：PLINE（缩写为 PL）。

（2）菜单：绘图→多段线。

（3）工具栏：绘图→多段线。

下面以直接输入 PLINE 命令为例，说明多段线的绘制方法。

（1）使用 PLINE 命令绘制由直线构成的多段线，如图 5-41 所示。

命令：PLINE（绘制直线构成的多段线）

指定起点：（鼠标拾取 A 点）

当前线宽为 0

图 5-41 多段线绘制

指定下一个点或 [圆弧（A）/半宽（H）/长度（L）/放弃（U）/宽度（W）]：w（输入 W 设定所绘制线段的宽度为 1）

指定起点宽度 <0.0000>：1（设定起点的宽度）

指定端点宽度 <0.0000>：1（设定端点的宽度）

指定下一个点或 [圆弧（A）/半宽（H）/长度（L）/放弃（U）/宽度（W）]：（鼠标拾取 B 点）

指定下一点或 [圆弧（A）/闭合（C）/半宽（H）/长度（L）/放弃（U）/宽度（W）]：（鼠标拾取 C 点）

指定下一点或［圆弧（A）/闭合（C）/半宽（H）/长度（L）/放弃（U）/宽度（W）］：（鼠标拾取 D 点）

指定下一点或［圆弧（A）/闭合（C）/半宽（H）/长度（L）/放弃（U）/宽度（W）］：W（输入 W 对箭头宽度进行设置）

指定起点宽度<0.0000>：120（设定箭头起始宽度为 120）

指定端点宽度<120.0000>：0（设定箭头端点宽度为 0）

指定下一点或［圆弧（A）/闭合（C）/半宽（H）/长度（L）/放弃（U）/宽度（W）］：（鼠标指定 D 点）

指定下一点或［圆弧（A）/闭合（C）/半宽（H）/长度（L）/放弃（U）/宽度（W）］：（回车完成指向线的绘制）

图 5-42 直线与弧线多段线绘制

（2）使用 PLINE 命令绘制由直线与弧线构成的多段线，如图 5-42 所示。

命令：PLINE（绘制由直线与弧线构成的多段线）

指定起点：（确定起点 A 位置）

当前线宽为 0

指定一个点或［圆弧（A）/半宽（H）/长度（L）/放弃（U）/宽度（W）］：（输入多段线端点 B 的坐标或直接在屏幕上使用鼠标点取）

指定一个点或［圆弧（A）/闭合（C）/半宽（H）/长度（L）/放弃（U）/宽度（W）］：（输入 A 绘制圆弧段造型）

指定圆弧的端点或［角度（A）/圆心（CE）/闭合（CL）/方向（D/半宽（H）/直线（L）/半径（R）/第二点（S）/放弃（U）/宽度（W）］：（指定圆弧的第一个端点 C）

指定圆弧的端点或［角度（A）/圆心（CE）/闭合（CL）/方向（D/半宽（H）/直线（L）/半径（R）/第二点（S）/放弃（U）/宽度（W）］：（指定圆弧的第三个端点 D）

指定圆弧的端点或［角度（A）/圆心（CE）/闭合（CL）/方向（D/半宽（H）/直线（L）/半径（R）/第二点（S）/放弃（U）/宽度（W）］：L（输入 L 切换回绘制直线段造型）

指定一个点或［圆弧（A）/闭合（C）/半宽（H）/长度（L）/放弃（U）/宽度（W）］：（下一点 E）

指定一个点或［圆弧（A）/闭合（C）/半宽（H）/长度（L）/放弃（U）/宽度（W）］：（下一点）

……

指定一个点或［圆弧（A）/闭合（C）/半宽（H）/长度（L）/放弃（U）/宽度（W）］：C（输入 C 闭合多段线）

提示：PLINE 命令能够同时绘制直线段和弧线段，也是其与 PINE 命令区别之一。

（3）使用 PLINE 命令绘制不等宽线条，如图 5-43 所示。

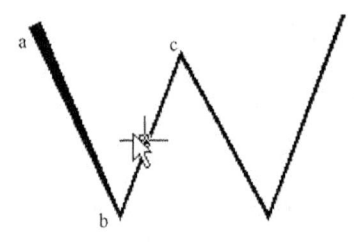

图 5-43 不等宽线条绘制

命令：PLINE（绘制不等宽线条）

指定起点:（指定等宽度的线条起点a）

当前线宽为0.0000

指定下一个点或［圆弧（A）/半宽（H）/长度（L）/放弃（U）/宽度（W）］: W（输入W设置线条宽度）

指定起点宽度 <0.0000>: 15（输入起点的宽度）

指定端点宽度 <15.0000>: 3（输入线条宽度与前面不同）

指定下一个点或［圆弧（A）/半宽（H）/长度（L）/放弃（U）/宽度（W）］:（依次输入多段线的端点坐标或直接在屏幕上使用鼠标点取b点）

指定下一点或［圆弧（A）/闭合（C）/半宽（H）/长度（L）/放弃（U）/宽度（W）］:（指定下一个位置c点）

指定下一点或［圆弧（A）/闭合（C）/半宽（H）/长度（L）/放弃（U）/宽度（W）］: _u

指定下一点或［圆弧（A）/闭合（C）/半宽（H）/长度（L）/放弃（U）/宽度（W）］:（指定下一个点）

指定下一点或［圆弧（A）/闭合（C）/半宽（H）/长度（L）/放弃（U）/宽度（W）］:（指定下一个点）

指定下一点或［圆弧（A）/闭合（C）/半宽（H）/长度（L）/放弃（U）/宽度（W）］:（指定下一个点）

指定下一点或［圆弧（A）/闭合（C）/半宽（H）/长度（L）/放弃（U）/宽度（W）］:（回车确定）

2. 编辑多段线

在AutoCAD中，可以一次编辑一条或多条多段线。选择"修改"→"对象"→"多段线"命令（PEDIT），调用编辑二维多段线命令。

编辑多段线的操作方法有以下几种：

（1）命令行：PEDIT。

（2）菜单：修改→对象→多段线。

下面以直接输入PEDIT命令为例，说明多段线的编辑，如图5-44所示。

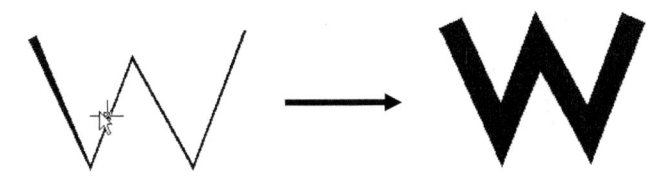

图5-44 多段线编辑

命令：PEDIT

选择多段线或［多条（M）］:（编辑多段线线条）

输入选项［闭合（C）/合并（J）/宽度（W）/编辑顶点（E）/拟合（F）/样条曲线（S）/非曲线化（D）/线型生成（L）/放弃（U）］: W（输入宽度W）

指定所有线段的新宽度：50（指定宽度值为50）

输入选项[闭合（C）/合并（J）/宽度（W）/编辑顶点（E）/拟合（F）/样条曲线（S）/非曲线化（D）/线型生成（L）/放弃（U）]：（回车确定）

5.3.3　编辑对象特性

修改图形对象的颜色、线型等特性的方法有很多种，最简捷的方法就是在选取图形对象后，直接在"特性"工具栏中选择所要的图层、颜色和线型。

选择菜单栏中"修改"→"特性"命令可打开"特性"对话框，使用该对话框可以修改图形对象的所有特性。

对象特性包含一般特性和几何特性，一般特性包括对象的颜色、线型、图层及线宽等，几何特性包括对象的尺寸和位置。可以直接在"特性"选项板中设置和修改对象的特性。

编辑对象特性的操作方法有以下几种：

（1）命令行：PROPERTIES。

（2）菜单：修改→特性。

（3）工具栏：标准工具→特性。

具体操作步骤如下：

（1）使用PROPERTIES命令，打开"特性"选项板，如图5-45所示。

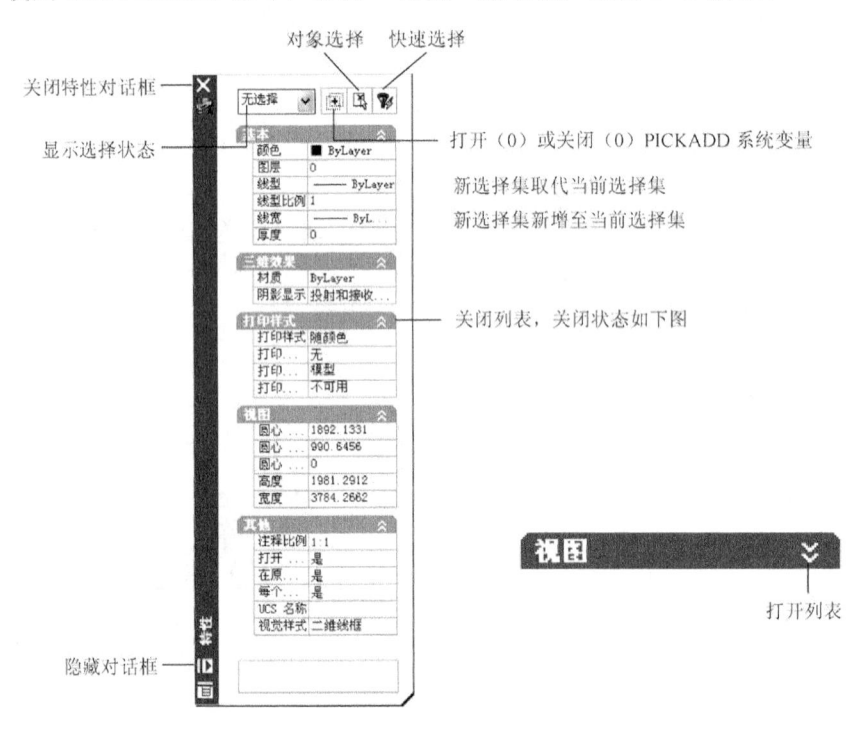

图5-45　"特性"选项板

（2）框选要修改的对象。

（3）光标移至"特性"面板"线型"，单击出现下拉列表，选取所需新线型，完成线型修改，如图5-46所示。

提示:"特性"选项板中显示了当前选择集中对象的所有特性和特性值,当选中多个对象时,将显示它们的共有特性。

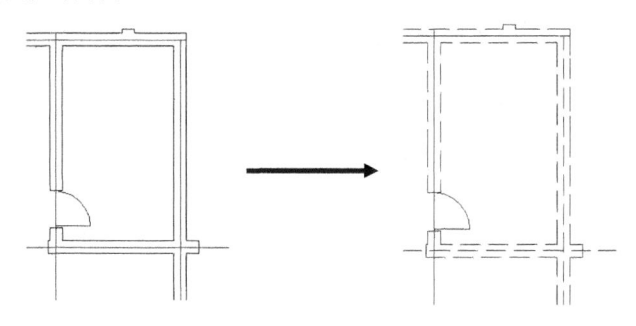

图 5-46 "特性"修改编辑功能

5.4 填充与编辑图案

5.4.1 设置图案填充

要重复绘制某些图案以填充图形中的一个区域,从而表达该区域的特征,这种填充操作称为图案填充。图案填充的应用非常广泛,例如,在建筑工程图中,可以用图案填充表达某一区域铺设的材质内容。

选择"绘图"→"图案填充"命令(BHATCH),或在"绘图"工具栏中单击"图案填充"按钮,打开"图案填充和渐变色"对话框的"图案填充"选项卡,可以设置图案填充时的类型和图案、角度和比例等特性,如图 5-47 所示。

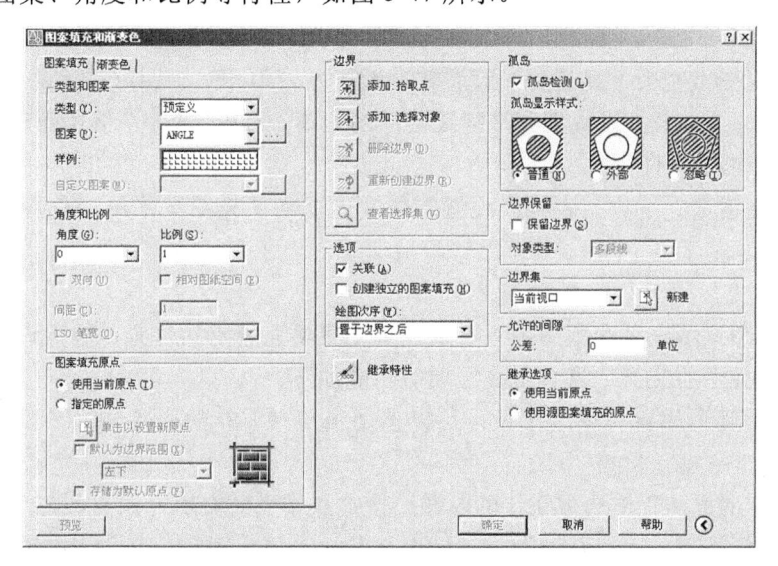

图 5-47 "图案填充和渐变色"对话框

1. 类型和图案

在"类型和图案"选项组中,可以设置图案填充的类型和图案,主要选项的功能如下:

（1）"类型"下拉列表框：设置填充的图案类型，包括"预定义"、"用户定义"和"自定义"3个选项。其中，选择"预定义"选项，可以使用 AutoCAD 提供的图案；选择"用户定义"选项，则需要临时定义图案，该图案由一组平行线或者相互垂直的两组平行线组成；选择"自定义"选项，可以使用事先定义好的图案。

（2）"图案"下拉列表框：设置填充的图案，当在"类型"下拉列表框中选择"预定义"时该选项可用。在该下拉列表框中可以根据图案名选择图案，也可以单击其后的按钮，在打开的"填充图案选项板"对话框中进行选择。

（3）"样例"预览窗口：显示当前选中的图案样例，单击所选的样例图案，也可打开"填充图案选项板"对话框选择图案。

（4）"自定义图案"下拉列表框：选择自定义图案，在"类型"下拉列表框中选择"自定义"类型时该选项可用。

2. 角度和比例

在"角度和比例"选项组中，可以设置用户定义类型的图案填充的角度和比例等参数，主要选项的功能如下：

（1）"角度"下拉列表框：设置填充图案的旋转角度，每种图案在定义时的旋转角度都为零。

（2）"比例"下拉列表框：设置图案填充时的比例值。每种图案在定义时的初始比例为1，可以根据需要放大或缩小。在"类型"下拉列表框中选择"用户定义"时该选项不可用。

（3）"双向"复选框：当在"图案填充"选项卡中的"类型"下拉列表框中选择"用户定义"选项时，选中该复选框，可以使用相互垂直的两组平行线填充图形；否则为一组平行线。

（4）"相对图纸空间"复选框：设置比例因子是否为相对于图纸空间的比例。

（5）"间距"文本框：设置填充平行线之间的距离，当在"类型"下拉列表框中选择"用户定义"时，该选项才可用。

（6）"ISO 笔宽"下拉列表框：设置笔的宽度，当填充图案采用 ISO 图案时，该选项才可用。

3. 图案填充

原点在"图案填充"选项组中，可以设置图案填充原点的位置，因为许多图案填充需要对齐填充边界上的某一个点。主要选项的功能如下：

（1）"使用当前原点"单选按钮：可以使用当前 UCS 的原点（0，0）作为图案填充原点。

（2）"指定的原点"单选按钮：可以通过指定点作为图案填充原点。其中，单击"单击以设置新原点"按钮，可以从绘图窗口中选择某一点作为图案填充原点；选择"默认为边界范围"复选框，可以以填充边界的左下角、右下角、右上角、左上角或圆心作为图案填充原点；选择"存储为默认原点"复选框，可以将指定的点存储为默认的图案填充原点。

4. 边界

在"边界"选项组中，包括"拾取点"、"选择对象"等按钮，其功能如下：

(1)"拾取点"按钮：以拾取点的形式来指定填充区域的边界。单击该按钮切换到绘图窗口，可在需要填充的区域内任意指定一点，系统会自动计算出包围该点的封闭填充边界，同时亮显该边界。如果在拾取点后系统不能形成封闭的填充边界，则会显示错误提示信息。

(2)"选择对象"按钮：单击该按钮将切换到绘图窗口，可以通过选择对象的方式来定义填充区域的边界。

(3)"删除边界"按钮：单击该按钮可以取消系统自动计算或用户指定的边界。

(4)"重新创建边界"按钮：重新创建图案填充边界。

(5)"查看选择集"按钮：查看已定义的填充边界。单击该按钮，切换到绘图窗口，已定义的填充边界将亮显。

5．其他选项功能

在"选项"选项组中，"关联"复选框用于创建其边界时随之更新的图案和填充；"创建独立的图案填充"复选框用于创建独立的图案填充；"绘图次序"下拉列表框用于指定图案填充的绘图顺序，图案填充可以放在图案填充边界及所有其他对象之后或之前。

此外，单击"继承特性"按钮，可以将现有图案填充，也可以将填充对象的特性应用到其他图案填充或填充对象；单击"预览"按钮，可以使用当前图案填充设置显示当前定义的边界，单击图形或按取消键返回对话框，单击、右击或按回车键接受图案填充。

5.4.2 设置孤岛和边界

在进行图案填充时，通常将位于一个已定义好的填充区域内的封闭区域称为孤岛。单击"图案填充和渐变色"对话框右下角的按钮，将显示更多选项，可以对孤岛和边界进行设置。

5.4.3 使用渐变色填充图形

使用"图案填充和渐变色"对话框的"渐变色"选项卡，可以创建单色或双色渐变色，并对图案进行填充，如图5-48所示。

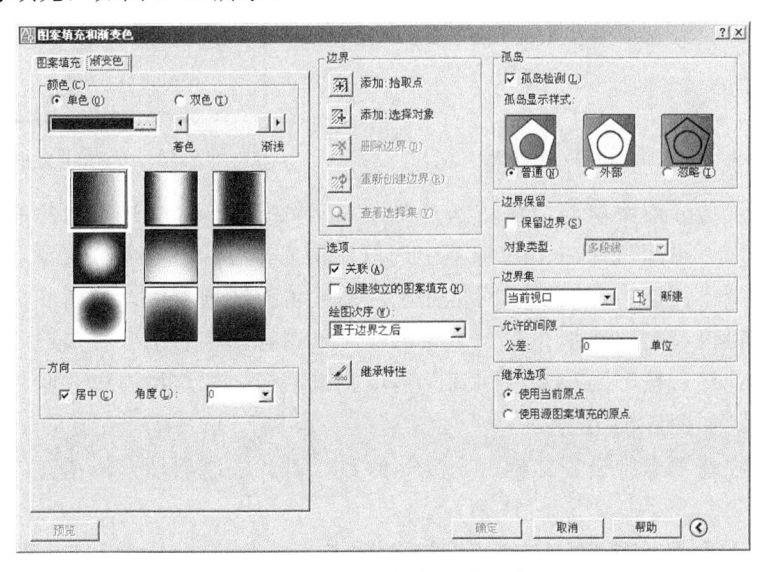

图5-48 "渐变色"选项卡

5.4.4 编辑图案填充

创建了图案填充后,如果需要修改填充图案或修改图案区域的边界,可选择"修改"→"对象"→"图案填充"命令,然后在绘图窗口中单击需要编辑的图案填充,这时将打开"图案填充编辑"对话框。

"图案填充编辑"对话框与"图案填充和渐变色"对话框的内容完全相同,只是定义填充边界和对孤岛操作的某些按钮不再可用。

5.4.5 分解图案

图案是一种特殊的块,称为"匿名"块,无论形状多复杂,它都是一个单独的对象。可以使用"修改"→"分解"命令来分解一个已存在的关联图案。图案被分解后,它将不再是一个单一对象,而是一组组成图案的线条。同时,分解后的图案也失去了与图形的关联性,因此,将无法使用"修改"→"对象"→"图案填充"命令来编辑。

下面以六边形、圆形等图形为例,说明对图形区域进行图案填充的方法,如图 5-49 所示。

(1)在"命令:"提示下输入命令 BHATCH。

(2)在"边界图案填充"对话框中选择"图案填充"选项卡,单击图案(P)右侧的三角图标选择填充图形的名称,或单击图案(P)右侧的省略号(…)图标,再在对话框中根据图形的直观效果选择填充图形,单击"确定"按钮,如图 5-50 所示。

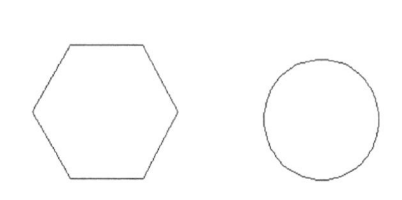

图 5-49 单个图形区域的填充　　图 5-50 选择填充图形

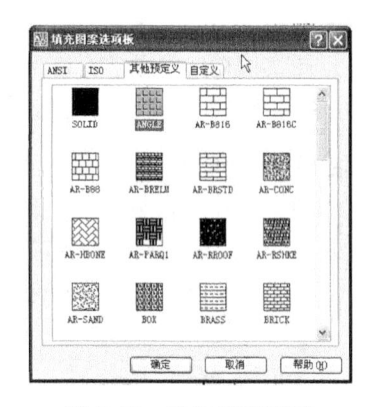

(3)返回"边界图案填充"对话框"图案填充"选项卡,单击右上角的拾取点图标,AutoCAD 将切换到图形屏幕中,在屏幕中选取图形内部任一位置点,该图形边界将变为虚线,表示该区域已被选中,然后按回车键返回图案填充选项卡中,如图 5-51 所示。

此外,也可以单击图案填充右上角的选择对象图标,在屏幕上直接选取图形边界线来构成填充区域,然后按下回车键返回到图案填充选项卡中。这种操作方法与使用拾取点的功能作用一致,如图 5-52 所示。

(4)接着在选项卡中设置比例、角度等参数,以此控制所填充的图案的密度大小、与水平方向的倾斜角大小,如图 5-53 所示。

(5)设置关联特性参数。在图案填充选项卡右下角组成选项区域,选择关联或不关联,如图 5-54 所示。关联或不关联是指所填充的图案与图形边界线的相互关系的一种特性。若拉伸边界线时，所填充的图形随之紧密变化，则属于关联，反之为不关联，如图5-55所示。

图 5-51 选择区域

图 5-52 选择图形边界线

图 5-53 设置参数

图 5-54 设置关联特性

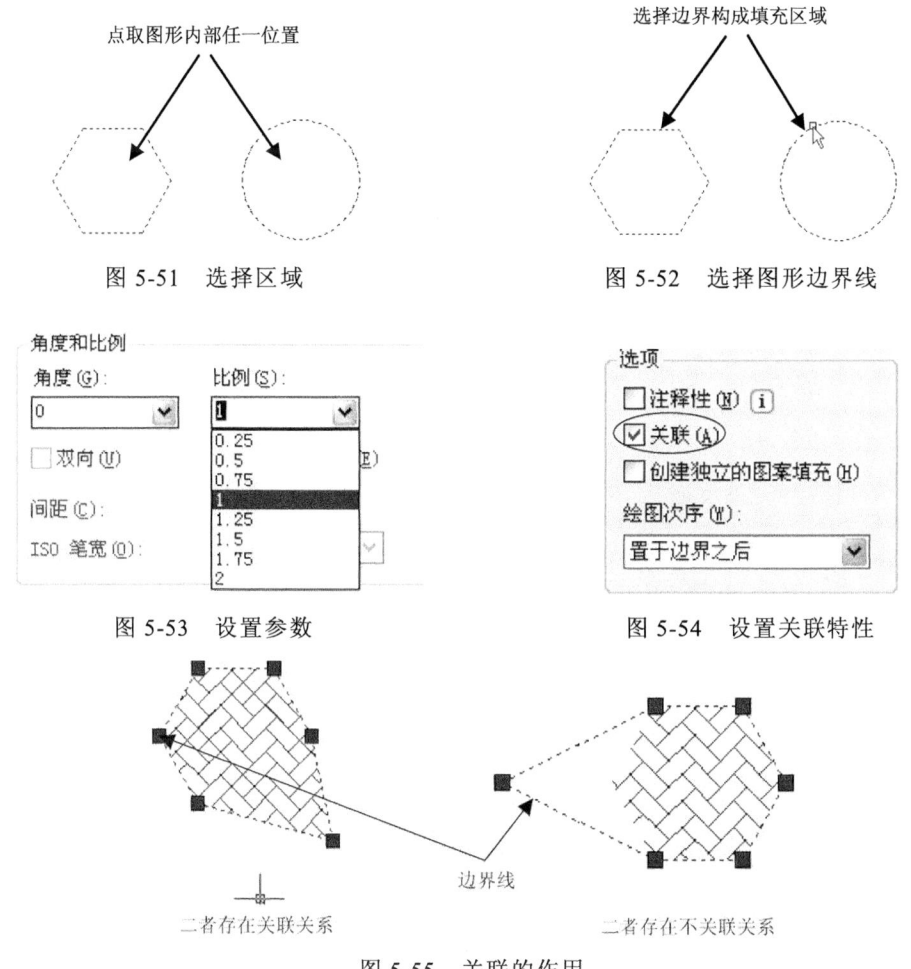

图 5-55 关联的作用

（6）单击"确定"按钮确认进行填充，完成填充操作，如图5-56所示。

（7）对两个或多个相交图形区域，无论其如何复杂，均可以使用与上述一样的方法，直接使用鼠标选取要填充图案的区域即可，其他参数设置完全一样，如图5-57所示。

（8）若填充区域内有文字时，再选择该区域进行图案填充，所填充的图案并不穿越文字，文字仍清晰可见。也可以使用选择对象分别选取边界线和文字，其他图案填充使效果一致，如图5-58所示。

图案填充的命令行操作提示如下：

命令：BHATCH

拾取内部点或［选择对象（S）/删除边界（B）］：正在选择所有对象…

正在选择所有可见对象…

正在分析所选数据…

正在分析内部孤岛…

77

拾取内部点或 [选择对象（S）/删除边界（B）]：

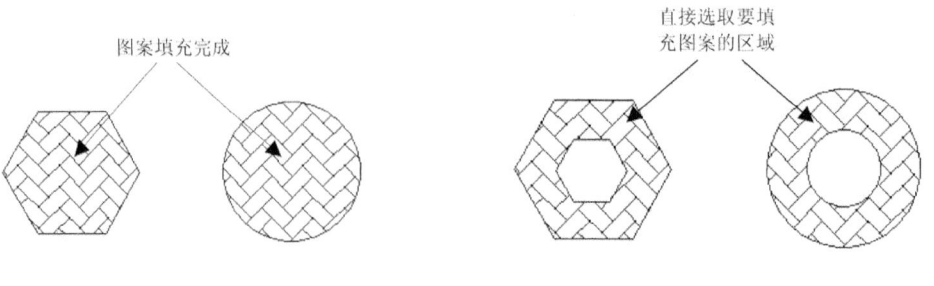

图 5-56　完成填充操作

图 5-57　直接选取区域

图 5-58　图案不穿越文字

提示：在进行图案填充操作时，填充区域的边界必须是封闭的，否则不能进行填充或填充结果出现错误。

习　　题

5-1　绘制如图 5-59 所示的双人沙发平面图。

5-2　在完成习题 5-1 的基础上完成组合沙发，如图 5-60 所示。

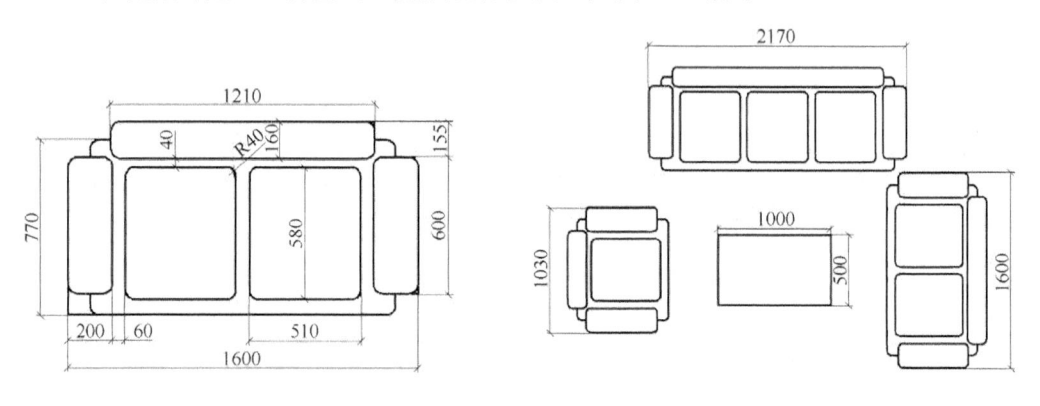

图 5-59　双人沙发

图 5-60　组合沙发

提示：单人沙发和三人沙发只是在双人沙发的尺寸基础上减少或增加了 570，其他尺寸没有变化。

5-3　绘制如图 5-61 所示楼梯平面图。

提示：楼梯中间是一个带倒角的矩形，可以使用"矩形"命令一次画出。每个台阶侧长是 1200，宽是 260，可以用"矩形"命令一级一级的画出；也可以画出一级台阶后用"阵列"命令复制得到其他台阶。而用"多段线"命令所画的箭头部分，是一个起始宽度和终止宽度不等的线段，其起始宽度为 120，终止宽度为 0。

5-4　在图 5-60 组合沙发的基础上，完成沙发垫填充，如图 5-62 所示。

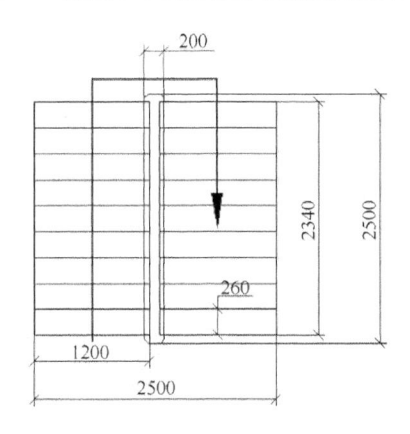

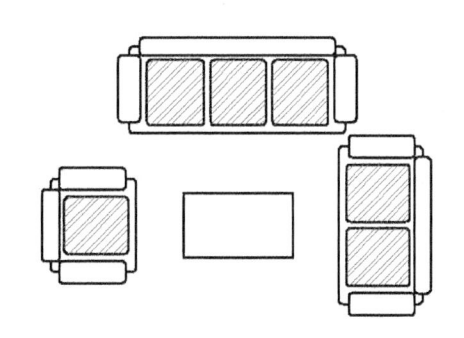

图 5-61　楼梯平面图　　　　图 5-62　用图案填充沙发垫

5-5　绘制如图 5-63 所示洗菜盆。未注圆角半径为 10mm。

5-6　完成如图 5-64 所示 4×4 地板块图案填充。

5-7　完成如图 5-65 所示燃气灶平面图的绘制。

提示：利用复制、缩放命令完成。

5-8　完成如图 5-66 所示茶几平面图。未注尺寸自定。

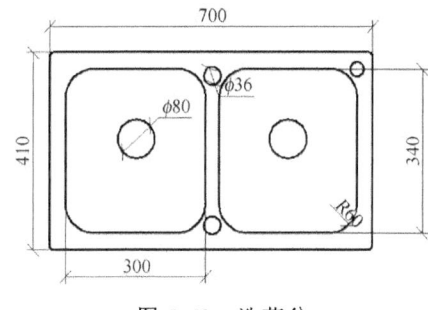

图 5-63　洗菜盆

5-9　完成如图 5-67 所示浴盆的绘制。

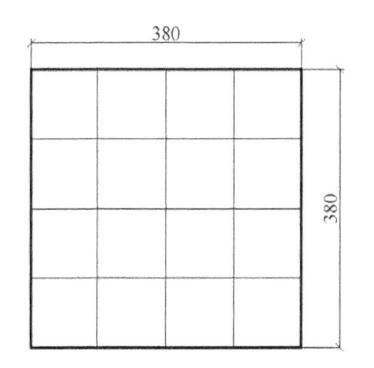

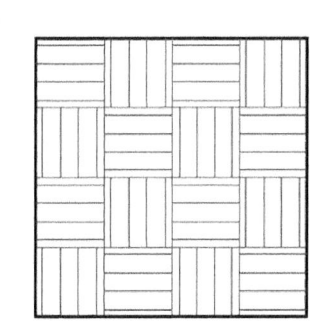

图 5-64　4×4 地板块图案填充

5-10　完成如图 5-68 所示墙体的绘制。

5-11　完成如图 5-69 所示阵列图案填充。

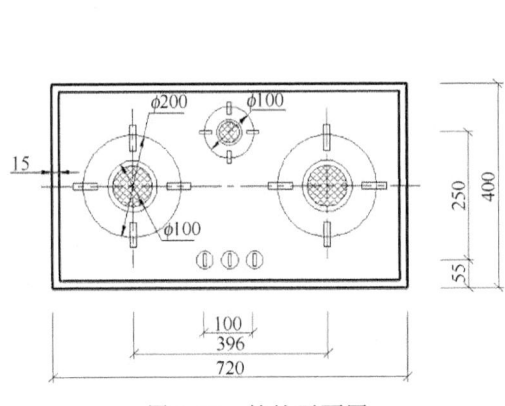

图 5-65　炉灶平面图

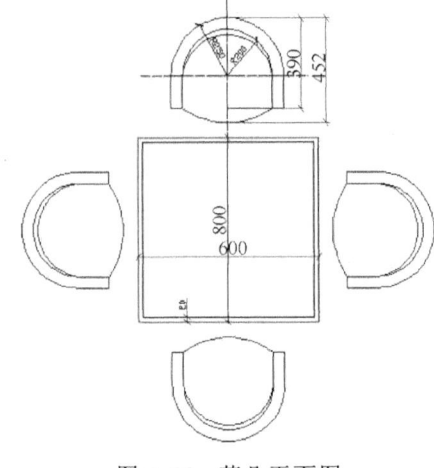

图 5-66　茶几平面图

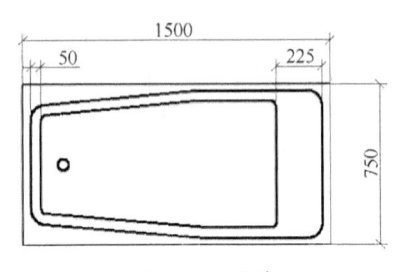

图 5-67　浴盆

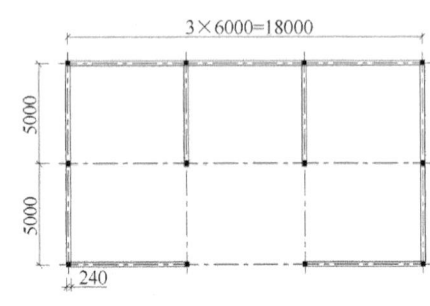

图 5-68　墙体

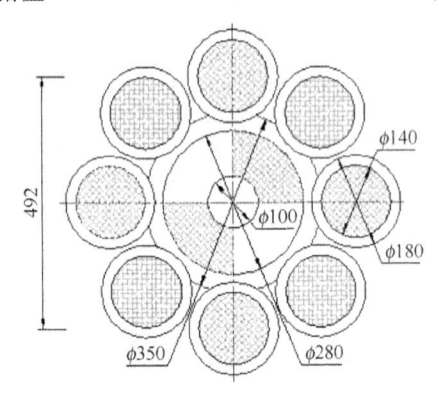

图 5-69　阵列图案填充

第6章 文字、尺寸标注及查询命令

【本章要点】

本章将详细介绍 AutoCAD 的文字输入与编辑、尺寸标注与编辑工具。学习本章，要求熟练掌握创建文字及文字样式设置、文本编辑、线性尺寸标注、基线标注、连续标注等命令的基本设置及操作方法，并结合前几章的学习内容，为图纸添加文字及标注。

文字注释是图形中很重要的一部分内容，进行各种设计时，通常不仅要绘出图形，还要在图形中标注一些文字，如技术要求、注释说明等，对图形对象加以说明。AutoCAD 提供了多种写入文字的方法。

6.1 文 字 标 注

在 AutoCAD 中，所有文字都有与之相关联的文字样式。在创建文字注释和尺寸标注时，AutoCAD 通常使用当前的文字样式。也可以根据具体要求重新设置文字样式或创建新的样式。文字样式包括文字"字体"、"字型"、"高度"、"宽度系数"、"倾斜角"、"反向"、"倒置"以及"垂直"等参数。

6.1.1 创建文字样式

创建文字样式的操作方法有以下几种：

（1）命令行：STYLE 或 DDSTYLE。
（2）菜单：格式→文字样式。
（3）工具栏：文字→文字样式。

执行上述命令，系统打开"文字样式"对话框，如图 6-1 所示。

1．设置样式名

"文字样式"对话框的"样式"选项组中显示了文字样式的名称、创建新的文字样式、为已有的文字样式重命名或删除文字样式，各选项的含义如下：

（1）"样式"下拉列表框：列出当前可以使用的文字样式，默认文字样式为 Standard。

（2）"新建"按钮：单击该按钮打开"新建文字样式"对话框，如图 6-2 所示。在"样式名"文本框中输入新建文字样式名称后，单击"确定"按钮可以创建新的文字样式。新建文字样式将显示在"样式"下拉列表框中。

（3）"删除"按钮：单击该按钮可以删除某一已有的文字样式，但无法删除已经使用的文字样式和默认的 Standard 样式。

图 6-1 "文字样式"对话框

图 6-2 "新建文字样式"对话框

2. 设置字体

"文字样式"对话框的"字体"选项组用于设置文字样式使用的字体和字高等属性。其中,"字体"下拉列表框用于选择字体;如果选中"大字体"框,"字体样式"下拉列表框变为"大字体"下拉列表框,用于选择大字体文件。

如果将文字的高度设为 0,在使用 TEXT 命令标注文字时,命令行将显示"指定高度:"提示,要求指定文字的高度。如果在"高度"文本框中输入了文字高度,AutoCAD 将按此高度标注文字,而不再提示指定高度。

AutoCAD 提供了符合标注要求的字体形文件:gbenor.shx、gbeitc.shx 和 gbcbig.shx 文件。其中,gbenor.shx 和 gbeitc.shx 文件分别用于标注直体和斜体的字母与数字,gbcbig.shx 则用于标注中文。

3. 设置文字效果

在"文字样式"对话框中,使用"效果"选项组中的选项可以设置文字的颠倒、反向、垂直等显示效果,如图 6-3 所示。

图 6-3 文字效果

在"宽度因子"文本框中可以设置文字字符的高度和宽度之比,当"宽度因子"值为

82

1时，将按系统定义的高宽比书写文字；当"宽度因子"小于1时，字符会变窄；当"宽度因子"大于1时，字符则变宽。在"倾斜角度"文本框中可以设置文字的倾斜角度，角度为0°时不倾斜；角度为正值时向右倾斜，为负值时向左倾斜。

4. 修改文字样式

修改文字样式与创建新文字样式的方法相同，都是在"文字样式"对话框中进行。

5. 修改文字与重命名文字样式

在绘制建筑图形过程中，对使用的文字样式可以进行修改。打开"文字样式"对话框，在"样式"下拉表框中选择要修改的文字样式，再修改相关项目，修改完成后单击"应用"按钮，使修改生效，最后单击"关闭"按钮关闭对话框。

如果对文字样式重新命名，单击菜单"格式"下"重命名"按钮，弹出"重命名"对话框，在"命名对象"中选"文字样式"再在项目中选中要更改的样式名，输入新名称，单击"重命名为"按钮，然后单击"确定"按钮完成，如图6-4所示。

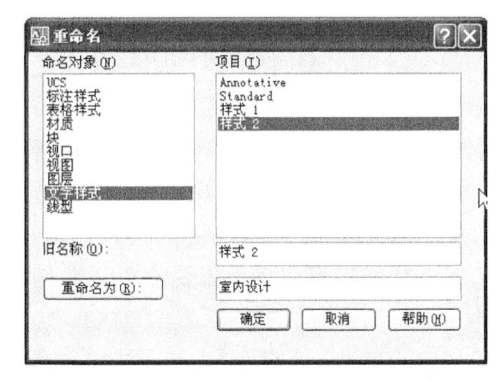

图6-4 文字样式重命名

6. 选择文字样式

在绘图窗口中输入文字的样式是根据当前使用的文字样式决定的。将某一个文字样式设置为当前文字样式，有以下两种方法：

（1）使用"文字样式"对话框：在"文字样式"对话框中，选择"样式"下拉列表框中要使用的文字样式，单击"置为当前"按钮，关闭该对话框，完成文字样式的选择。

（2）使用"样式"工具栏：在"样式"工具栏中的"文字样式管理器"下拉列表框中选择需要的文字样式即可，如图6-5所示。

图6-5 "样式"工具栏

【例题6-1】 创建说明文字样式。

解：具体操作步骤如下。

（1）在"文字样式"对话框中单击"新建"按钮，在弹出的"新建文字样式"对话框中输入新样式名称为"说明文字"。

（2）单击"确定"按钮返回"文字样式"对话框。

（3）在"字体"选项组中设置文字的字体名为"黑体"和高度为200，"宽度因子"为1，如图6-6所示。

（4）设置完成后单击"应用"按钮关闭对话框，也可继续单击"新建"按钮创建其他的文字样式。

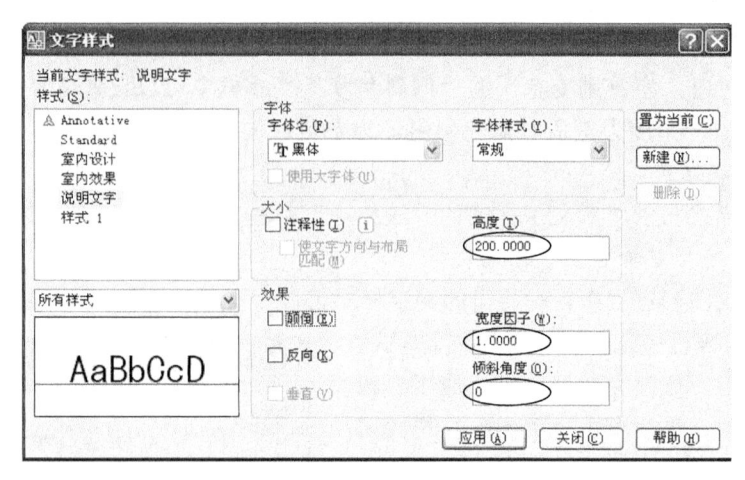

图6-6 "文字样式"对话框

6.1.2 单行文字标注

单行文字标注操作方法有以下几种：

（1）命令行：TEXT 或 DTEXT。

（2）菜单：绘图→文字→单行文字。

（3）工具栏：文字→单行文字。

命令行操作提示如下：

命令：TEXT

当前文字样式："样式1"文字高度：2.5000　注释性：否

指定文字的起点或[对正（J）/样式（S）]:

选项说明如下：

（1）指定文字起点。在此提示下直接在绘图屏幕上点取一点作为文本的起始点，AutoCAD提示：

指定高度 <2.5000>:（指定字符的高度）

指定文字的旋转角度 <0>:（确定文本的倾斜角度）

输入文本:（输入文本）

输入文本:（输入文本或回车）

……

默认情况下，通过指定单行文字行基线的起点位置创建文字。如果当前文字样式的高度设置为0，系统将显示"指定高度："提示信息，要求指定文字高度，否则不显示该提示信息，而使用"文字样式"对话框中设置的文字高度。

然后系统显示"指定文字的旋转角度 <0>:"提示信息，要求指定文字的旋转角度。文字旋转角度是指文字行排列方向与水平线的夹角，默认角度为0°。输入文字旋转角度，或按回车键使用默认角度0°，最后输入文字即可。也可以切换到 Windows 的中文输入方式下，输入中文文字。

（2）对正（J）。在上面的提示下键入 J，用来确定文本的对齐方式，对齐方式决定文本的哪一部分与所选的插入点对齐。执行此选项，AutoCAD 提示：

84

输入对正选项［左（L）/对齐（A）/调整（F）/中心（C）/中间（M）/右（R）/左上（TL）/中上（TC）/右上（TR）/左中（ML）/正中（MC）/右中（MR）/左下（BL）/中下（BC）/右下（BR）］：

在此提示下选择一个选项作为文本的对齐方式。当文本串水平排列时，AutoCAD 为标注文本串定义了如图 6-7 所示的顶线、中线、基线和底线。

图 6-7 文字定位线

以上各选项的含义如下：

1)"对齐（A）"选项：指定文字行的起点和终点，AutoCAD 调整文字高度以使文字适于放置在起点和终点之间。

2)"调整（F）"选项：指定文字行的起点和终点，AutoCAD 不调整文字高度而是调整宽度使文字适于放置在起点和终点之间。

3)"中心（C）"选项：从基线的水平中心对齐文字，此基线是由用户给出的点指定的。

4)"中间（M）"选项：文字在基线的水平中点和指定高度的垂直中点上对齐，中间对齐的文字不保持在基线上。

5)"右（R）"选项：在由用户给出的点指定的基线上右对正文字。

6)"左上（TL）"选项：在指定为文字顶点的点上左对正文字。

7)"中上（TC）"选项：以指定为文字顶点的点居中对正文字。

8)"右上（TR）"选项：以指定为文字顶点的点右对正文字。

9)"左中（M）"选项：在指定文字中间点的点上靠左对正文字。

10)"正中（MC）"选项：在文字的中央水平和垂直居中对正文字。

11)"右中（MR）"选项：以指定为文字的中间点的点右对正文字。

12)"左下（BL）"选项：以指定为基线的点左对正文字。

13)"中下（BC）"选项：以指定为基线的点居中对正文字。

14)"右下（BR）"选项：以指定为基线的点靠右对正文字

各项解释如图 6-8 所示。

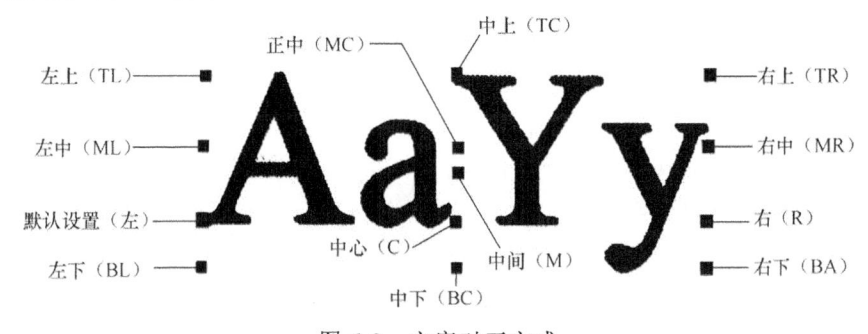

图 6-8 文字对正方式

6.1.3 多行文本标注

多行文本标注的操作方法有以下几种：

（1）命令行：MTEXT。

（2）菜单：绘图→文字→多行文字。

（3）工具栏：绘图→多行文字。

命令行操作提示如下：

命令：MTEXT

当前文字样式："Standard" 文字高度：0.2000 注释性：否

指定第一角点：

指定对角点或 [高度（H）/对正（J）/行距（L）/旋转（R）/样式（S）/宽度（W）/栏（C）]：

选项说明如下：

（1）指定对角点。指定对角点后，系统打开如图6-9所示的多行文字编辑器，可利用此对话框与编辑器输入多行文本并对其格式进行设置。该对话框与WORD软件界面类似，如图6-10所示。

图6-9 "文字格式"对话框和多行文字编辑器

图6-10 文字格式工具栏

（2）其他选项：

1）对正（J）：确定所标注文本的对齐方式。

2）行距（L）：确定多行文本的行间距，这里行间距是指相邻两文本的基线之间的垂直距离。

3）旋转（R）：确定文本行的倾斜角度。

4）样式（S）：确定当前文本样式。

5）宽度（W）：指定多行文本的宽度。

在多行文字绘制区域，单击鼠标右键，系统打开右键快捷菜单，如图6-11所示。该快捷菜单提供标准编辑选项和多行文字特有的选项。在多行文字编辑器中单击鼠标右键以显示快捷菜单。菜单顶层的选项是基本编辑选项：放弃、重做、剪切、复制和粘贴。后面的选项是多行文字编辑器特有的选项：

1）段落对齐：设定多行文字的对齐方式，如图 6-12 所示。
2）段落：显示"缩进和制表位"左缩进、右缩进选项，如图 6-13 所示。

图 6-11 右键快捷菜单

图 6-12 "段落对齐"选项

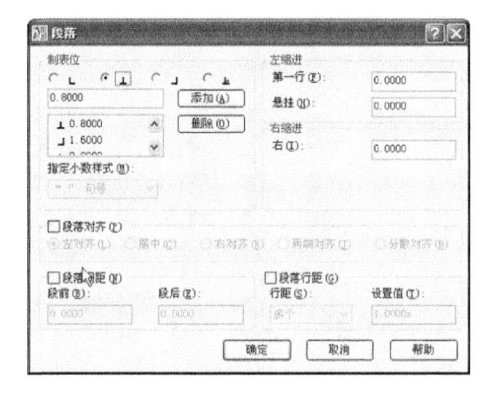

图 6-13 "段落"对话框

6.2 文 字 编 辑

文字编辑的操作方法有以下几种：
（1）命令行：DDEDIT。
（2）菜单：修改→对象→文字→编辑。
（3）工具栏：文字→编辑。
命令行操作提示如下：
命令：DDEDIT
选择注释对象或 [放弃（U）]:
其他相关文字编辑命令的功能如下：
（1）"比例"命令（SCALETEXT）。选择该命令，然后在绘图窗口中单击需要编辑的单行文字，此时需要输入缩放的基点以及指定新高度、匹配对象（M）或缩放比例（S）。
命令行操作提示如下：
命令：SCALETEXT
选择对象：找到 1 个
选择对象：
输入缩放的基点选项

[现有(E)/左(L)/中心(C)/中间(M)/右(R)/左上(TL)/中上(TC)/右上(TR)/左中(ML)/正中(MC)/右中(MR)/左下(BL)/中下(BC)/右下(BR)] <现有>: E

指定新模型高度或 [图纸高度(P)/匹配对象(M)/比例因子(S)] <200>: 100

（2）"对正"命令（JUSTIFYTEXT）。选择该命令，然后在绘图窗口中单击需要编辑的单行文字，此时可以重新设置文字的对正方式。

注意：要求选择相应修改的文本，同时光标变为拾取框点击对象。如果选取的文本是用 TEXT 命令创建的单行文本，可对其直接修改。如果选取的文本是用 MTEXT 命令创建的多行文本，选取后则打开多行文本编辑器，如图 6-14 所示。

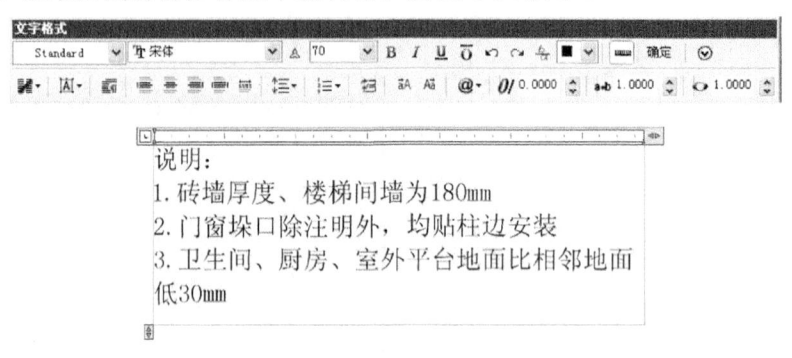

图 6-14　多行文本编辑器

6.3　尺寸标注菜单与标注工具

尺寸标注相关命令的菜单方式集中在"标注"菜单中，工具栏方式集中在"标注"工具栏中，如图 6-15 和图 6-16 所示。

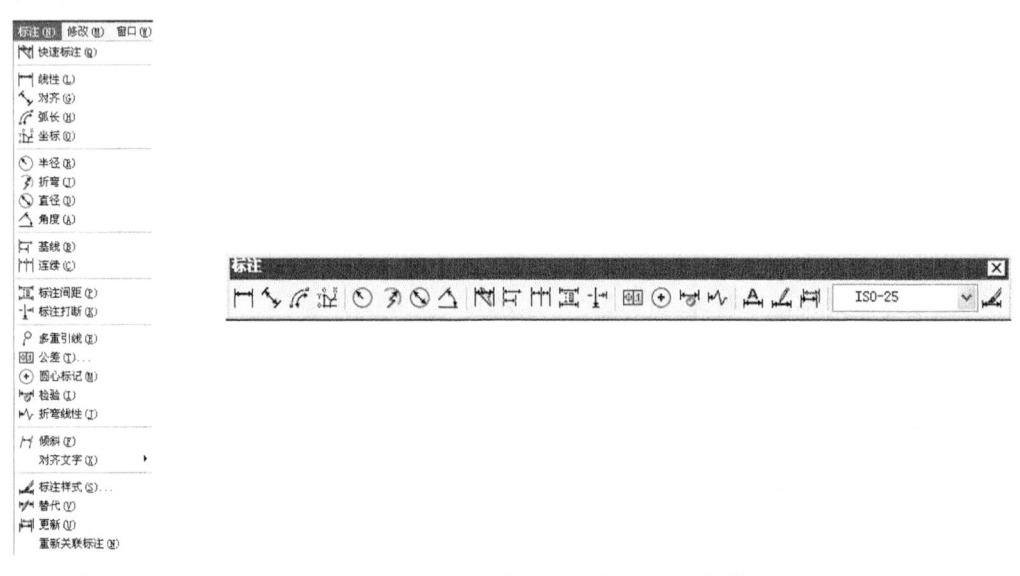

图 6-15　"标注"菜单　　　　　　图 6-16　"标注"工具栏

6.4 设置尺寸样式

设置尺寸样式的操作方法有以下几种：
（1）命令行：DIMSTYLE。
（2）菜单：格式→标注样式（或标注→标注样式）。
（3）工具栏：标注→标注样式。

执行上述命令，系统打开"标注样式管理器"对话框，如图6-17所示。利用此对话框可方便、直观地定制和浏览尺寸标注样式，包括创建新的标注样式、修改已存在的样式、设置当前尺寸标注样式、样式重命名以及删除一个已有样式。

"标注样式管理器"各选项说明如下：
（1）"置为当前"按钮。单击此按钮，把在"样式"列表框中的样式设置为当前样式。
（2）"新建"按钮：定义一个新建的尺寸标注样式。单击此按钮，AutoCAD打开"创建新标注样式"对话框，如图6-18所示，利用此对话框可创建一个新的尺寸标注样式，单击"继续"按钮，系统打开"新建标注样式"对话框，如图6-19所示，利用此对话框可对新样式的各项特性进行设置。各选项卡说明如下：

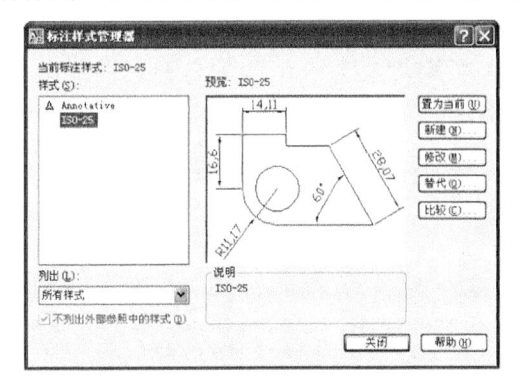

图6-17 "标注样式管理器"对话框　　　图6-18 "创建新标注样式"对话框

1）线。该选项卡对尺寸的尺寸线和尺寸界线的各个参数进行设置，包括尺寸线的颜色、线型、线宽、超出标记、基线间距、隐藏等参数，以及尺寸界限的颜色、线宽、超出尺寸线、起点偏移量、隐藏等参数，如图6-19所示。

2）符号和箭头。该选项卡对箭头、圆心标记、弧长符号和半径折弯标注、线性折弯标注和折断标注的各个参数进行设置，包括箭头的大小、引线、形状等参数，圆心标记的类型、大小等参数，弧长符号位置，半径折弯标注的折弯角度，线性折弯标注的折弯高度因子，以及折断标注的折断大小等参数，如图6-20所示。

3）文字。该选项卡对文字的外观、位置、对齐方式等各个参数进行设置，包括文字外观的文字样式、颜色、填充颜色、文字高度、分数高度比例、是否绘制文字边框等参数，文字位置的垂直、水平和从尺寸线偏移量等参数，以及对齐方式的水平、与尺寸线对齐和ISO标注等三种方式，如图6-21所示。图6-21中示意图给出了尺寸在垂直方向放置的4种不同情形，以及尺寸在水平方向放置的5种不同情形。

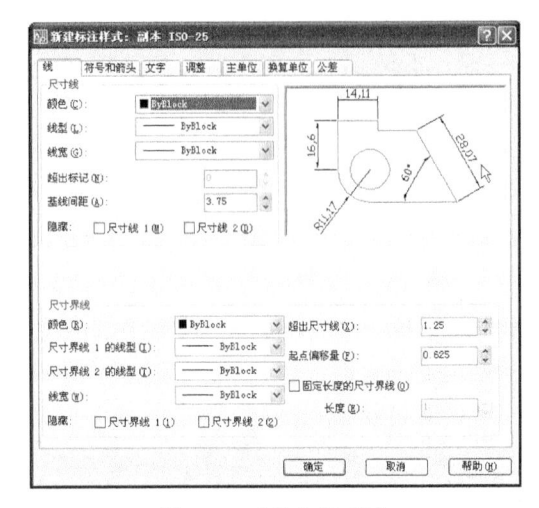

图 6-19 "线"选项卡　　　　　　　　图 6-20 "符号和箭头"选项卡

4）调整。该选项卡对调整选项、文字位置、标注特征比例、优化等各个参数进行设置，如图 6-22 所示。

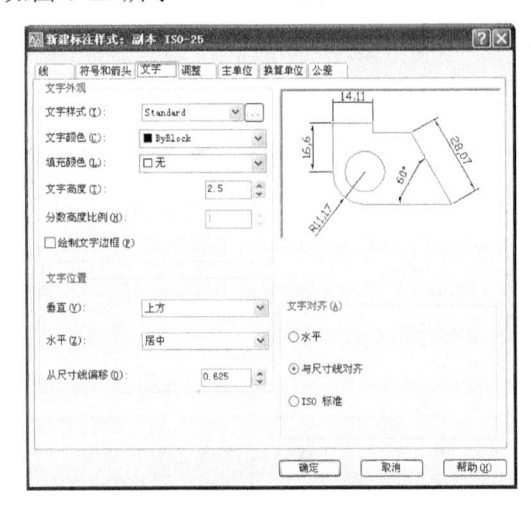

图 6-21 "文字"选项卡　　　　　　　　图 6-22 "调整"选项卡

5）主单位。该选项卡用来设置尺寸标注的主单位和精度，以及给尺寸文本添加固定的前缀或后缀。本选项卡包括两个选项组，分别对线性标注和角度标注进行设置，如图 6-23 所示。

6）换算单位。该选项卡用于对替换单位进行设置，如图 6-24 所示。

7）公差。该选项卡用于对尺寸公差进行设置，如图 6-25 所示。其中"方式"下拉列表框列出了 AutoCAD 提供的 5 种标注公差的形式，用户可以从中选择。

（3）"修改"按钮：修改一个已存在的尺寸标注样式。单击此按钮，AutoCAD 弹出"修改标注样式"对话框，该对话框中的各选项与"新建标注样式"对话框完全相同，可以对已有标注样式进行修改。

（4）"替代"按钮：设置临时覆盖尺寸标注样式。单击此按钮，AutoCAD 打开"替代当前样式"对话框，该对话框中各选项与"新建标注样式"对话框完全相同，用户可改变选项的设置覆盖原来的设置，但这种修改只对指定的尺寸标注起作用，而不影响当前尺寸变量的设置。

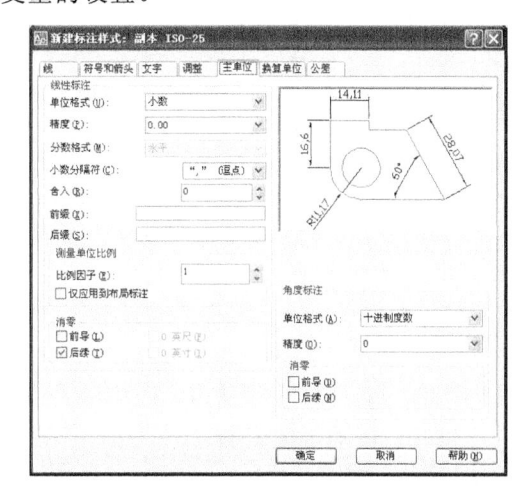

图 6-23 "主单位"选项卡

图 6-24 "换算单位"选项卡

图 6-25 "公差"选项卡

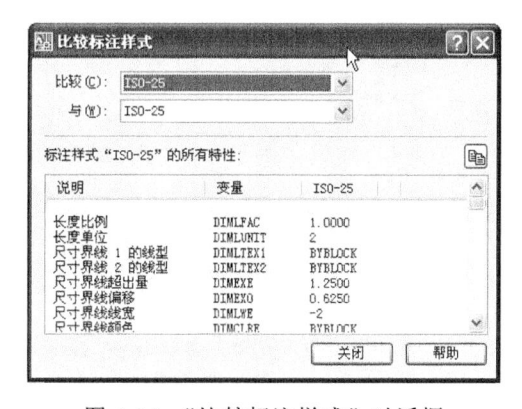

图 6-26 "比较标注样式"对话框

（5）"比较"按钮：比较两个尺寸标注样式在参数上的区别或浏览一个尺寸标注样式的参数设置。单击此按钮，AutoCAD 打开"比较标注样式"对话框，如图 6-26 所示。可以把比较结果复制到剪切板上，然后再粘贴到其他的 Windows 应用软件上。

6.5 尺 寸 标 注

在进行尺寸标注前，需要设置尺寸的样式。在建筑领域中，有关部门对设计图的标注作了相关的规定，如标注中的文字、箭头等样式。

在尺寸标注中，包括尺寸文字、尺寸线、尺寸界限、箭头、圆心标记等几个基本元素，如图 6-27 所示，各组成元素意义如下：

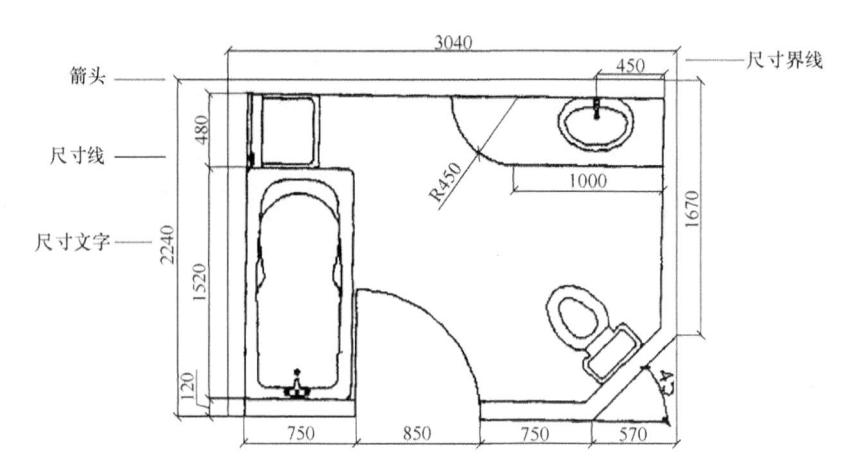

图 6-27 尺寸标注

（1）尺寸文字：用于表明实际的测量值，AutoCAD自动计算出测量值，还可以为标注文字附加公差、前缀或后缀。用户可以对文字进行修改、添加等编辑操作。

（2）尺寸线：用于表明标注范围的方向，通常标注的尺寸线为直线，角度的尺寸线为圆弧。将尺寸文字沿尺寸线放置时，尺寸线通常被文字分割为两条线。如果尺寸线在测量区域中的空间不足时，AutoCAD将把尺寸线或文字移到测量区的外侧。

（3）尺寸界线：是从被标注的对象延伸到尺寸线的线段。一般是垂直尺寸线，也可将尺寸界线倾斜。

（4）箭头：显示在尺寸线的末端，用于指定测量的起始与结束的位置，所以被称为终止符号。

（5）圆心标记：用于标记圆与圆弧的中心。

6.5.1 线性尺寸标注

线性尺寸标注操作方法有以下几种：

（1）命令行：DIMLINEAR。

（2）菜单：标注→线性。

（3）工具栏：标注→线性标注。

命令行操作提示如下：

命令：DIMLINEAR

指定第一条尺寸界线原点或 <选择对象>：

在此提示下有两种选择，直接回车选择要标注的对象或确定尺寸界线的起始点。回车并选择要标注的对象或指定两条尺寸界线的起始点后，AutoCAD提示：

指定尺寸线位置或

[多行文字（M）/文字（T）/角度（A）/水平（H）/垂直（V）/旋转（R）]：

以上选项说明如下：

（1）指定尺寸线位置：确定尺寸线的位置。用户可移动鼠标选择合适的尺寸位置，然后回车或单击鼠标左键，AutoCAD则自动测量所标注线段的长度并标注出相应的尺寸。

（2）多行文字（M）：用多行文本编辑器确定尺寸文本。

（3）文字（T）：在命令行提示下输入或编辑尺寸文本。选择此选项后，AutoCAD 提示：

输入标注文字 <默认值>：

其中的默认值是 AutoCAD 自动测量得到的被标注线段的长度，直接回车即可采用此长度值，也可输入其他数值代替默认值。当尺寸文本中包括默认值时，可使用尖括号"<>"表示默认值。

（4）角度（A）：确定尺寸文本的倾斜角度。

（5）水平（H）：水平标注尺寸，无论标注什么方向的线段，尺寸均水平放置。

（6）垂直（V）：垂直标注尺寸，无论被标注线段沿什么方向，尺寸总保持垂直。

（7）旋转（R）：输入尺寸线旋转的角度值，旋转标注尺寸。

使用"线性标注"命令时，可以直接对水平或垂直方向的对象进行标注，如果是倾斜对象，可以输入旋转命令，使尺寸标注适合倾斜对象进行旋转。对齐标注的尺寸线与所标注的轮廓线平行，如图 6-28 所示。

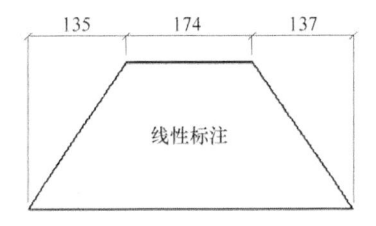

图 6-28 线性标注和对齐标注的比较

6.5.2 基线标注

基线标注用于产生一系列基于同一条尺寸界线的尺寸标注，适用于长度尺寸的标注、角度标注和坐标标注等。在使用基线标注方式之前，应该先标注出一个相关尺寸，如图 6-29 所示。基线标注两平行尺寸线间距由"新建（修改）标注样式"对话框中的"尺寸与箭头"选项卡中的"尺寸线"选项组中的"基线间距"文本框中的值决定。

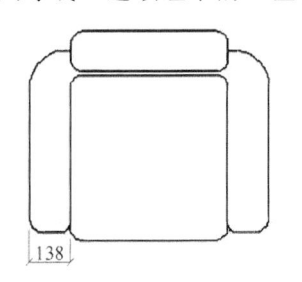

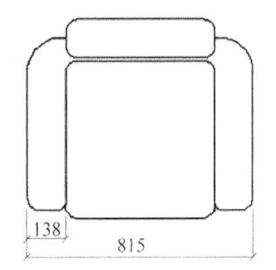

图 6-29 基线标注

基线标注的操作方法有以下几种：

（1）命令行：DIMBASELINE。

（2）菜单：标注→基线。

（3）工具栏：标注→基线标注。

命令行操作提示如下：

命令：DIMBASELINE

指定第二条尺寸界线原点或 ［放弃（U）/选择（S）］ <选择>:

直接确定另一个尺寸的第二条尺寸界线的起点，AutoCAD 以上一个标注的尺寸为基准标注，标注出相应的尺寸。

直接回车，AutoCAD 提示：

选择基准标注：（选取作为基准的尺寸标注）

连续标注又称为尺寸链标注，用于产生一系列连续的尺寸标注，后一个尺寸标注均把前一个标注的第二条尺寸界线作为它的第一条尺寸界线。与基线标注一样，在使用连续标注方式之前，应该先标注出一个相关的尺寸。其标注过程与基线标注类似，如图 6-28 所示。

6.5.3 快速标注

"快速标注"命令 QDIM 使用户可以交互地、动态地、自动地进行尺寸标注。在 QDIM 命令中可以同时选择多个圆或圆弧标注直径或半径，也可以同时选择多个对象进行基线标注和连续标注，选择一次即可完成多个标注，因此可节省时间，提高工作效率。

快速标注的操作方法有以下几种：

（1）命令行：QDIM。

（2）菜单：标注→快速标注。

（3）工具栏：标注→快速标注。

命令行操作提示如下：

命令：QDIM

关联标注优先级 = 端点

选择要标注的几何图形：找到 1 个

选择要标注的几何图形：

指定尺寸线位置或［连续（C）/并列（S）/基线（B）/坐标（O）/半径（R）/直径（D）/基准点（P）/编辑（E）/设置（T）］ <连续>:

选项说明如下：

（1）指定尺寸线位置：直接确定尺寸线的位置，按默认尺寸标注类型标注出相应的尺寸。

（2）连续（C）：产生一系列连续的尺寸。

（3）并列（S）：产生一系列交错的尺寸标注。

（4）基线（B）：产生一系列基线标注的尺寸。后面的"坐标（O）"、"半径（R）"、"直径（D）"含义与此类似。

（5）基准点（P）：为基线标注和连续标注指定一个新的基准点。

（6）编辑（E）：对多尺寸标注进行编辑。系统允许对已存在的尺寸标注添加或移除尺寸点。

6.5.4 引线标注

引线标注的操作方法有以下几种：

（1）命令行：QLEADER。
（2）菜单：标注→引线。
（3）工具栏：标注→快速引线。

命令行操作提示如下：

命令：QLEADER

指定第一个引线点或［设置（S）］<设置>：

指定下一点：（输入指引线的第二点）

指定下一点：（输入指引线的第三点）

指定文字宽度 <0>：（输入多行文本的宽度）

输入注释文字的第一行 <多行文字（M）>：（输入单行文本或回车打开多行文字编辑器输入多行文本）

输入注释文字的第一行：（输入另一行文本）

输入注释文字的第一行：（输入另一行文本或回车）

也可以在上面的操作过程中选择"设置（S）"项，打开"引线设置"对话框进行相关参数设置，如图 6-30 所示。

此外，LEADER 命令也可以进行引线标注，与 QLEADER 命令类似。

图 6-30 "引线设置"对话框

6.6 尺 寸 编 辑

6.6.1 编辑尺寸

编辑尺寸的操作方法有以下几种：

（1）命令行：DIMEDIT。
（2）菜单：标注→对齐文字→默认。
（3）工具栏：标注→编辑标注。

命令行操作提示如下：

命令：DIMEDIT

输入标注编辑类型［默认（H）/新建（N）/旋转（R）/倾斜（O）］ <默认>：

选项说明如下：

（1）默认（H）：按尺寸标注样式中设置的默认位置和方向放置尺寸文本，如图 6-31（a）所示。

（2）新建（N）：打开多行文本编辑器，可利用此编辑器对尺寸文本进行修改。

（3）旋转（R）：改变尺寸文本行的倾斜角度。尺寸文本的中心点不变，使文本沿给定的角度方向倾斜排列，如图 6-31（b）所示。

（4）倾斜（O）：修改长度型尺寸标注的尺寸界线，使其倾斜一定角度，与尺寸线不垂直，如图 6-31（c）所示。

6.6.2 编辑尺寸文字

编辑尺寸文字操作方法有以下几种：

（1）命令行：DIMTEDIT。

（2）菜单：标注→对齐文字→（除"默认"命令外的其他命令）。

（3）工具栏：标注→编辑标注文字。

命令行操作提示如下：

命令：DIMTEDIT

选择标注：

指定标注文字的新位置或 [左（L）/右（R）/中心（C）/默认（H）/角度（A）]：

选项说明如下：

（1）指定标注文字的新位置：更新尺寸文本的位置。用鼠标把文本拖动到新的位置。

（2）左/右：使尺寸文本沿尺寸线左/右对齐如图 6-31（d）、(e) 所示。

（3）中心（C）：把尺寸文本放在尺寸线上的中间位置，如图 6-31（b）所示。

（4）默认（H）：把尺寸文本按默认位置放置。

（5）角度（A）：改变尺寸文本行的倾斜角度。

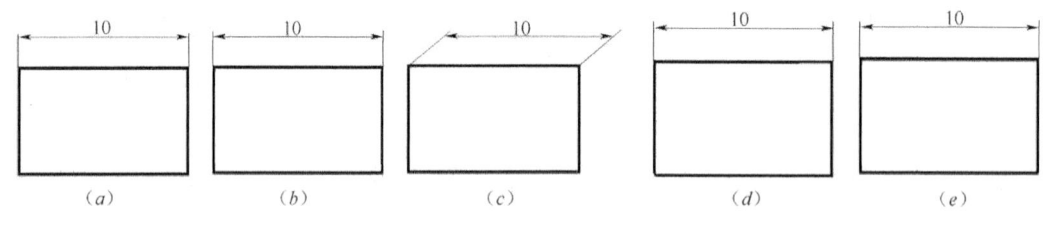

图 6-31 尺寸标注的编辑

习 题

6-1 绘制如图 6-32 所示子母门，并标注尺寸。

6-2 绘制如图 6-33 所示浴缸，并标注尺寸（使用基线标注）。

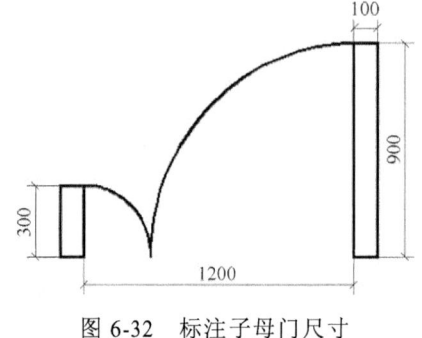

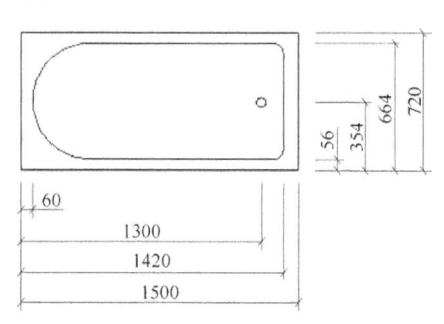

图 6-32 标注子母门尺寸

图 6-33 标注浴缸尺寸

6-3 绘制如图 6-34 所示桌子腿，并标注尺寸。

6-4 绘制如图 6-35 所示浴盆，并标注尺寸。

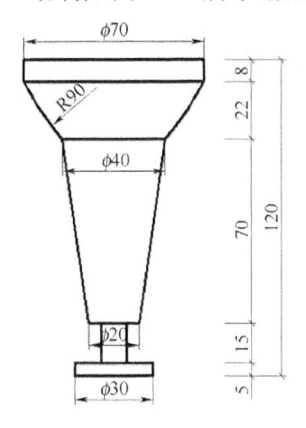

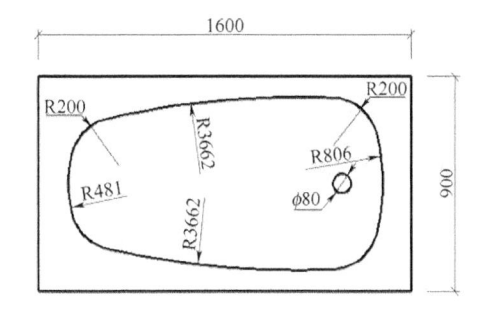

图 6-34 标注桌子腿尺寸　　图 6-35 标注浴盆尺寸

6-5 绘制如图 6-36 所示卫生间，并标注尺寸。

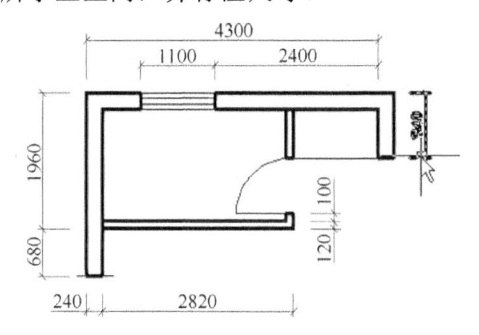

图 6-36 标注卫生间尺寸

第7章 块和外部参数

【本章要点】

本章详细介绍了 AutoCAD 的图块制作与输入。学习本章，要求领会图块的作用及意义；掌握图块的属性设置、图块的输出及插入命令的参数设置和操作步骤。

7.1 图　　块

在建筑图形中，有大量反复使用的图形对象，如门、窗、桌子等，若一一绘制出来，则需要耗费大量的时间。此时用户可以将这些相同的图形定义为块，然后根据需要将块按照指定的缩放比例和旋转角度反复插入到当前图形的任意位置。

在绘图过程中，应用块有如下优点：

（1）将常用的标准的图形对象定为标准块库，这样在绘图过程中不必反复绘制相同的图形对象，而只需要在某点插入已定义的图块即可，以提高效率。

（2）利用块可以减少图形文件的大小，节约存储空间。

（3）若对某个图块进行重新定义，则在图形中该图块会自动更新，便于编辑图形。

1. 图块定义

图块定义的操作方法有以下几种：

（1）命令行：BLOCK。

（2）菜单：绘图→块→创建块。

（3）工具栏：绘图→创建块。

执行上述命令，系统打开如图 7-1 所示的"块定义"对话框，利用该对话框指定定义对象和基点以及其他参数可定义图块并命名。

在"块定义"对话框中，可以对图形进行块定义，在"名称"文本框中输入块的名称，最多可使用 255 个字符。在同一个文件中不能出现两个名称相同的块，当用户输入的名称在列表中已经存在，系统将提示是否重新定义。

单击"拾取点"按钮，在绘图窗口中单击插入基点的位置。单击"选取对象"按钮，在绘图窗口中选择对象。定义好块后，单击"确定"按钮。

2. 图块保存

图块保存操作方法有以下几种：

（1）命令行：WBLOCK

（2）菜单：绘图→块→块保存。

图 7-1 "块定义"对话框

执行上述命令，系统打开如图 7-2 所示"写块"对话框。利用此对话框可把图形对象保存为图块或把图块转换成图形文件。

以 BLOCK 命令定义的图块只能插入到当前图形。以 WBLOCK 保存的图块则既可以插入到当前图形，也可以插入到其他图形。

3．图块插入

图块插入操作方法有以下几种：

（1）命令行：INSERT。

（2）菜单：插入→块。

（3）工具栏：绘图→插入块。

执行上述命令，系统打开如图 7-3 所示"插入"对话框。利用此对话框设置插入点的位置、插入比例及旋转角度，可以指定要插入的图块及插入位置。

图 7-2 "写块"对话框

4．图块分解

在当前图形中使用块时，AutoCAD 将块作为单个的对象处理，只能对整个块进行编辑。如果用户需要编辑组成块的某个对象时，需要将块的组成对象分解成为单一个体。

图块分解的操作方法有以下几种：

（1）插入块时，在"插入"对话框中选中"分解"复选框，单击"确定"按钮，插入的图形仍保持原来的形式，但可以对其中某个对象进行修改。

（2）插入块后，执行"修改"→"分解"命令，或单击"修改"工具栏中的"分解"按钮，或在命令行中输入 XPLODE 命令，将块分解为多个对象。分解后的对象将还原为原始的图层属性设置状态。如果分解带有属性的块，属性值将丢失，并重新显示其属性定义。

99

图 7-3 "插入"对话框

7.2 创建和编辑块属性

在绘制建筑图形时，常常会使用到一些带有附加信息的块，这个附加的信息被称为块的属性。在 AutoCAD 中经常使用块属性来预定义文件的位置、内容或默认值等。在插入块时，输入不同的文字信息，就可以使用相同的块表达不同的信息，例如标高符号、轴网符号等就是利用块的属性进行设置的。

定义带有属性的块时，需要作为块的图形与标记块属性的信息，将这两个部分进行属性的定义后，再定义为块即可。

在命令行中输入 ATTDEF（缩写为 AT）命令，或执行"绘图"→"块"→"定义属性"命令，弹出如图 7-4 所示的"属性定义"对话框，利用该对话框可以创建块的属性。

创建带有属性的轴网符号，并在图形中应用，其操作步骤如下：

（1）单击"绘图"工具栏中的"圆"按钮，绘制如图 7-5 所示的图形。

图 7-4 "属性定义"对话框　　　　图 7-5 绘制图形

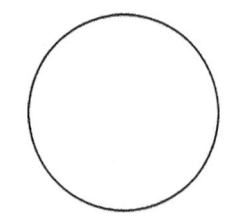

（2）执行"绘图"→"块"→"定义属性"命令，弹出"属性定义"对话框，设置块

的属性，如图 7-6 所示。标记：轴；提示：输入轴号；对正：正中；文字高度：100。

（3）单击"确定"按钮，关闭对话框，在适当位置单击，确定属性文字的位置如图 7-7 所示。

图 7-6 "属性定义"对话框　　　　　　图 7-7 确定属性文字位置

（4）单击"绘图"工具栏中的"创建块"按钮，弹出"块定义"对话框，将图形和文字设置为块，如图 7-8 所示。

（5）单击"确定"按钮，弹出"编辑属性"对话框，显示刚设置的块名称和提示，在"输入轴号数"文本框内输入"轴"，如图 7-9 所示。

图 7-8 "块定义"对话框　　　　　　图 7-9 "编辑属性"对话框

（6）单击"确定"按钮，将绘制的图形及图形及属性文字定义为带有属性的块。

（7）如果要在图形中应用带有属性的块，单击"绘图"工具栏中的"插入块"按钮，在弹出的"插入"对话框中，设置插入块的方式，如图 7-10 所示。

（8）单击"确定"按钮，在图形的适当位置单击确定，结果如图 7-11 所示。

命令行操作提示如下：

命令：_INSERT

指定插入点或 [基点（B）/比例（S）/X/Y/Z/旋转（R）]：

输入属性值

输入轴号数：A

101

图 7-10 "插入"对话框　　　　　　图 7-11 插入的块

第 8 章 图形的打印和输出

【本章要点】

本章详细讲述了 AutoCAD 图形文件的打印和输出。学习本章，要求领会模型空间和图纸空间创建布局、打印设置、图纸的输出方式；掌握图形文件的"笔指定"设置，并根据要求打印或输出图形文件。

8.1 打 印 图 形

通常在图形绘制完成后，需要将其打印于图纸上，这样方便施工人员参照。在打印图形的过程中，用户首先需要添加打印机，然后设置相应的选项即可打印图形。

8.1.1 添加打印机

打印机通常包括针式打印机、喷墨打印机和激光打印机三大类。下面以喷墨打印机为例说明如何安装打印机，其操作步骤如下：

（1）在 WindowsXP 中，执行"开始"→"设置"→"打印机和传真机"命令，打开"打印机和传真机"窗口，如图 8-1 所示。

（2）单击"打印机任务"区域中的"添加打印机"超链接，弹出"添加打印机向导"对话框，如图 8-2 所示。

图 8-1 "打印机和传真机"窗口　　　　图 8-2 "添加打印机向导"对话框

（3）单击"下一步"按钮，在弹出的对话框中，选中"连接到此计算机的本地打印机"单选按钮。

（4）单击"下一步"按钮，在弹出的对话框中，选择打印机端口。

（5）单击"下一步"按钮，在弹出的对话框中，选择打印机类型。

（6）单击"下一步"按钮，在弹出的对话框中，输入打印机名称，在接下来的对话框中，根据提示进行操作即可。

8.1.2 打印设置

在 AutoCAD 命令行输入"PLOT"命令，或执行"文件"→"打印"命令，或按【Ctrl】+【P】组合键，或单击"标准"工具栏的"打印"按钮，弹出"打印—模型"对话框，如图 8-3 所示。

1. 选择打印设备

在"打印—模型"对话框中，"打印机/绘图仪"区域用于选择打印设备。

用户可以在"名称"下拉列表中选择打印设备。当用户选定打印设备后，系统将显示该设备的名称、连接方式、网络位置及打印相关的注释信息，同时其右侧"特性"按钮将变为可选状态。

单击"特性"按钮，弹出"绘图仪配置编辑器"对话框，如图 8-4 所示，用户可以设置打印介质、图形、自定义特性、自定义图纸尺寸等。

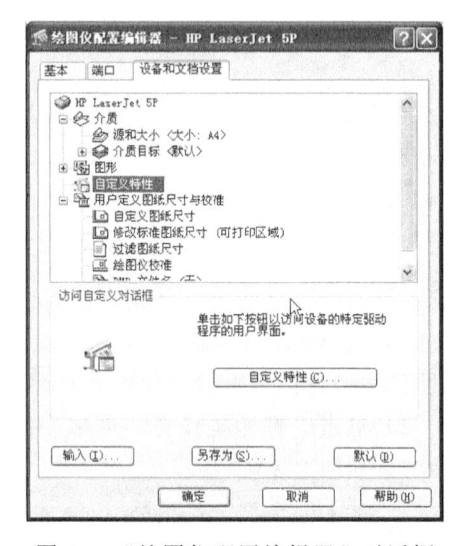

图 8-3 "打印—模型"对话框　　　　图 8-4 "绘图仪配置编辑器"对话框

"打印机/绘图仪"区域右下部显示图形打印的预览图标，该预览图标显示了图纸的尺寸以及可打印的有效区域。

2. 选择图纸尺寸

在"打印—模型"对话框中，"图纸尺寸"区域用于选择图纸的尺寸。

在"图纸尺寸"下拉列表中，用户可以根据打印的要求选择相应的图纸。若该下拉表没有相应的图纸，则需要用户自定义图纸尺寸，其操作方法是单击"打印机/绘图仪"区域中的"特性"按钮，弹出"绘图仪配置编辑器"对话框，选择"自定义图纸尺寸"选项，并在"自定义图纸尺寸"区域中单击"添加"按钮，接下来根据系统提示依次输入相应的图纸尺寸即可。

3. 设置打印区域

在"打印—模型"对话框中，"打印区域"用于设置图形的打印范围。在"打印区域"中的"打印范围"下拉列表中选择要输出图形的范围，如图 8-5 所示。各选项的含义如下：

（1）"窗口"选项：当用户在"打印范围"下拉列表中选择"窗口"选项时，其右侧将出现"窗口"按钮，单击"窗口"按钮，系统将隐藏"打印—模型"对话框，用户即可在绘图窗口内指定打印的区域。

（2）"图形界限"选项：当用户在"打印范围"下拉列表中选择"图形界限"选项时，系统将按照用户设置的图形界限来打印图形，此时在图形界限范围内的图形对象将打印在图纸上。

（3）"显示"选项：当用户在"打印范围"下拉列表中选择"图形界限"选项时，系统将打印绘图窗口内显示的图形对象。

图 8-5　打印区域

4．设置打印比例

在"打印—模型"对话框中，"打印比例"用于设置图形打印的比例。当用户选择"布满图纸"复选框时，系统将自动按照图纸的大小适当缩放图形，使打印的图形布满整张图纸。选择"布满图纸"复选框后，"打印比例"的其他选项变为不可选状态。

5．设置打印的位置

在"打印—模型"对话框中，"打印偏移"用于设置图纸打印的位置。在默认情况下，AutoCAD 将从图纸的左下角打印图纸，其打印原点的坐标是（0，0）。若用户在"X"、"Y"文本框中，输入相应的数值，则可以设置图形打印的原点位置，此时图形将在图纸上沿 X 轴和 Y 轴移动相应的位置。

6．设置打印的方向

在"打印—模型"对话框中，"图形方向"区域用于设置图形在图纸上的打印方向，如图 8-6 所示。其中"纵向"、"横向"和"反向打印"选项的含义如下：

（1）"纵向"选项：当用户选择"纵向"选项时，图形在图纸上的打印位置是纵向的，即图形的长边为垂直方向。

（2）"横向"选项：当用户选择"横向"选项时，图形在图纸上的打印位置是横向的，即图形的长边为水平方向。

图 8-6　图形方向

（3）"反向打印"选项：当用户选择"反向打印"复选框时，可以图形在图纸上倒置打印。该选项可以与"纵向"、"横向"结合来使用。

8.1.3　打印预览

在打印输出图形之前，可以预览输出结果，检查设置是否正确，例如图形是否都在有效输出区域内等。

在命令提示行中输入 PREVIEW 命令，或执行"文件"→"打印预览"命令，或单击"标准"工具栏中的"打印预览"按钮，或单击"打印—模型"对话框中的"预览"按钮将显示图纸打印的预览图，如图 8-7 所示。

如果想直接进行打印，可以单击"打印"按钮打印图形。如果设置的打印效果不理想，可以单击"关闭预览"按钮，重新设置打印选项。

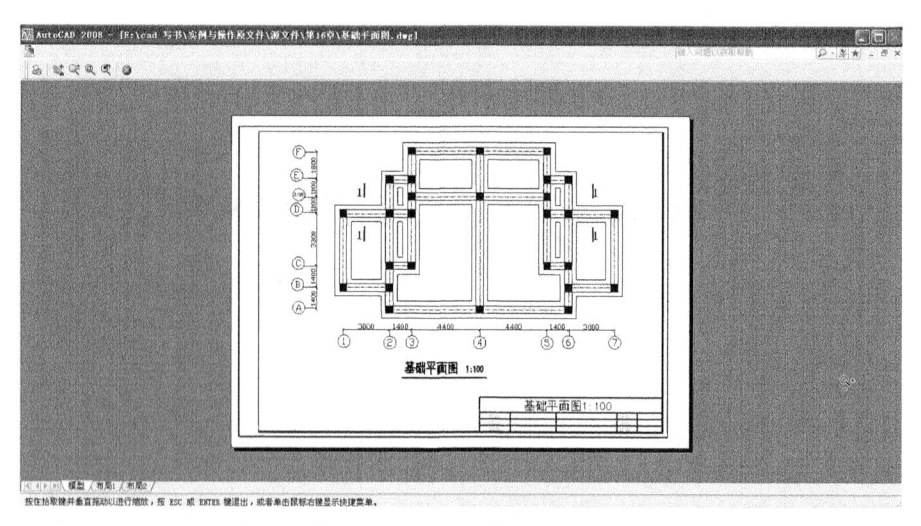

图 8-7 "打印预览"窗口

8.2 输出为其他格式的文件

在 AutoCAD 中,使用"输出"命令可以将绘制的图形输出为 BMP、3DS 等格式的文件,并可在其他应用程序中使用。

执行"文件"→"输出"命令,弹出"输出数据"对话框,如图 8-8 所示,用户可以在"保存于"下拉列表框中设置文件输出的路径;在"文件名"文本框中输入文件名称;在"文件类型"下拉列表框中,选择文件的输出类型,如"图元文件"、"ACIS"、"平板印刷"、"封装 PS"、"DXX 提取"、"位图"等。

图 8-8 "输出数据"对话框

当用户设置了文件的输出路径、名称及文件类型后，单击对话框中的"保存"按钮，切换到绘图窗口中，可以选择需要以指定格式保存的对象。

AutoCAD 中，可以将图形输出为以下几种格式的文件：

（1）图元文件：此格式以"*.wmf"为扩展名，将图形输出为图元文件，以供不同的 Windows 软件调用，图形在其他软件中图元的特性不变。

（2）ACIS：此格式以"*.sat"为扩展名，将图形输出为实体对象文件。

（3）平板印刷：此格式以"*.stl"为扩展名，输出图形为实体对象立体画文件。

（4）封装 PS：此格式以"*.eps"为扩展名，输出图形为 PostScrip 文件。

（5）DXX 提取：此格式以"*.dxx"为扩展名，输出图形为属性提取文件。

（6）位图：此格式以"*.bmp"为扩展名，输出与设备无关的位图文件，可供图形处理软件调用。

（7）3D DWF：此格式以"*.dwf"为扩展名，输出为 3DMAX 软件可接受的格式文件。

（8）块：此格式以"*.dwg"为扩展名，输出为图形块文件，可供不同版本 CAD 软件调用。

8.3 布　　局

所谓布局，就是模拟一张图纸并提供预置的打印设置。布局用以创建和定位视口对象，并增添标题块或者其他对象。

8.3.1 布局概述

在 AutoCAD 中，用户可以创建多个布局来显示不同的视图，每个视图都可以包括不同的打印比例和图纸大小，视图中的图形就是打印时所见到的图形。通过布局功能，用户可以多方面地表现同一设置图形，真正实现"所见即所得"。

1. 模型空间和图纸空间

使用 AutoCAD 绘图之前，理解模型空间和图纸空间的概念是很重要的。模型空间是完成绘图和设计工作的工作空间，通过在模型空间中绘制图形，并且根据需要用多个二维或三维视图来展示物体，而图纸空间是用来创建最终的打印布局，主要图形排列、绘制局部放大以及绘制视图，但是不用于绘图或者设计工作，"图纸空间"窗口如图 8-9 所示。

在 AutoCAD 绘图窗口的底部有一个模型选项卡和一个或多个布局选项卡，模型选项卡代表模型空间，布局选项卡所代表的绘图窗口表示图纸空间。模型选项卡是用户绘制和编辑图形的地方，打开模型选项卡可使图形始终处于模型空间中。

2. 模型空间与图纸空间的切换

在 AutoCAD 中，可以通过以下几种方法实现模型空间与图纸空间的切换：

（1）单击绘图窗口左下角的"模型"选项卡或"布局"选项卡，如图 8-10 所示。

（2）单击 AutoCAD 状态栏中的"模型"按钮或"图纸"按钮，如图 8-11 所示。

（3）在命令提示下，输入 MSPACE 命令进入模型空间或者输入 PSPACE 命令进入图纸空间。

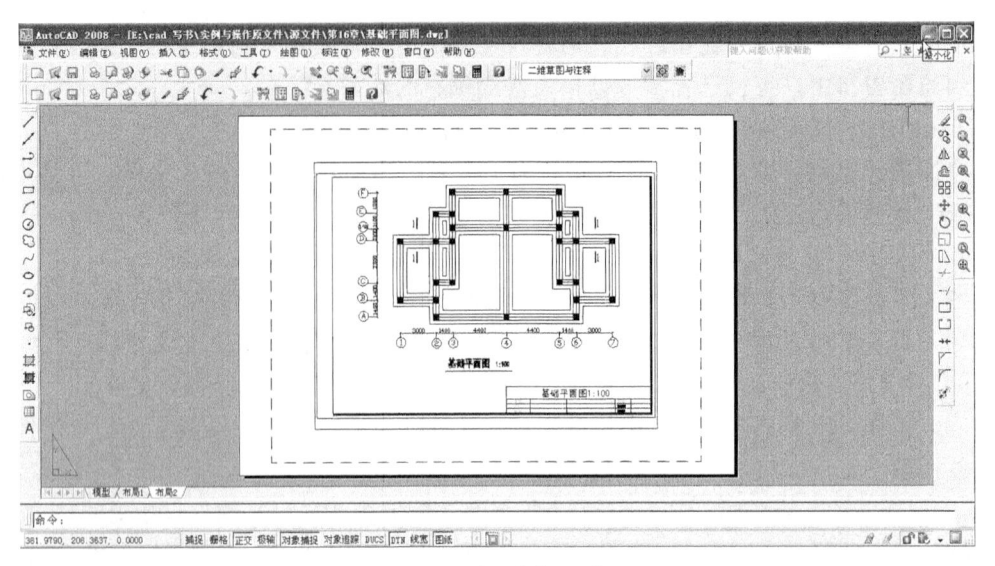

图 8-9 "图纸空间"窗口

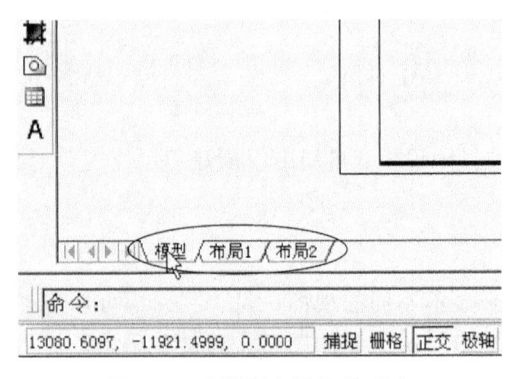

图 8-10 "模型空间"选项卡　　　　图 8-11 "模型"或"图纸"按钮

（4）修改系统变量 TILEMODE，该变量为 0 时为图纸空间，为 1 时为模型空间。修改系统变量 TILEMODE 的命令行操作提示如下：

命令：TILEMODE

输入 TILEMODE 的新值 <1>：0

恢复缓存的视口-正在重生成布局

命令：TILEMODE

输入 TILEMODE 的新值 <0>：1

恢复缓存的视口

8.3.2 创建布局

完成图形的绘制之后，需要选择或者创建一个图形布局，以使图形能以合适的方式输出。每一个布局都提供了不同的输出环境，用户在其中可以创建视口并指定每个布局的页面设置，页面设置实际上就是保存在相应布局中的打印设置。

AutoCAD 可以创建多个布局来显示不同的视图，每一个布局都可以包含不同的绘图样式。布局视图中的图形就是绘制成果。通过布局功能，用户可以从多个角度表现同一图形。

在创建布局之前,需要打开"布局"工具栏,如图 8-12 所示。

AutoCAD 提供了多种方式来创建布局,下面分别介绍这几种方法。

1. 使用布局向导创建布局

图 8-12 "布局"工具栏

AutoCAD 提供了布局来引导创建新的布局,其操作步骤如下:

(1)执行"工具"→"向导"→"创建布局"命令,或执行"插入"→"布局"→"创建布局向导"命令,或单击"布局"工具栏中的"新建布局"按钮,或在命令行中输入 LAYOUTWIZARD 命令,弹出"创建布局—开始"对话框,如图 8-13 所示。在"输入新布局的名称"文本框中,输入新创建的布局的名称。

(2)单击"下一步"按钮,在弹出的"创建布局—打印机"对话框中,选择当前配置的打印机,如图 8-14 所示。

(3)单击"下一步"按钮,在弹出的"创建布局—图纸尺寸"对话框中,选择打印图纸的大小并选择所用的单位,如图 8-15 所示。图形单位可以是毫米、英尺或像素。在这里选择绘图单位为毫米,纸张大小为 A4。

(4)单击"下一步"按钮,在弹出的"创建布局—方向"对话框中,设置打印方向,如图 8-16 所示,可以是横向打印,也可是纵向打印,这里选中"横向"单选按钮。

(5)单击"下一步"按钮,在弹出的"创建布局—标题栏"对话框中,选择图纸的边框和标题栏的样式,如图 8-17 所示,在对话框右边的预览框中给出了所选样式的预览图像。

(6)单击"下一步"按钮,在弹出的"创建布局—定义视口"对话框中,设置新创建的布局的默认视口的设置和比例等,如图 8-18 所示。在"视口设置"选项区域中,选中"单个"单选按钮;在"视口比例"下拉列表框中选择"按图形空间缩放"选项。

(7)单击"下一步"按钮,在弹出的如图 8-19 所示的"创建布局—拾取位置"对话框中,单击"选择位置"按钮,切换到绘图窗口,并指定视口大小和位置。

(8)单击"下一步"按钮,在弹出的"创建布局—完成"对话框中,单击"完成"按钮,完成新布局及默认的视口创建,如图 8-20 所示。

2. 使用样板创建布局

使用样板创建布局对于建筑领域有着特殊的意义。AutoCAD 提供了多种国际标准布局模板,包括 ANSI、DIN、GB、ISO 等,其中遵循我国国家标准(GB)的布局有 13 种,支持的图幅分别为 A0、A1、A2、A3、A4 等。

执行"插入"→"布局"→"来自样板的布局"命令,或单击"布局"工具栏中的"来自样板的布局"按钮,打开"从文件选择样板"对话框,如图 8-21 所示。

选择需要的布局样板,单击"打开"按钮,弹出"插入布局"对话框,如图 8-22 所示。该对话框显示了当前所选布局的名称,单击"确定"按钮,完成布局的插入。

3. 使用"布局"命令创建布局

"布局"命令提供了多种方式创建新布局,例如从已有的模版开始创建,从已有的布局创建或直接从头开始创建。这些方式分别对应 LAYOUT 命令的相应选项。此外,也可以使用 LAYOUT 命令来管理已经创建的布局,例如删除、重命名、保存和设置布局等。在命令行中输入命令,按回车键,系统提示如下:

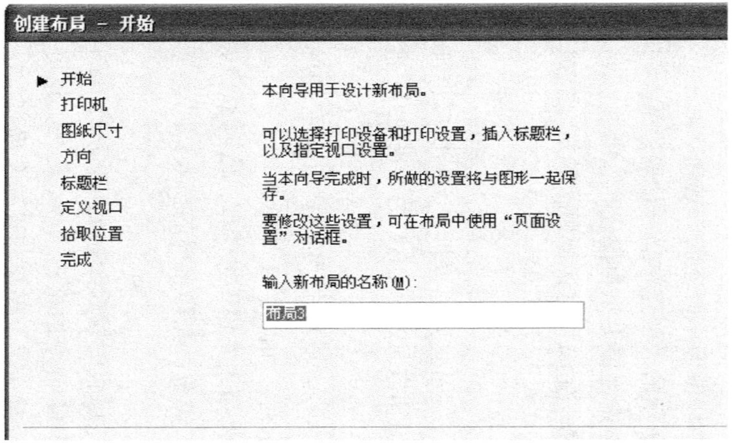

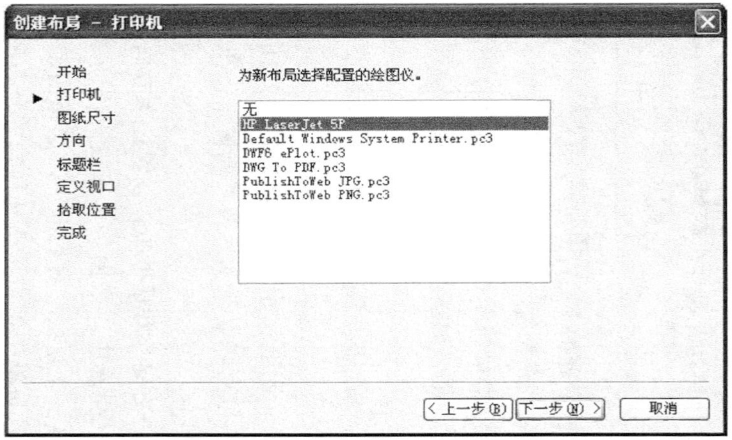

图 8-14 选择当前配置的打印机

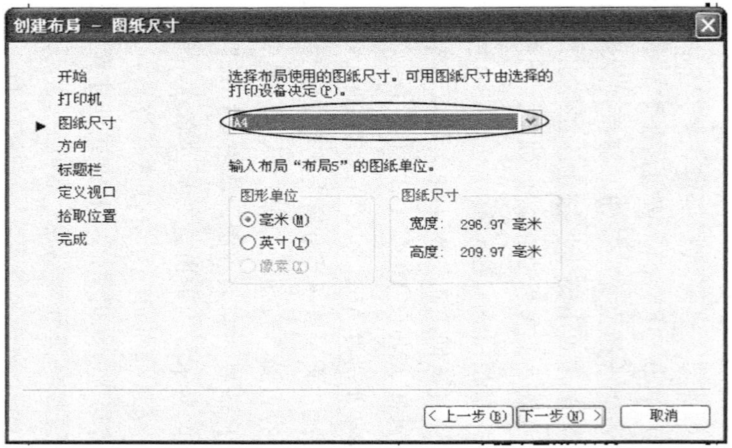

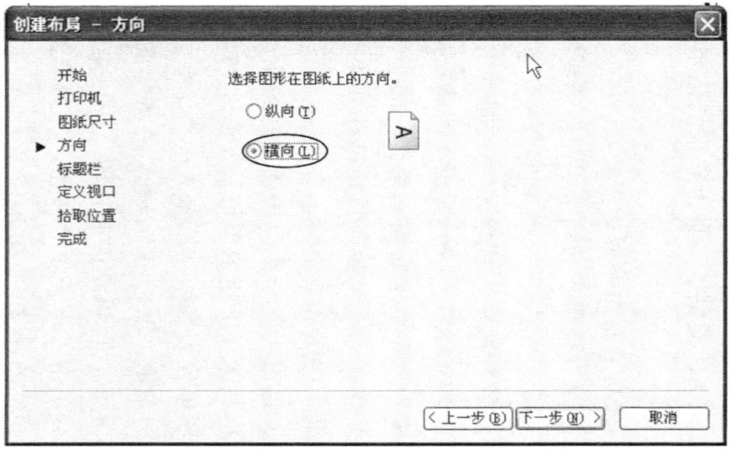

图 8-16 设置打印方向

图 8-13 输入新创建的布局的名称

图 8-15 设置图纸尺寸

110

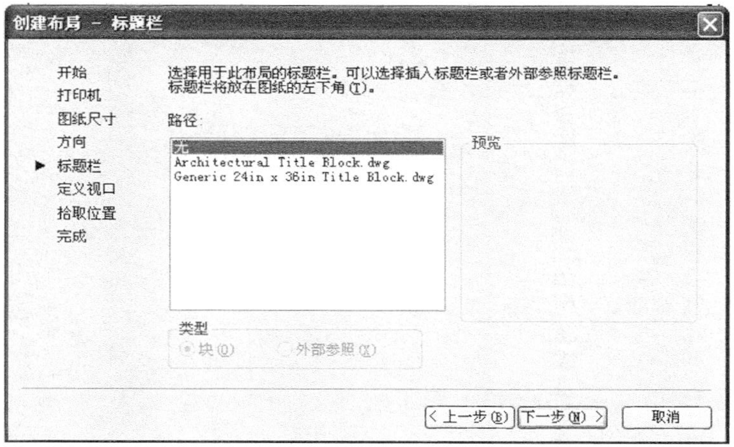

图 8-17 设置标题栏

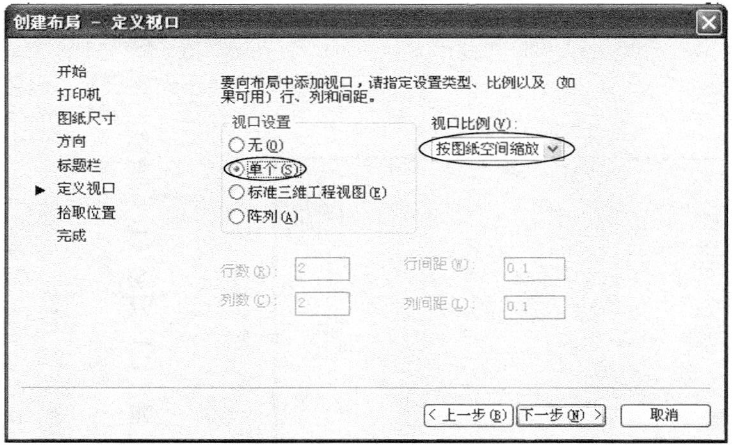

图 8-18 定义视口

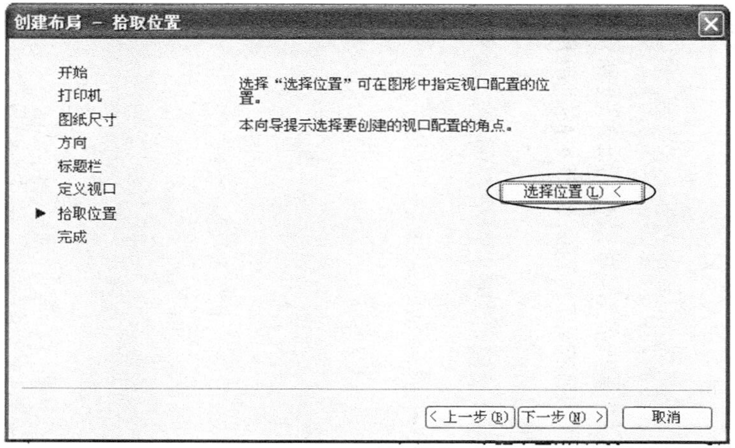

图 8-19 拾取位置

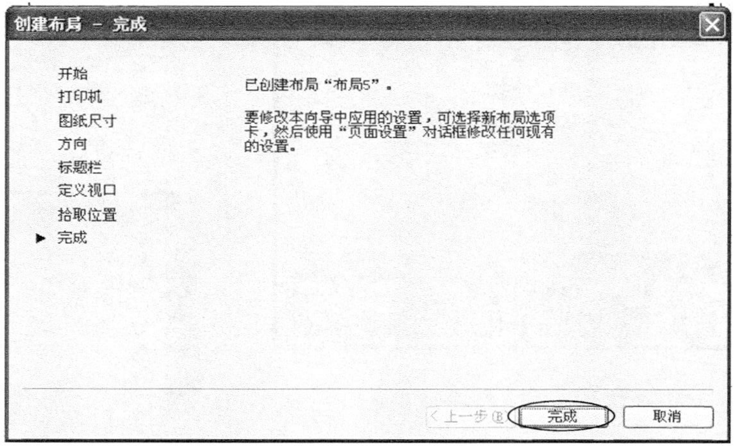

图 8-20 完成新布局

图 8-21 "从文件选择样板"对话框

图 8-22 "插入布局"对话框

命令：LAYOUT

输入布局选项 [复制（C）/删除（D）/新建（N）/样板（T）/重命名（R）/另存为（SA）/设置（S）/?] <设置>：

命令行中各选项的含义如下：

（1）"复制"：用来在已有的布局中复制一个新的布局。

（2）"删除"：用来在已有的布局之中删除一个布局。

（3）"新建"：用来新建一个布局。

（4）"样板"：根据模板文件或者图形文件中已有的布局来创建新的布局，指定的模板文件或者图形中的布局将插入到当前图形中。

（5）"重命名"：对已有的布局重新定义一个名称。

（6）"另存为"：用来保存布局。所用的布局将保存在模板文件中，用户可以指定要存的模板文件名。

（7）"设置"：用来使指定的布局成为当前布局。

第9章 建筑装饰施工图的绘制

【本章要点】

本章综合了前几章的学习内容，实例讲解了建筑装饰施工图的绘制技巧。学习本章，要求掌握AutoCAD的基本功能，并具备一定的建筑制图和家具制图的相关知识，绘制出完整的室内装饰及家具设计施工图。

建筑装饰施工图是反映建筑室内外装饰样式及构造图样的图纸，是建筑装饰施工的基本依据。它需要详细、准确地表示出室内布置、各部分的形状、大小、材料、构造做法及相互关系等各项内容，包括平面图［见图 9-1（a）］、顶棚图［见图 9-1（b）］、立面图［见图 9-1（c）、（d）］、剖面图、节点构造详图及透视图。

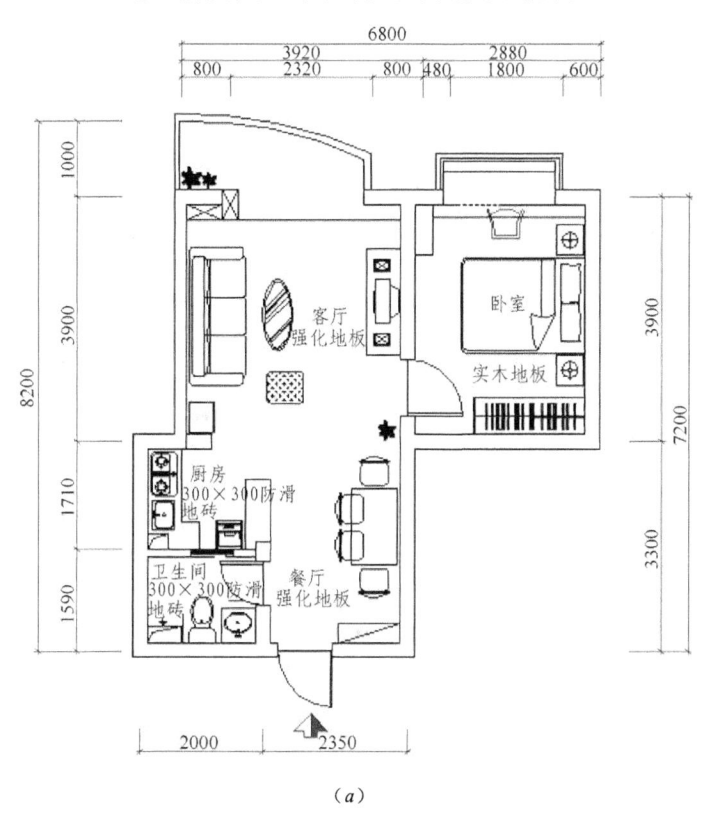

(a)

图 9-1 建筑装饰施工图（一）

(a) 平面图

(b)

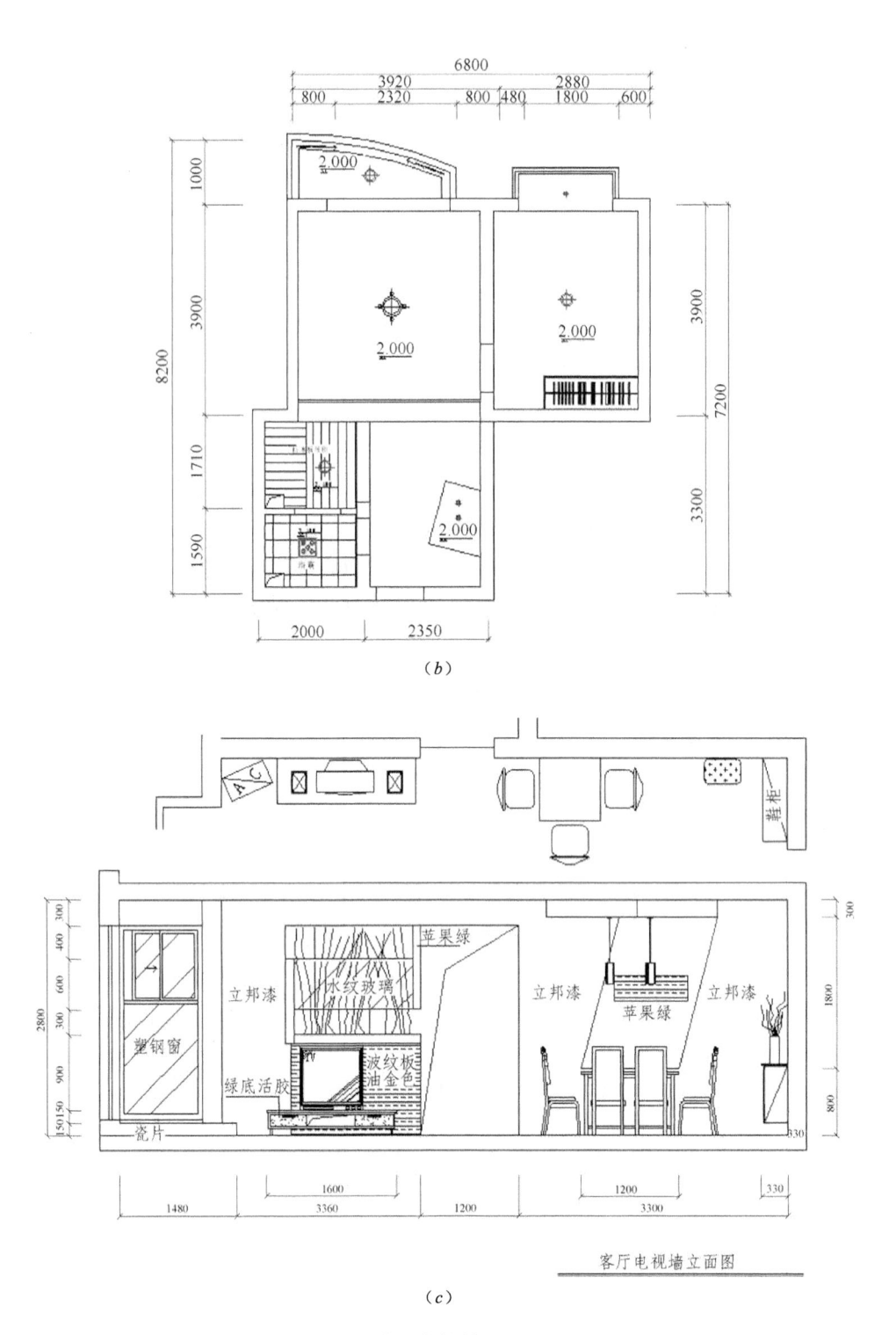

(c)

图 9-1 建筑装饰施工图（二）

(b) 顶棚图；(c) 客厅电视墙立面图

（d）

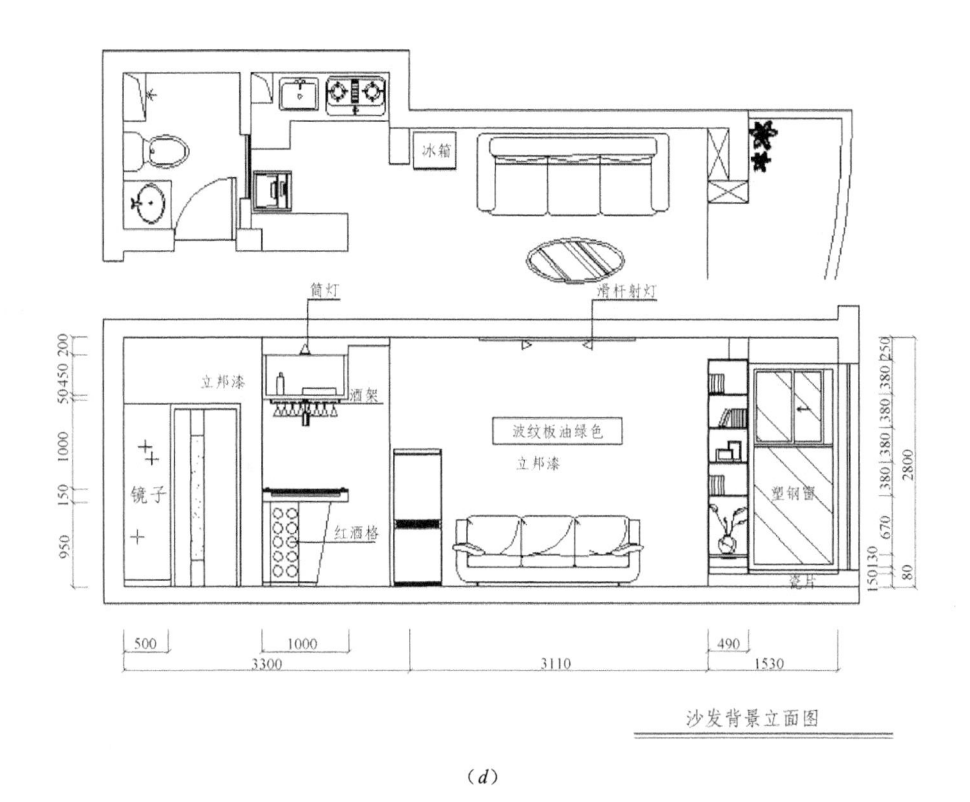

图 9-1 建筑装饰施工图（三）

（d）沙发背景立面图

  绘制建筑装饰施工图，应以国家统一规范（见附录 A）作为基本的绘图原则，对"标准"中未提及的内容，应遵循图纸分类详尽、细节表述清楚的原则，确保整套图纸在符号、文字、标注及索引图标等方面的统一性和易读性。

  但在绘制装饰施工图中，对于局部图示，可在细节描绘上更细腻一些，例如对肌理、玻璃质感、金属的抛光线的表现等，以增强图纸的直观性。建筑装饰施工图的尺寸标注相对于建筑施工图更灵活，可只标注与装饰施工有关的尺寸，并允许施工操作人员在施工过程中根据现场的实际情况调整相应尺寸。此外，建筑装饰施工图允许某些图示内容的不确定性。例如，家具、家电及摆设等物品在施工图纸中只提供大致构思及尺度上的参考，可因现场情况调整。

9.1 工程样板文件

9.1.1 工程样板文件简述

  每次用户在打开一个新文件绘图前，都必须首先设定图形界限、单位、图层特性、字体样式、尺寸标注格式的参数和属性，以及绘制图框块等，操作重复繁琐。为提高绘图效率，AutoCAD 为用户提供了一个创建样板文件的功能，可把这些有可能重复操作的内容统一保存在一个样板文件中。用户在 AutoCAD 中只需选择打开该样板文件，就可以继承该样板图的所有设置的变量和信息，在该样板原先的属性设置基础上绘图。这既可以大大节省设置时间，还可以使各个图形文件的规范和标准统一。

样板文件的保存格式为*.dwt。用户每次在 AutoCAD 中单击下拉菜单中"文件"→"新建"一项后弹出的"选择样板"对话框默认路径中的文件，都是*.dwt 格式的样板文件。它们是 AutoCAD 自带的样板文件，保存于"/AutoCAD200×（版本号）/Template"文件夹下，但由于这些样板文件并不完全符合我国的制图标准，因此用户应针对个人需要为自己量身定制一些样板文件。只要将设置好的样板文件以*.dwt 的格式保存至 AutoCAD 模板文件夹 Template 目录下，即可建立一个新样板。

.dwt 文件与.dwg 文件是有区别的。*.dwt 文件是一个包含了一定的绘图环境但并未绘制图形实体的文件，作为模板使用。而*.dwg 文件则是包含了图形实体的文件，是保存 AutoCAD 图形文件的通用格式。通常，样板文件应包含以下的基本设置：

（1）图形界限。
（2）单位。
（3）坐标（默认世界坐标系）。
（4）图层设置。
（5）文字样式。
（6）尺寸标注样式。
（7）加载线型。
（8）草图设置。

样板文件中的有关参数设置并不是唯一不变的。用户在调用样板文件后，仍可根据所绘制图纸的实际情况对各参数进行修改。

下面，我们以重新设置 acadiso.dwt 样板文件（AutoCAD 自带样板）为例，设置并建立一个适用于建筑装饰施工图的样板文件。

9.1.2 设置图形界限和单位

1. 设置单位

具体操作步骤如下：选择菜单"格式"→"单位"，弹出如图 9-2 所示"图形单位"对话框。各选项设置如图 9-2 所示。单击"确定"按钮，结束设置。

提示：通常，建筑施工图以"毫米"为单位，因此，长度精度设为"0"即可。

2. 设置图形界限

具体操作步骤如下：

（1）选择菜单"格式"→"图形界限"，光标旁出现提示："重新设置模型空间界限：制定左下角点"，输入：0，0（见图9-3），回车确认。

（2）屏幕提示："指定右上角点

图 9-2　"图形单位"对话框

<420,0000,297,0000>"[原设置的图形区域为(0,0)和(420,297)两点],输入:20000,20000(见图9-4),回车确认。

提示:第二点的坐标可视所绘图形的总体大小来确定,一般应稍大于总体长宽。

操作如下:

工具栏:标准→缩放按钮右下角的黑色三角形→全部缩放(见图9-5)。

图9-3 指定左下角点

图9-4 指定右上角点　　　　　　　　图9-5 "全部缩放"按钮

9.1.3 设置图层、加载线型

图层的概念、设置及线型设置参见第3章相关内容。

通常,在建筑施工图中,至少应设置墙、轴线、门窗线、家具、文字、标注等图层。其中轴线层的线型应设为"点划线",如图9-6所示。为方便打印输出,各图层的颜色尽可能互不相同,尤其是"墙"层的颜色,应区别于其他所有图层。因为在建筑制图规范中,剖切到的墙线均为粗实线,而门窗等其他线条均为细实线。

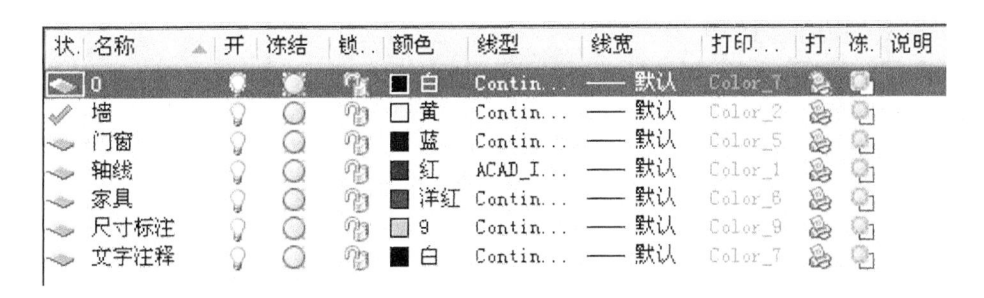

图9-6 设置图层

提示:

(1)为了方便打印输出中的"笔端设置",各层的颜色应尽量选用1~9号颜色,即图9-7中椭圆框内的颜色。

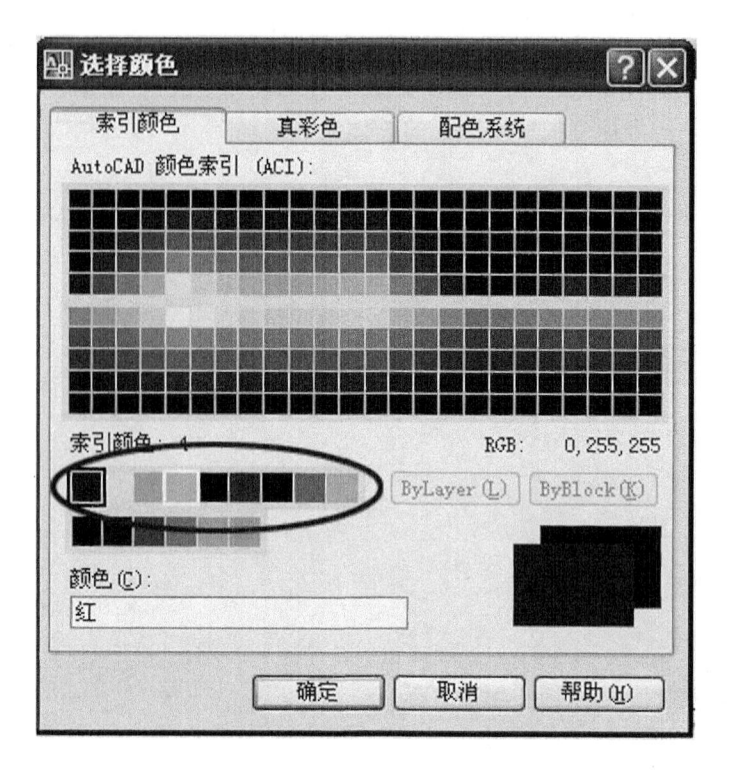

图 9-7 "选择颜色"对话框

（2）在建筑施工图中，通常只需加载两种线型：点划线和虚线（见图9-8）。

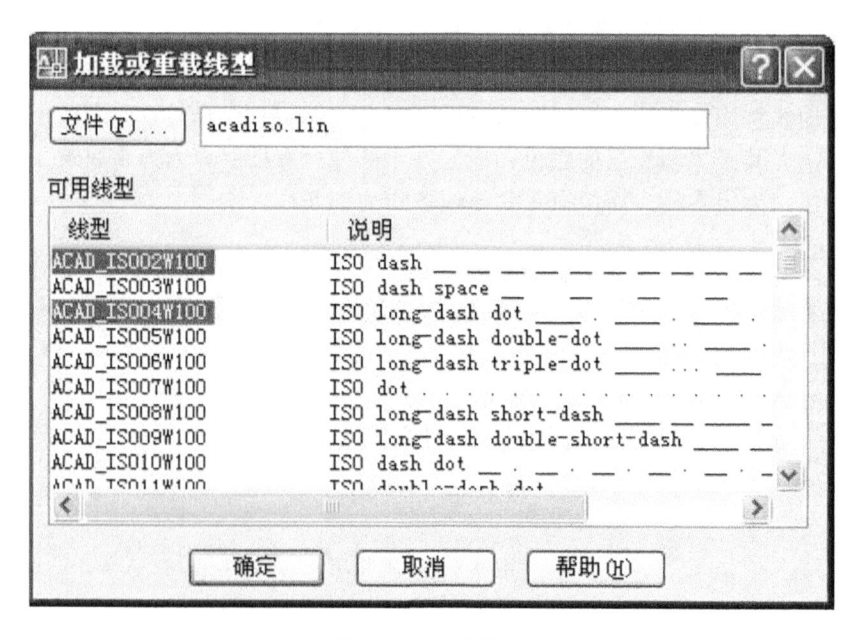

图 9-8 加载线型

（3）设置线型全局比例因子：50（见图 9-9）。在建筑施工图中，通常按出图比例估计比例因子的数值，一般在 50～100 之间。

118

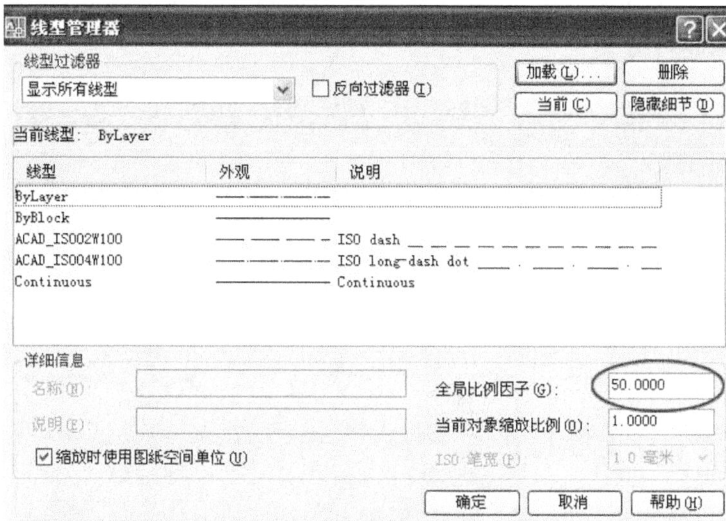

图 9-9 设置线型全局比例因子

9.1.4 设置文字样式

AutoCAD 的文字默认样式 Standard（标准）并不能输入汉字，输入字母的字体也不符合国家相关制图标准，因此，在绘制建筑施工图前，须先完成对文字样式的设置，建立符合建筑标注规范的文字样式。

在建筑施工图中，对于标注的文本对象、数字以及字母等都会有一定的字体要求。用户可通过文字样式设置工具分别创建仿宋体、宋体、数字和字母四种文字样式，用于输入汉字、数字和字母。

具体操作步骤如下：

（1）菜单："格式"→"文字样式"。或单击按钮，弹出如图 9-10 所示的"文字样式"对话框。

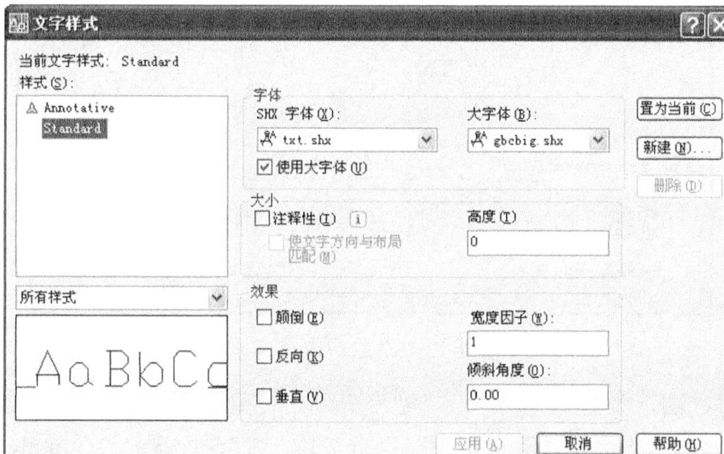

图 9-10 "文字样式"对话框

119

（2）单击"新建"按钮，在弹出的"新建文字样式"对话框中输入"仿宋体"，单击"确定"按钮，如图9-11所示。

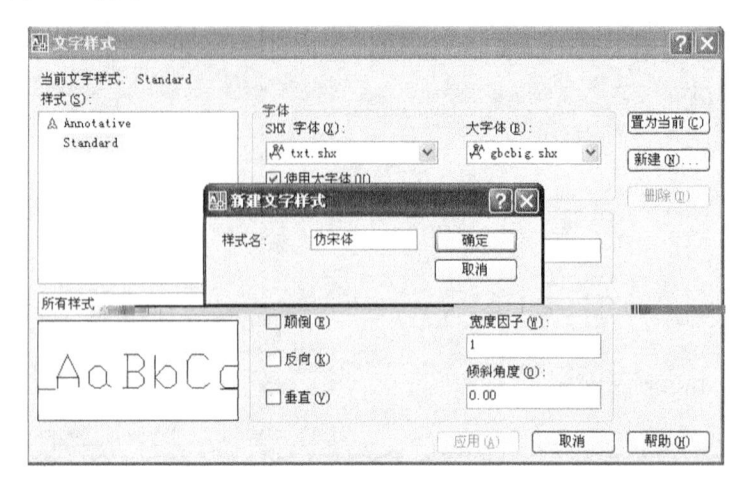

图9-11　新建文字样式

（3）将"使用大字体"的勾选取消，在"字体名"下拉列表中选择"T仿宋__GB2312"。

提示：选择字体名时，不要选成"T@仿宋__GB2312"字体样式，添加"@"符号的字体，表示文字将竖向排列。

（4）在对话框中调整仿宋体的字体属性，将宽度比例改为0.8（输入值为1则字体形态为正方形，小于1时则字体呈瘦高形态）；"高度"值保持为0，"倾斜角度"也保持为0。

（5）单击"应用"按钮，将仿宋体样式添加到该文件中，如图9-12所示。

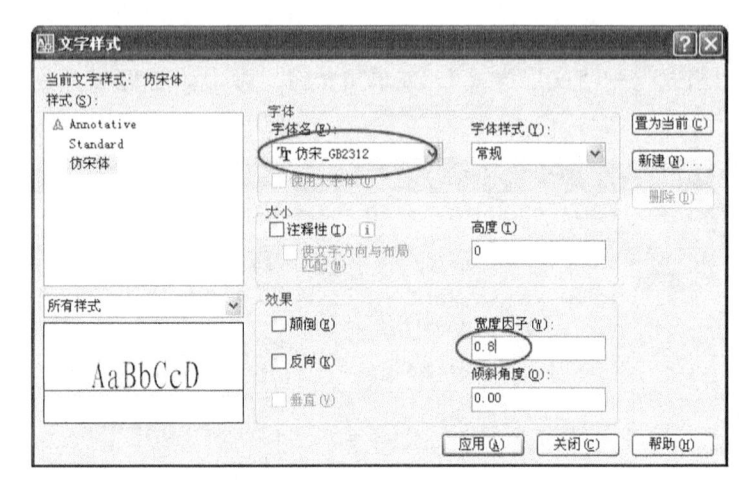

图9-12　添加仿宋体样式

（6）以相同方法，设置"宋体"、"数字"和"字母"样式。其中，"宋体"选择"T宋体"为字体，"数字"选择"Simplex.shx"为字体，"字母"选择"Complex.shx"为字体；"宋体"和"数字"样式的高度、宽度比例、倾斜角度的属性设置与"仿宋体"相同；"字母"样式的高度、倾斜角度的属性设置仍为0，宽度比例值为1。

（7）单击"应用"按钮添加字体样式。
（8）单击"关闭"按钮结束文字设置。

9.1.5 设置尺寸样式

为建筑施工图设置符合标准的标注样式。

具体操作步骤如下：

（1）将尺寸层置为当前层。

（2）单击下拉菜单："格式"→"标注样式"，或单击按钮，在弹出的"标注样式管理器"对话框中，单击"新建"按钮，在弹出的"创建新标注样式"对话框中，为新样式命名为"标注100"，单击"继续"按钮，如图9-13所示。

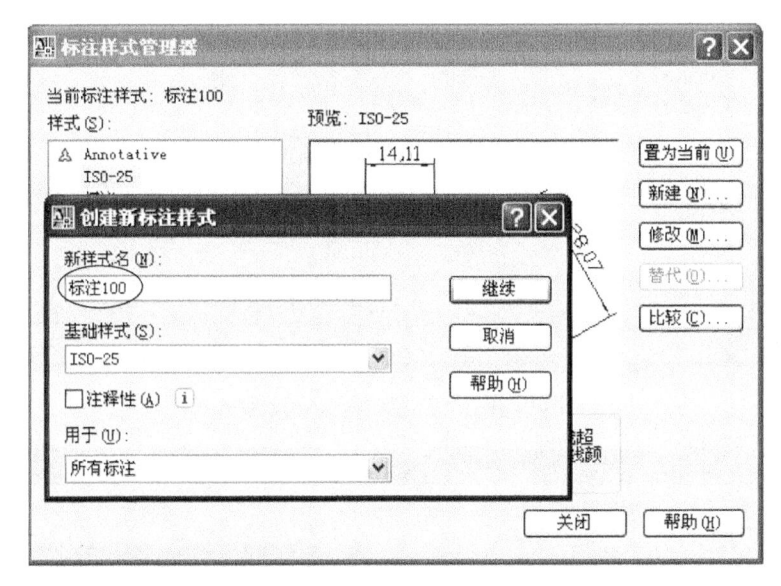

图 9-13 创建新标注样式

（3）在"新建标注样式"对话框中，切换到"符号和箭头"选项卡，将箭头第一个和第二个标记改为"建筑标记"，引线标记改为"点"，"箭头大小"的值设为"1"，如图9-14所示。

（4）单击"线"选项卡，尺寸线的颜色设为ByLayer（随层），"超出标记"值设为"1"；尺寸界限的颜色也设为ByLayer（随层），"超出尺寸线"设为"2"，"起点偏移量"设为"3"，如图9-15所示。

（5）单击"文字"选项卡。将"文字样式"设为"数字"，将"文字颜色"设为ByLayer（随层），"文字高度"设为3，"从尺寸线偏移"设为1，如图9-16所示。

（6）单击"调整"选项卡。在"调整选项"中选择"文字始终保持在尺寸界线之间"，在"文字位置"中选择"尺寸线上方，不带引线"。在"使用全局比例"中输入100，如图9-17所示。

（7）单击"主单位"选项卡，将"线性标注"的"精度"值改为0；将"角度标注"的"精度"值改为0.00。单击"确定"按钮，如图9-18所示。

121

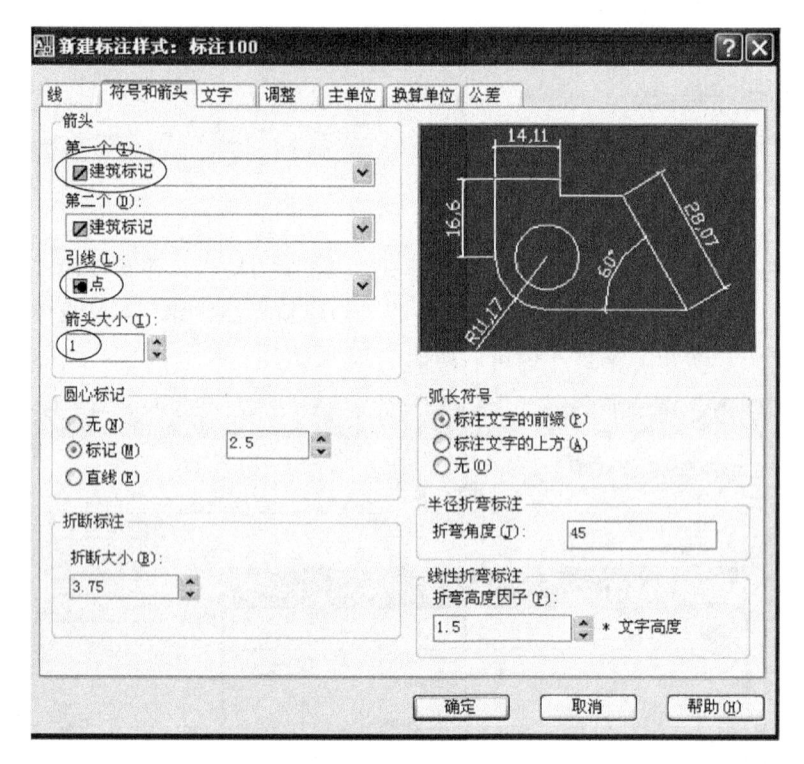

图 9-14 "符号和箭头"选项卡

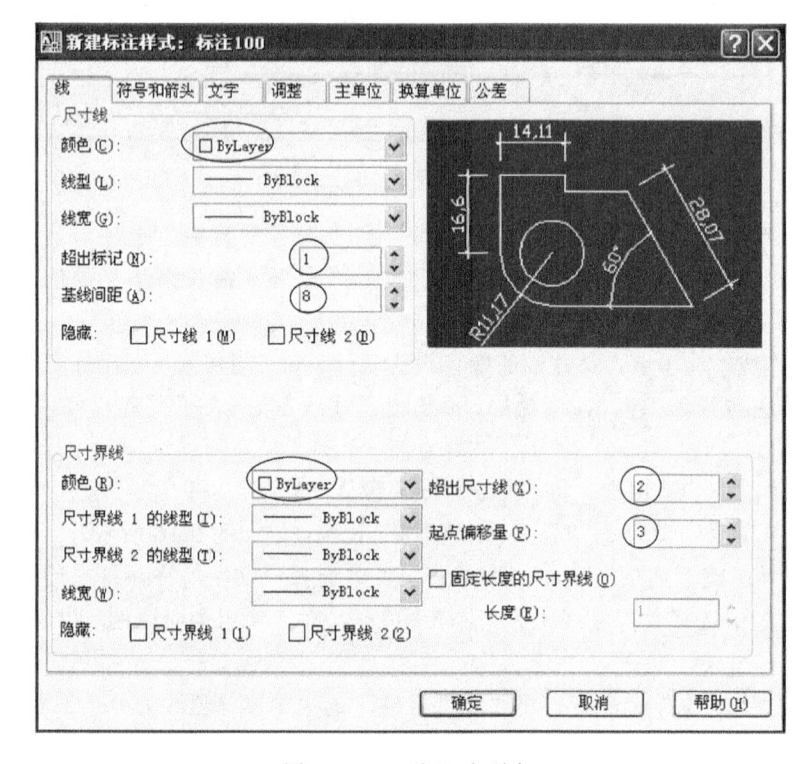

图 9-15 "线"选项卡

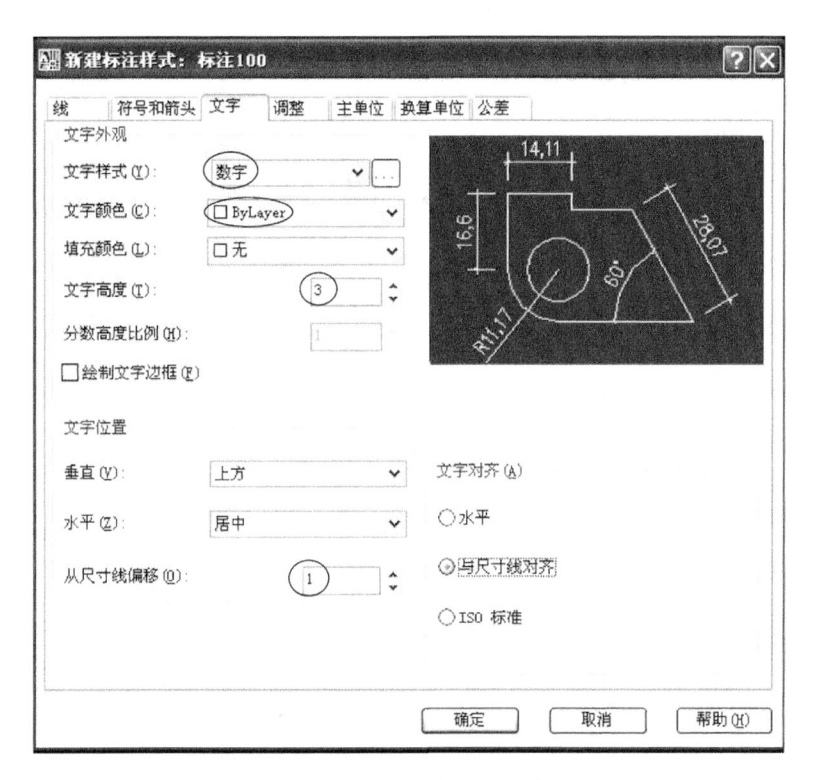

图 9-16 "文字"选项卡

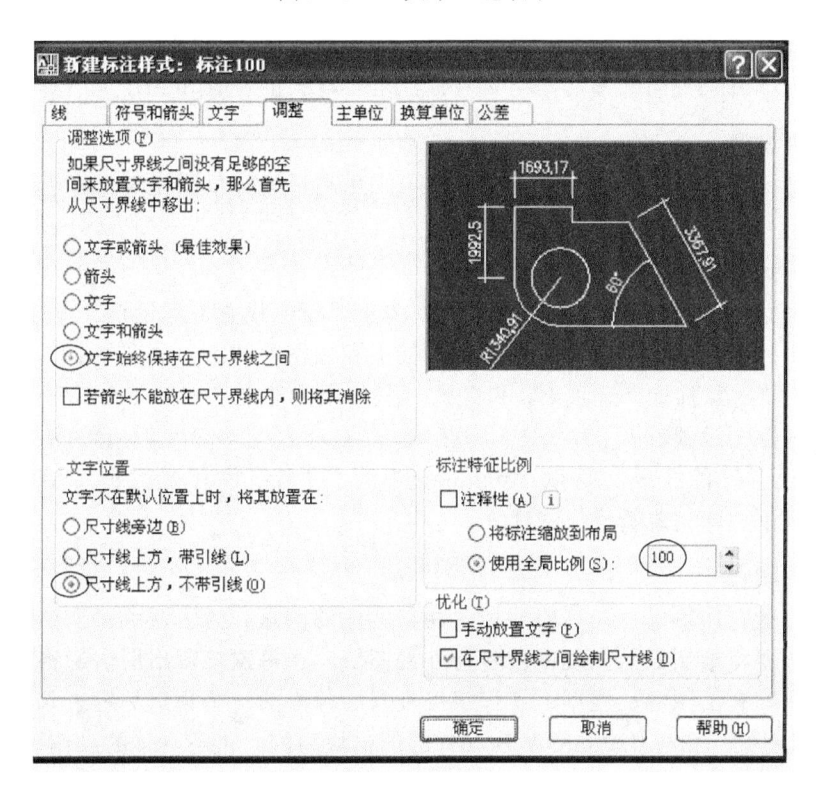

图 9-17 "调整"选项卡

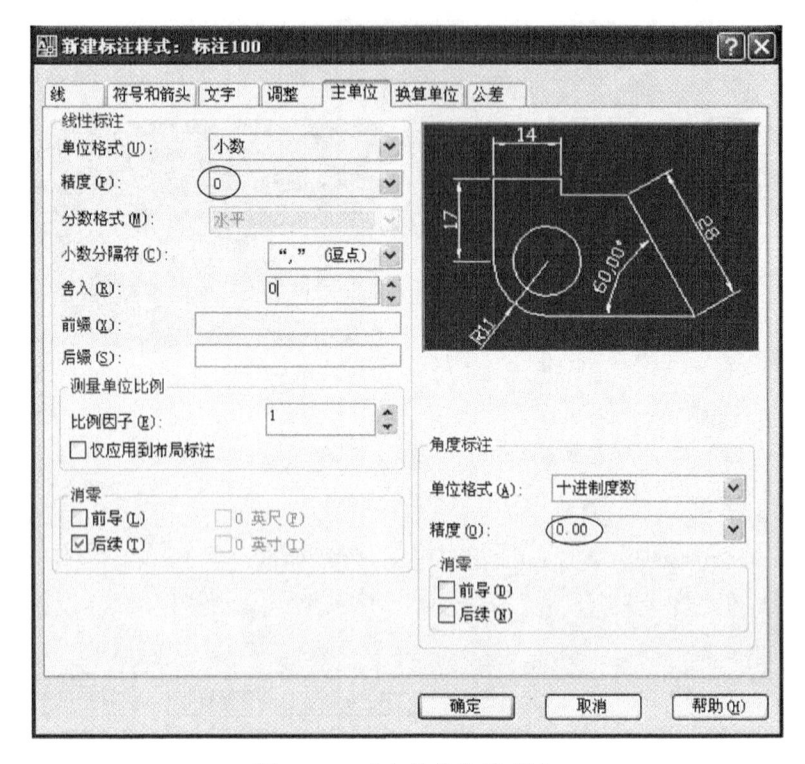

图 9-18 "主单位"选项卡

（8）返回"标注基本样式"主对话框，可以看到"标注基本样式"的样式预览及对其属性的说明。单击"关闭"按钮，结束对标注基本样式的设置和保存。

9.1.6 草图设置

在第 1 章中曾介绍过草图设置。在本节中，用户可通过草图设置为样板文件设置捕捉特性。

具体操作步骤如下：

（1）选择菜单"工具"→"草图设置"，弹出"草图设置"对话框。

（2）单击"捕捉和栅格"选项卡，设置捕捉和栅格的间距，如图 9-19 所示。

（3）单击"对象捕捉"选项卡，可勾选一些常用的捕捉点，如图 9-20 所示。单击"确定"按钮完成草图设置。

将以上设置好的样板文件以"mytplate.dwt"的名字保存至 AutoCAD 模板文件夹 Template 目录下，即完成新样板的建立。

9.1.7 绘制图框

在施工图的打印输出前，一般要插入相应幅面的图框。为了避免每次出图时重复绘制图框，通常需要将绘制好的图表框创建为外部图块，在每次打印出图前，将合适的图框块插入文件即可。有关图幅、线型、工程字以及尺寸标注的一些规定见附录 A。下面我们以创建 A3 横式图纸（图幅 420mm×297mm）的图框块为例，讲解具体的操作步骤。

1. 绘制 A3 图框

绘制步骤如下：

图 9-19 "捕捉和栅格"选项卡

图 9-20 "对象捕捉"选项卡

(1) 单击"文件"→"新建",选择 mytplate.dwt 样板文件。

(2) 新建图层"图框",并置为当前层。

(3) 使用"矩形"命令,在绘图窗口以坐标原点为矩形的左下角点,绘制一长度为 420mm、宽度为 297mm 的矩形(A3 图纸的幅面尺寸),如图 9-21 所示。

命令行操作提示如下:

命令:REC(执行矩形命令并按回车键)

指定第一个角点或 [倒角(C)/标高(E)/圆角(F)/厚度(T)/宽度(W)]:0,0 [指定矩形左下角坐标为绝对直角坐标(0,0)并按回车键]

指定另一个角点或 [尺寸(D)]:@420,297 [指定矩形右上角点坐标为相对直角坐标(@420,297)并按回车键]

(4) 绘制左下角点坐标为(25,5),右上角点坐标为(@390,287)的矩形作为 A3 图纸的图框,如图 9-22 所示。

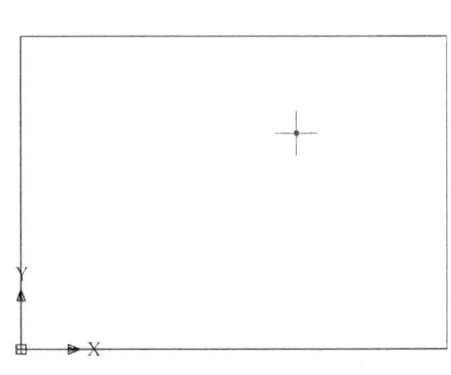

图 9-21　绘制 A3 图纸的图幅 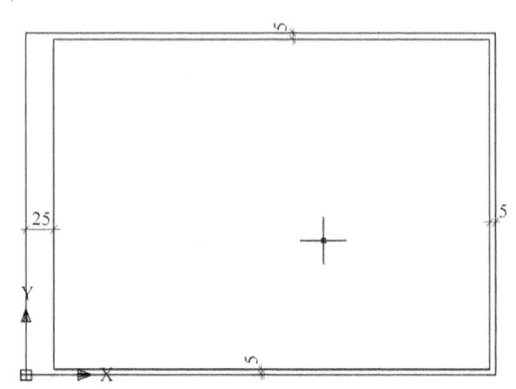　　　　图 9-22　绘制 A3 图纸的图框线

2. 绘制标题栏

标题栏也称图标。国家相关标准对标题栏的格式作了统一规定(见附录 A)。在校学习期间,建议采用如图 9-23 所示的格式。

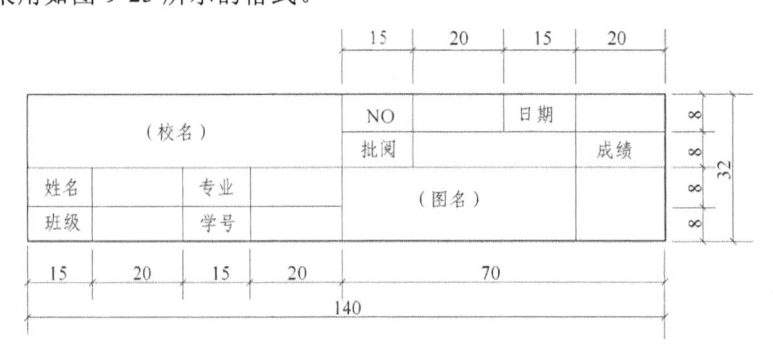

图 9-23　标题栏

具体绘制步骤如下:

(1) 再次执行矩形命令。确认已打开对象捕捉模式,捕捉 A3 图纸图框的右下角点后单击,设定为该矩形的第一点,在命令行为另一个角点指定坐标为(@-140,32)。绘制标

题栏的外框，绘制结果如图9-24所示。

（2）由于矩形属于多段线，各段均不能单独编辑，因此需要将其分解开，分为4条独立的线段。

命令行操作提示如下：

命令：EXPLODE（执行分解命令并按回车键）

选择对象：（单击矩形并按回车键结束分解命令）

（3）使用"偏移"命令定位出标题栏的分格线。

首先，选择矩形上部的外轮廓线为偏移的基准点，绘出标题栏的行间隔。由上至下偏移出如图9-25所示的距离。

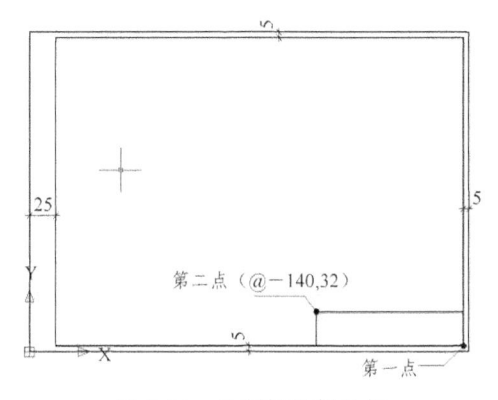

图9-24 绘制标题栏外框　　　　图9-25 绘出标题栏的行间隔

命令行操作提示如下：

命令：O（输入O命令并按回车键）

OFFSET指定偏移距离或［通过（T）］＜通过＞：8（输入要偏移的距离8并按回车键）

选择要偏移的对象或＜退出＞：（光标单击要偏移的基准线段A）

指定点以确定偏移所在一侧：（将光标移至线段A下方单击，指定偏移的方向，生成线段A1，按相同方法偏移出A2、A3线段，按回车键或取消键退出命令）

选择矩形左侧的外轮廓线作为偏移的基准点，绘出标题栏的列间隔。

命令行操作提示如下：

（按回车键再次执行偏移命令）

命令：OFFSET

指定偏移距离或［通过（T）］＜8＞：15（将偏移距离改为15并按回车键）

选择要偏移的对象或＜退出＞：（光标单击要偏移的基准线段B）

指定点以确定偏移所在一侧：（将光标移至线段B右侧单击，指定偏移的方向，生成线段B1）

（按回车键再次执行偏移命令）

以相同方法由左至右偏移出线段B2～B7，间距分别为20、15、20、15、20、15。结果如图9-26所示。

（4）使用修剪命令，修剪出如图9-27所示的图形。

127

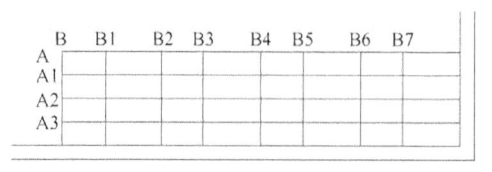

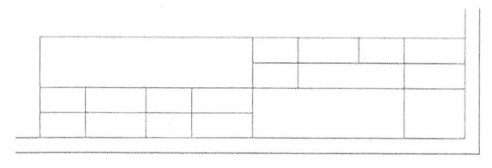

图 9-26　偏移线段　　　　　　　　　图 9-27　标题栏绘制结果

命令行操作提示如下：

命令：TR（输入修剪命令并按回车键）

当前设置：投影—UCS，边—延伸

选择剪切边：（按回车键，选择所有线段）

选择要修剪的对象，或按住 Shift 键选择要延伸的对象，或 [投影（P）/边（E）/放弃（U）]：（依次选择要剪切的线段，按回车键结束命令）

结果如图 9-27 所示。

（5）在建筑制图标准中，图框应使用粗实线绘制，所以需选择图框的 4 条边线，在线宽特性工具栏中为它们单独设定线的宽度。单击图框 4 条边线（见图 9-28），在对象特性工具栏中的线宽下拉菜单中单击"0.35 毫米"一项。此时，绘图窗口中图框线并无变化，这是因为状态栏中的"线宽"按钮处于关闭状态，单击该按钮可以进行查看，为避免显示线宽为作图过程带来干扰看完后可再次将其关闭。

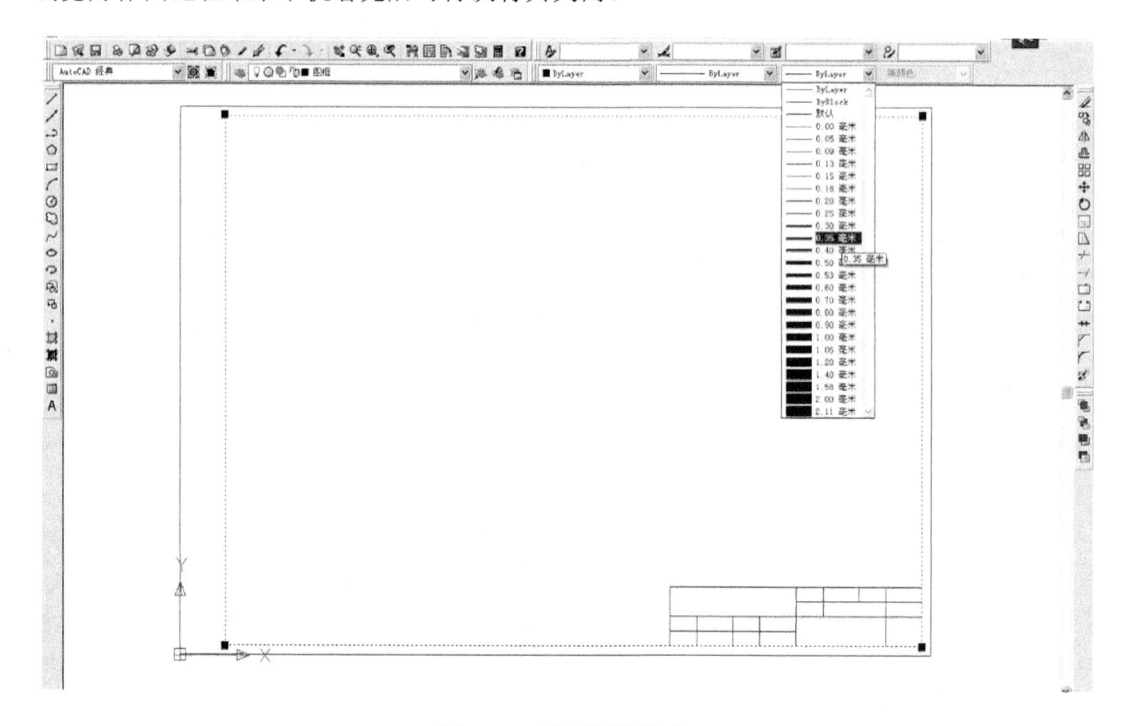

图 9-28　设置图框线宽

3. 填写标题栏的标题名

（1）在图 9-29 所示的灰色矩形中输入文字"姓名"。

128

命令行操作提示如下：

命令：T（输入多行文字命令，并按回车键）

指定第一角点：（捕捉标题栏"姓名"一格的左上角点）

指定对角点或［高度（H）/对正（J）/行距（L）/旋转（R）/样式（S）/宽度（W）/栏（C）］：J（输入 J，并按回车键）

输入对正方式［左上（TL）/中上（TC）/右上（TR）/左中（ML）/正中（MC）/右中（MR）/左下（BL）/中下（BC）/右下（BR）］<左上（TL）>：MC（输入 MC 并按回车键）（或直接在下拉菜单中选择"正中"，如图 9-30 所示）

指定对角点或［高度（H）/对正（J）/行距（L）/旋转（R）/样式（S）/宽度（W）/栏（C）］：（捕捉标题栏"姓名"一格的右下角点）

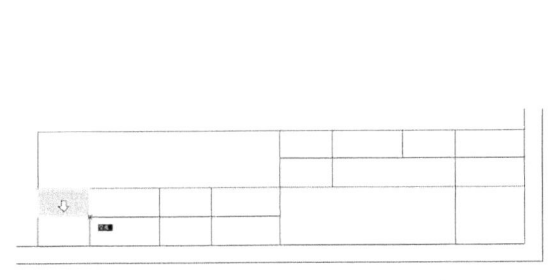

图 9-29　在灰色矩形中输入文字　　　　图 9-30　设置文字对正方式

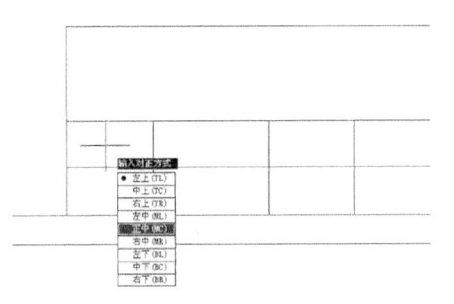

（2）选定多行文字的输入区域后，在弹出的"文字格式"对话框中确认文字格式为仿宋体，将文字高度改为 4，在文本编辑框内输入"姓名"字样，如图 9-31 所示。单击"确定"按钮。

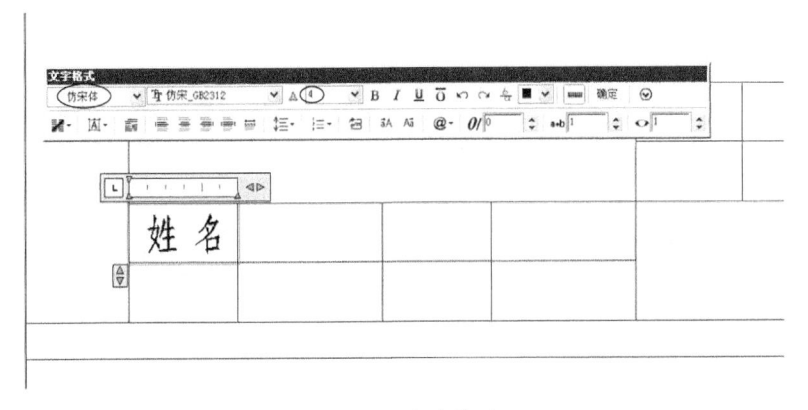

图 9-31　设置文字格式

（3）用"多段线"命令（PL）绘制文字正中对正的参照线，即每个矩形空格的对角线。如图 9-32 中的虚线所示。

提示：为了便于日后的删除，应尽可能使各空格的对角线首尾相连，减少多段线的条数，

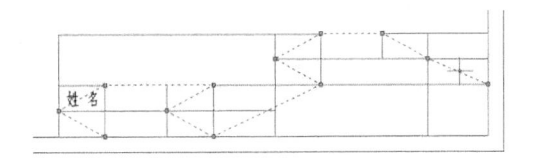

图 9-32　绘制文字正中对正的参照线

129

如图 9-32 中只有一条多段线。

（4）使用"复制"命令，将"姓名"文本复制到各个题名框中。捕捉各题名框中多段线的中点，作为复制的基点和位移的插入点。

命令行操作提示如下：

命令：CO（输入复制命令并按回车键）

选择对象：（选择"姓名"文本并按回车键）

指定基点或位移：指定位移的第二点或<用第一点作位移>：（单击"姓名"一栏的多段线的中点，如图 9-33 所示）

指定位移的第二点：（依次单击各多段线的中点，按回车键结束复制，绘制结果如图 9-34 所示）

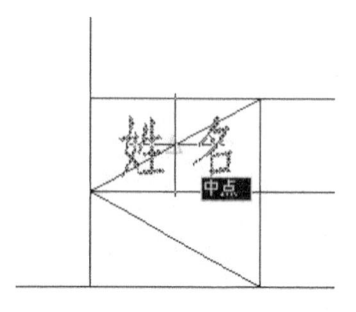

图 9-33　点取多段线的中点

图 9-34　"姓名"文本复制结果

（5）使用"删除"命令删除多段线。

（6）修改各题名框中的标题名。只需将光标在要修改的文本上双击便可打开"文字格式"对话框。在文本编辑框内选择原有文本，使其反白显示，即可输入新的文本。题名栏中各标题名内容修改的结果如图 9-35 所示。

4. 将 A3 图框写块

之前虽然已为标题栏的各栏设置了标题名，但是每一个标题后的填写项仍为空白，这是因为这些文本内容会根据图纸内容的不同而有差别。这时，用户可以为这些留空的填写栏定义属性，来提高将来写入文本的效率。

具体操作步骤如下：

（1）为了实现文本与其输入范围之间的标准对正，同样要为这些空白栏绘制对正的辅助线（多段线）。如图 9-36 中虚线所示。

图 9-35　各标题名内容修改结果

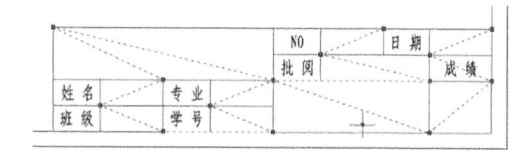

图 9-36　添加空白栏的对正辅助线

（2）单击下拉菜单"绘图"→"块"→"定义属性"，如图 9-37 所示。

（3）在弹出的"属性定义"对话框中，在"标记"一栏可输入一临时名称（"某某学校"），在"提示"一栏输入"学校名称"，将"对正"样式选择为"正中"，将"文字样式"选择为宋体，在"高度"一栏输入 6，设置如图 9-38 所示，单击"确定"按钮。

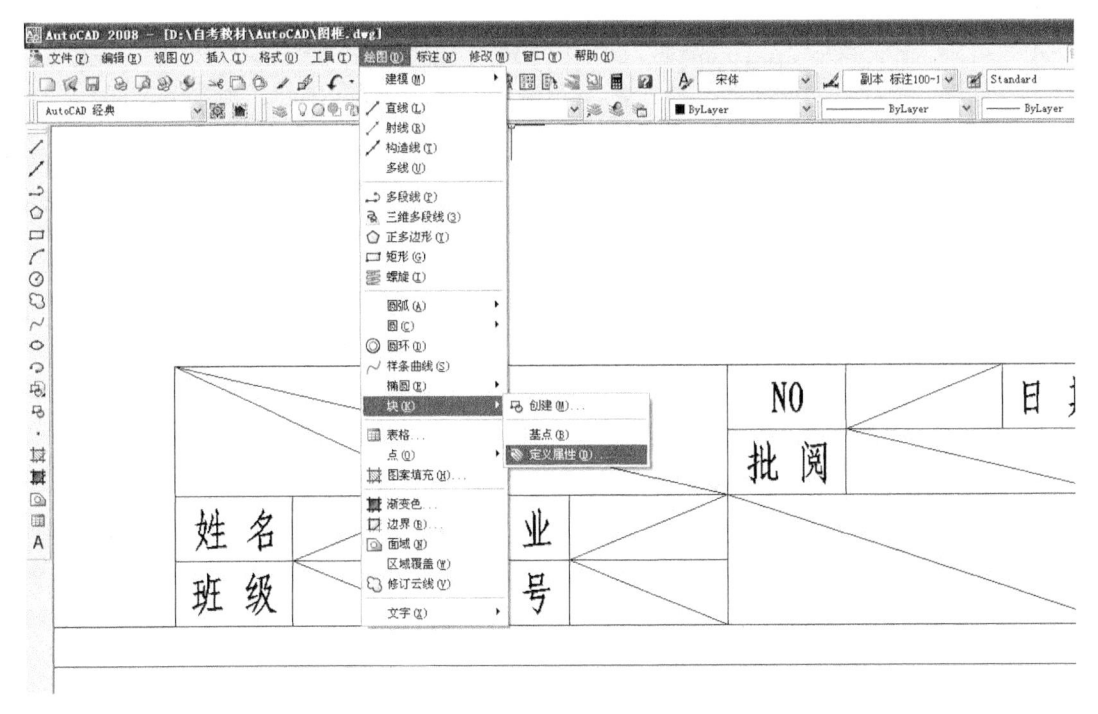

图 9-37 点取"定义属性"菜单

（4）捕捉"校名"栏中多段线的中点作为插入点单击，如图 9-39 所示，则文本填入该栏的效果将如图 9-40 所示。（注：校名栏中的"某某学校"只是一个代号，它起的是参考提示的作用。）

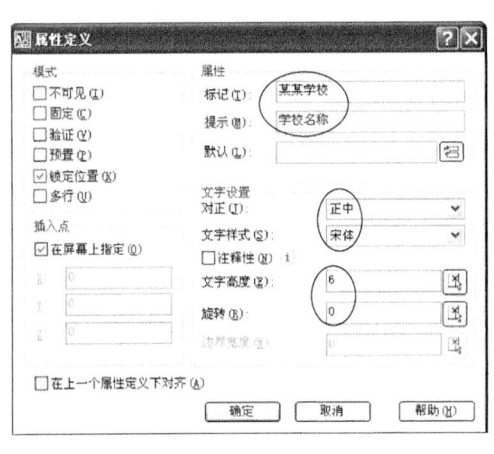

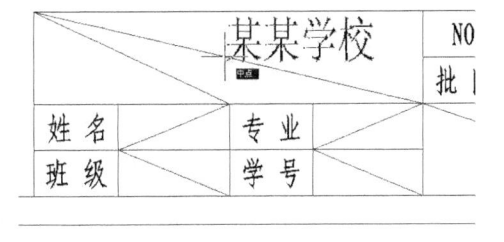

图 9-38 "属性定义"对话框　　　　　　　图 9-39 捕捉多段线的中点

（5）按相同的步骤，分别对"图名"及"姓名"、"班级"、"专业"、"学号"、"NO"、"日期"、"批阅"后的空格进行属性设置，其中，"图名"格中的文字高度仍为 6，其余空格中的文字高度为 4，结果如图 9-41 所示。

（6）使用"删除"命令，删除图中的辅助多段线。使用"缩放"命令（Z）副选项中的"范围缩放"命令（E），使图框在绘图窗口最大化显示，如图9-42所示。

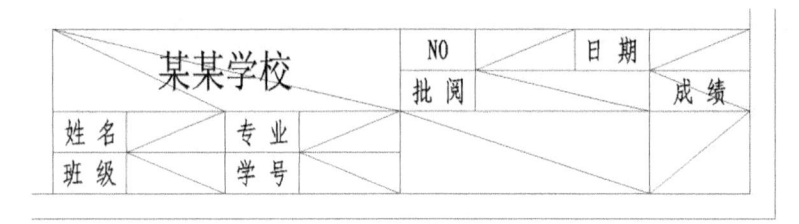

图9-40 填入的文本效果

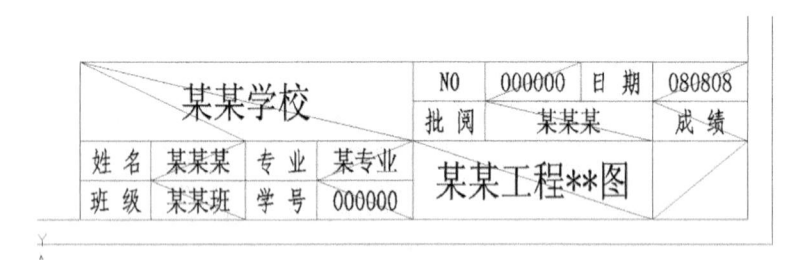

图9-41 属性设置

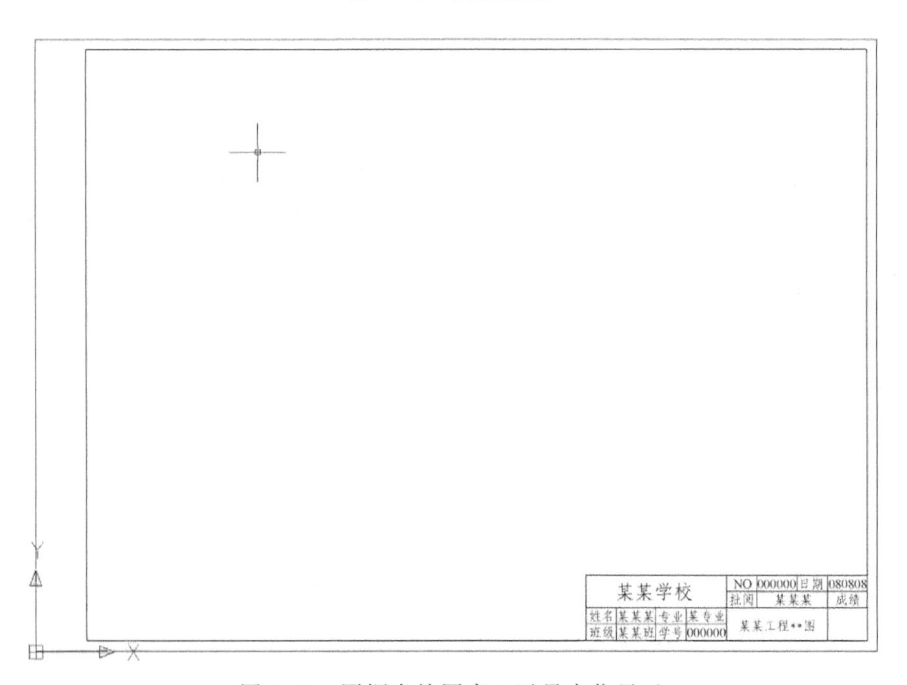

图9-42 图框在绘图窗口以最大化显示

（7）以上各步均完成后，就可以进入写块的环节。

具体操作步骤如下：

1）输入"写块"命令（W），并按回车键，弹出"写块"对话框，如图9-43所示。在"写块"对话框中，单击"拾取点"按钮，捕捉图幅的左下角点作为块的插入点。

2）单击"选择对象"按钮，用框选方式，选择A3图框的所有图形元素，按回车键

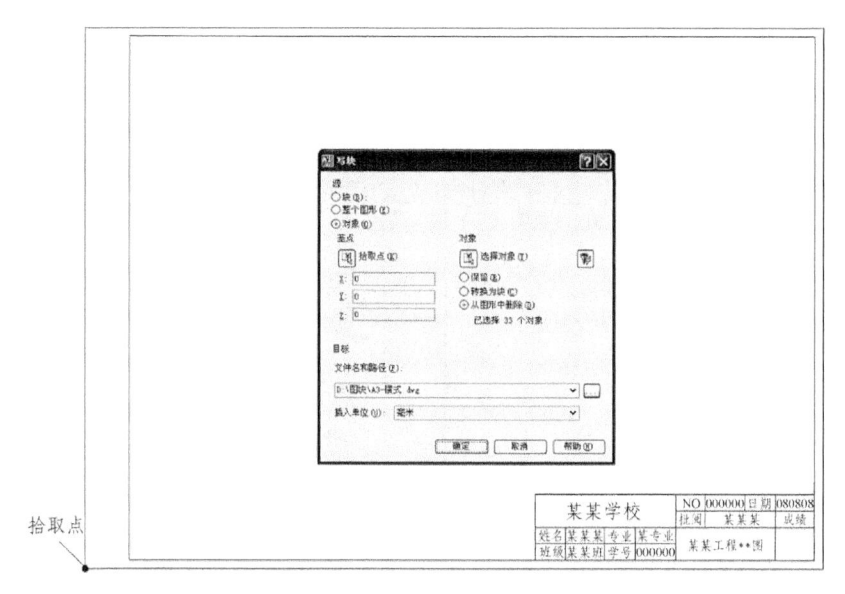

图 9-43 "写块"对话框

或单击鼠标右键返回对话框,勾选"从图形中删除"项。

3)在"文件名和路径"一栏中,为 A3 图框块指定保存的路径,单击"确定"按钮,完成写块命令。

5. 插入图框

下面通过使用"插入块"命令来演示如何将图框插入文件。

具体操作步骤如下:

(1)输入"插入块"命令(I),并按回车键。在弹出的"插入"对话框中"名称"一栏的后面点击"浏览",找到 A3 图框所在的文件夹,找到该文件,如图 9-44 所示。

(2)在"插入"对话框中,取消对"在屏幕上指定"的勾选,保持各轴坐标为 0,使插入的图框块的插入点位于坐标的原点上,如图 9-44 所示,单击"确定"按钮。

图 9-44 "插入"对话框

133

（3）在弹出的如图9-45所示的"编辑属性"对话框中，用户可为标题栏的各标题输入相关内容。不需填写内容的项目，留空即可。

（4）单击"下一个"按钮，可填写余下内容，如图9-46所示。

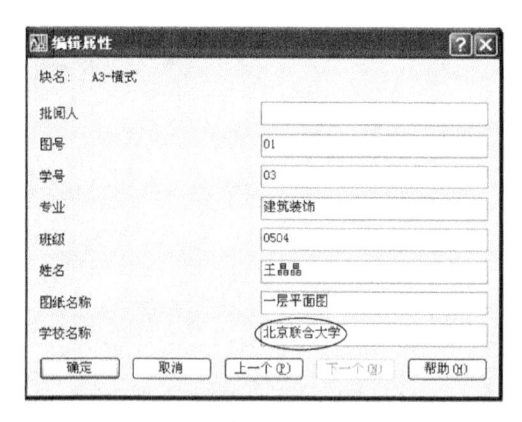

图9-45　"编辑属性"对话框（一）　　　　图9-46　"编辑属性"对话框（二）

（5）单击"确定"按钮结束设置，使用缩放工具察看效果，标题栏如图9-47所示。

图9-47　标题栏效果预览

提示：如果需要调整标题栏中的填写内容，只需在该图框块上双击即可打开如图9-48所示的"增强属性编辑器"。

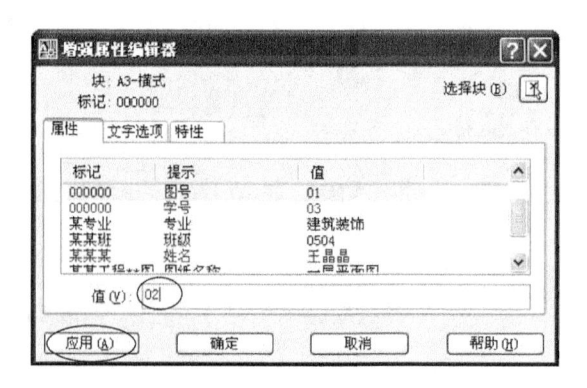

图9-48　"增强属性编辑器"对话框

在"增强属性编辑器"中，除了"属性"选项卡外，还有"文字选项"和"特性"选项卡，用户可切换到各选项卡对相应的值进行修改。

用户可使用本节的方法绘制 A0、A1、A2、A4 图纸的图框块并将图框块存入专门保存 CAD 图块的文件夹中。各图框的尺寸要求见附录 A。

9.2 绘制建筑原况平面图

建筑平面图是建筑施工中最基本的图样之一。它主要表现建筑物的平面形状、大小和房间的布置；墙或柱的位置、大小、厚度和材料；门窗的类型和位置等情况。一般包含以下内容：

（1）图名、比例、朝向。

（2）表示墙、柱、墩、内外门窗位置及编号，房间的名称或编号，轴线编号。

（3）注出室内外的有关尺寸及室内楼、地面的标高（首层地面为±0.000m）。

（4）其他构配件如阳台、雨篷、踏步、斜坡、通气竖道、管线竖井、烟囱、消防梯、雨水管、散水、排水沟和花池等位置及尺寸。

（5）画出卫生器具、水池、工作台、厨、柜、隔断及重要设备位置。

（6）表示地下室、地坑、地沟、各种平台、阁楼（板）、检查孔、墙上留洞、高窗等位置尺寸与标高。如果是隐蔽的或在剖切面以上部位的内容，应用虚线表示。

（7）画出剖面图的剖切符号及编号（一般只注在首层平面图上）。

下面，我们以图 9-49 所示的建筑平面图为例，来说明建筑平面图的绘制过程。

9.2.1 绘制轴线网

具体操作步骤如下：

（1）调用样板文件。单击"文件"→"新建"一项，或单击标准工具栏中的"新建"按钮。在样板文件中双击用户之前保存的 mytplate.dwt 文件。打开样板文件后，将文件另存为"建筑平面图.dwg"。

（2）粗略估算建筑的总长和总宽，若原样板文件的图形界限不适合本图的大小，可重新设置图形界限。图 9-49 所示图形的大小，粗估为（13000，18000），而样板文件的图形界限为（20000，20000），因此，不需修改。

（3）将轴线层置为当前图层

提示：轴线层的线型为点划线。

（4）使用"直线"命令（L）绘制水平定位轴线 A。

命令：L

指定第一点：（在屏幕左下角任意位置单击一点作为直线起点）

指定下一点或放弃（U）：15000（将光标水平向右移动，在命令行输入长度，按两次回车键结束命令）

提示：水平轴线的长度只要大于总体长度即可。

（5）观察直线，如发现该轴线不显示为"点划线"，则说明样板文件中的线型比例不合适，需修改线型设置中的"全局比例因子"。图 9-49 显示为"点划线"，说明比例合适，不需修改。

（6）同样方法绘制纵向定位轴线 1。长度值可输入为 20000，起点略超出水平轴线即可。如图 9-50 所示。

（7）用偏移工具绘制其他定位轴线。

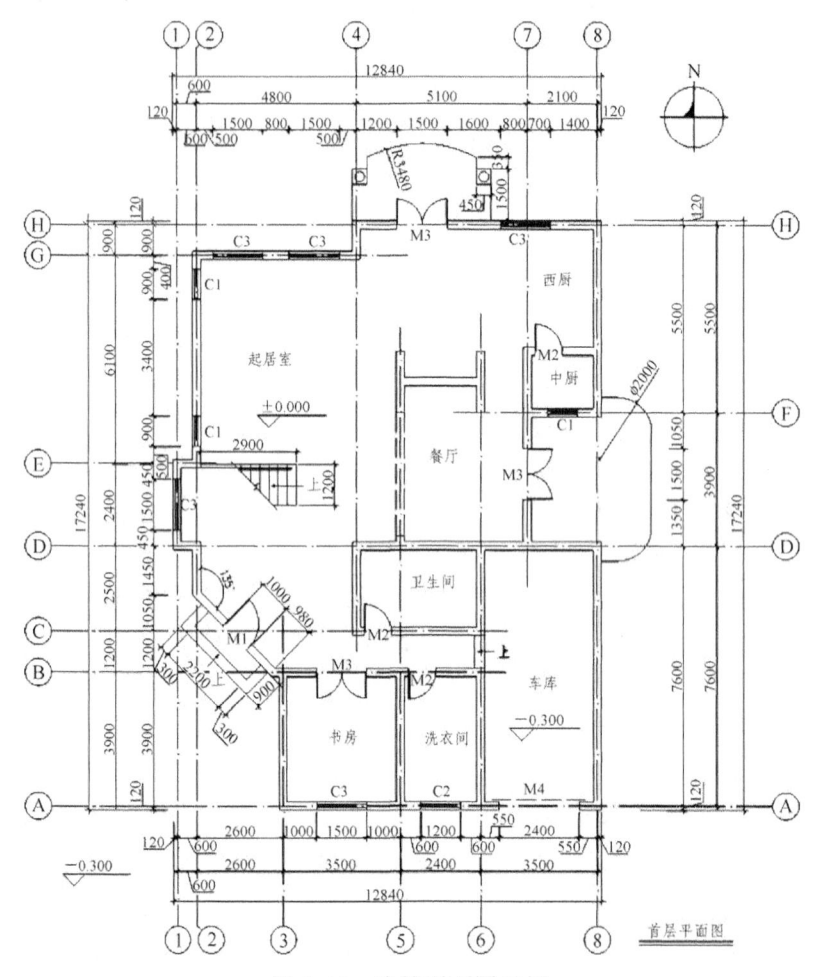

图 9-49 建筑平面图示例

以水平定位轴线为例，命令行操作提示如下：

命令：OFFSET（执行偏移命令，按回车键）

指定偏移距离或［通过（T）］：3900（输入轴线 B 与 A 之间的距离，按回车键）

选择要偏移的对象或<退出>：（选择基准轴线 A）

指定点以确定偏移所在一侧：（在基准轴线 A 上方单击）

选择要偏移的对象或<退出>：（按回车键两次重复执行偏移命令）

命令：OFFSET

指定偏移距离或［通过（T）］<3900>：1200（输入轴线 B 和 C 之间的距离，按回车键）

依此类推，最终完成如图 9-51 所示的轴线网。

9.2.2 绘制门窗洞口辅助线

为了便于用多线绘制墙线，需先用辅助线在轴线上标记门窗洞口的位置（即设定捕捉点）。以轴线 A 为例，来说明绘制辅助线的过程。

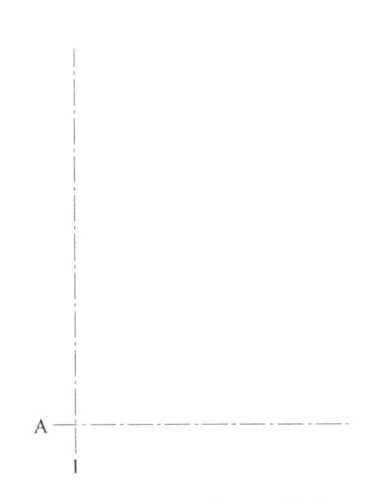

图 9-50 绘制纵向定位轴线 1 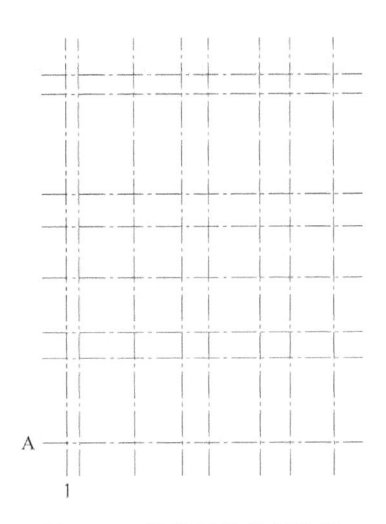　　　　　　　图 9-51 轴线网的绘制结果

（1）使用"偏移"命令，将轴线 1 向右偏移 1000mm，复制出第一个窗洞的左侧边线。将该线缩短后调整至"0"层，如图 9-52 中实线所示。

（2）连续使用偏移命令，复制出 A 轴上所有窗户的边线，如图 9-53 所示。

（3）以相同方法，绘制所有门窗洞口的边线。最后绘制无轴线墙的中心线及其门窗洞口的边线（或用打断命令修剪洞口）。结果如图 9-54 所示。

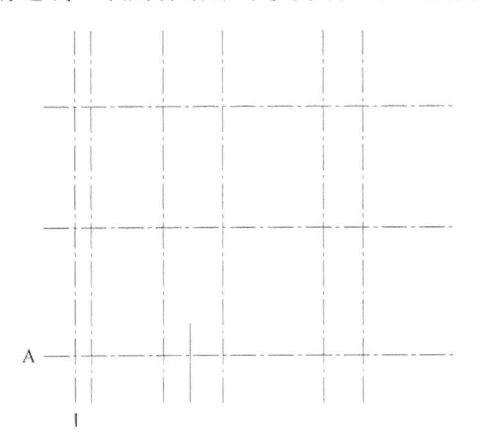

图 9-52 绘制第一个窗洞的左侧边线

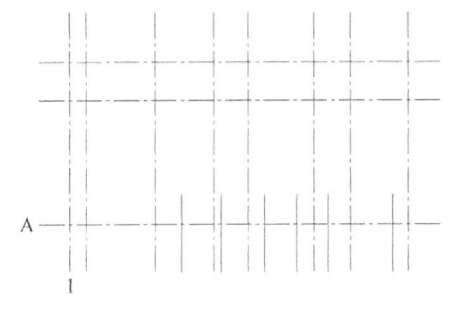

图 9-53 绘制 A 轴所有窗户的边线 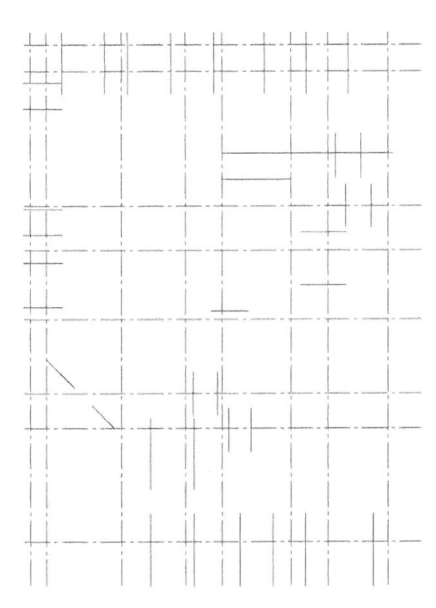　　　　　图 9-54 门窗洞口辅助线的绘制结果

9.2.3 绘制墙线和窗线

1. 设置多线样式

具体操作步骤如下：

(1) 选择"格式"→"多线样式"命令，打开"多线样式"对话框。

(2) 单击"新建"按钮，在"新样式名"中输入"墙"，如图 9-55 所示。

(3) 单击"继续"按钮，进入"多线特性"对话框，勾选直线的"起点"和"端点"，如图 9-56 所示。这样在使用该墙线样式绘制多线时，多线两端将自动封口。

(4) 单击"确定"按钮，回到"多线样式"对话框。

(5) 以相同方法添加多线样式"窗"。在如图 9-56 所示的"新建多线样式：窗"对话框中，单击"添加"按钮，在多线样式中增加 1 根线，将偏移值改为 0.2，依此法再次添加 1 根线，偏移值改为-0.2，如图 9-57 所示。

图 9-55　新建多线样式

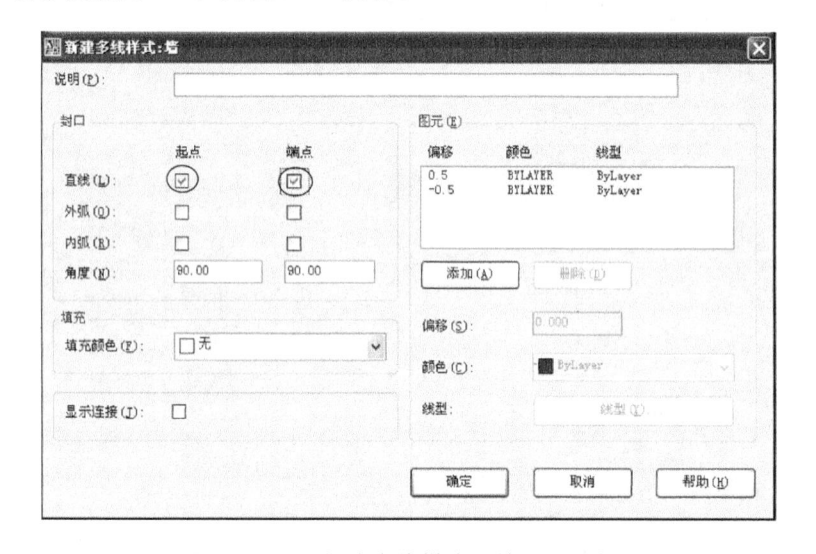

图 9-56　"新建多线样式：墙"对话框

(6) 单击"确定"按钮，回到"多线样式"对话框。将"墙"线"置为当前"。单击"确定"，结束多线样式的编辑。

2. 绘制墙体

(1) 确认当前图层为"墙"层，当前多线样式为"墙"。

(2) 在轴网上依次捕捉轴线网中任一连续线段的起点、转角点和端点，用多线工具绘制墙体。以 A 轴墙线为例，说明命令行操作过程如下：

命令：ML（执行多线命令，按回车键）

图 9-57 "新建多线样式：窗"对话框

当前设置：对正=上，比例=20，样式=墙线（当前多线的属性）
指定起点或［对正（J）/比例（S）/样式（ST）］：J（输入J，修改对正，按回车键）
输入对正类型［上（T）/无（Z）/下（B）］<上>：Z（输入Z，将对正方式改为"无"，按回车键）
指定起点或［对正（J）/比例（S）/样式（ST）］：S
输入多线比例 <20.00>：240
当前设置：对正=无，比例=240.00，样式=墙
指定起点或［对正（J）/比例（S）/样式（ST）］：（捕捉点a）
指定下一点：（捕捉点b）
指定下一点：（捕捉点c）
指定下一点：（捕捉点d，按两次回车键结束命令）
结果如图 9-58 所示。

（3）按回车键重复使用多线命令，绘制所有墙体，直至绘制完成。绘制结果如图 9-59 所示。

（4）关闭"墙"和"轴线"图层，删除所有门窗辅助线。打开"墙"和"轴线"图层后，结果如图 9-60 所示。从中可以看出，有些墙体连接处未能修剪完整。

3. 使用多线修改工具修剪墙线
具体操作步骤如下：
（1）暂时关闭轴线层避免干扰，继续保持在墙线层上工作。
（2）可将要修剪的位置局部放大，如

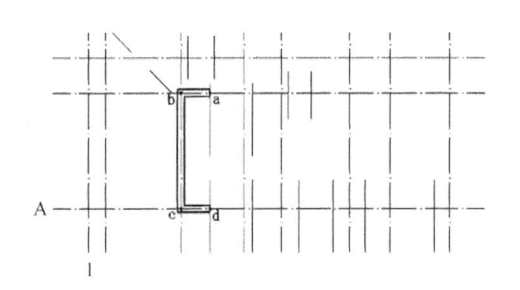

图 9-58 A 轴墙线绘制结果

图 9-61 所示。

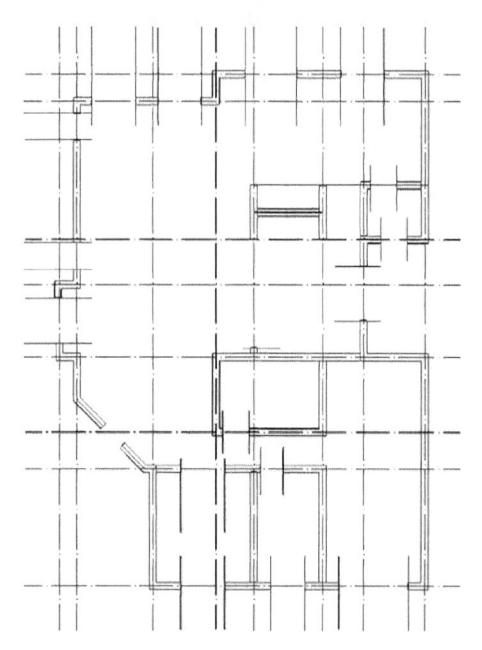

图 9-59 所有墙体绘制结果　　　　图 9-60 删除门窗辅助线后的墙体结构

（3）单击下拉菜单 "修改"→"对象"→"多线"，弹出"多线编辑工具"对话框。
（4）选择"T形合并"，单击"确定"按钮。
命令行操作提示如下：
命令：_MLEDIT（执行多线编辑命令，按回车键）
选择第一条多线：（单击多线1）
选择第二条多线：（单击多线2）（此时多线1和2的交接处被修剪）
选择第一条多线或[放弃（U）]：（此时可继续选择多线合并，方法同上）（单击多线3）
选择第二条多线：（单击多线4）
此后，依次选择多线1、5、6、7，结果如图9-62所示。

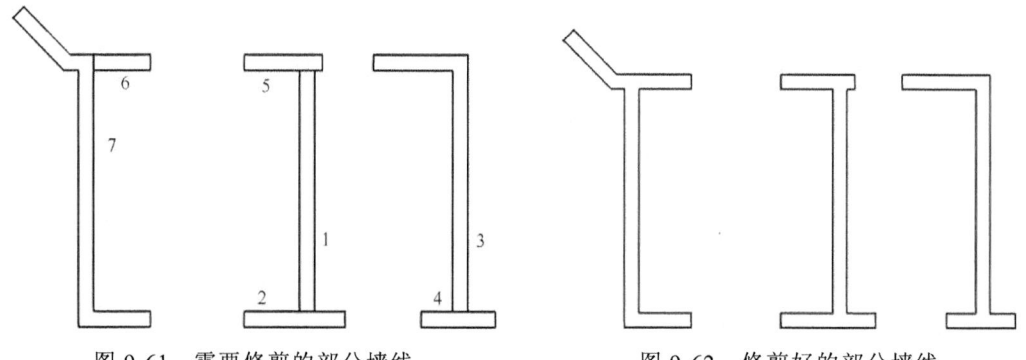

图 9-61 需要修剪的部分墙线　　　　图 9-62 修剪好的部分墙线

（5）经过多线编辑命令修改后的墙线如图9-63所示。

4. 绘制窗线

具体操作步骤如下：

（1）将当前图层设为"门窗"层。

（2）单击菜单"格式"→"多线样式"，打开"多线样式"对话框，将"窗"层设为当前层。

（3）返回绘图窗口，使用多线工具依次捕捉图纸中相应的窗户位置，绘制窗线。结果如图 9-64 所示。

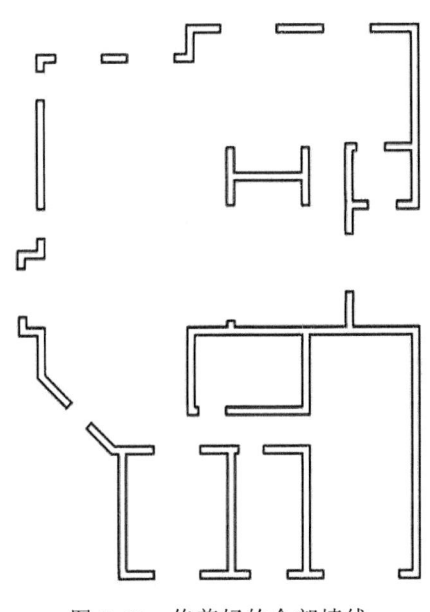

图 9-63　修剪好的全部墙线　　　　图 9-64　窗线绘制结果

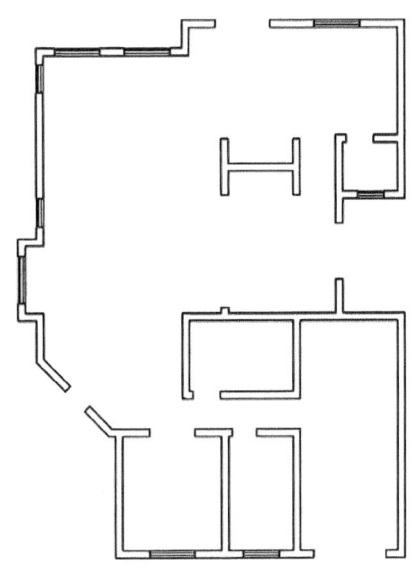

9.2.4　绘制门及其他细节

1. 绘制门

（1）制作单扇平开门的图块。

具体操作步骤如下：

1）将门窗层置为当前层。

2）在绘图窗口空白处绘制一 60mm×1000mm 的矩形，表示门扇。

命令行操作提示如下：

命令：REC（输入矩形命令，并按回车键）

指定第一个角点或 [倒角（C）/标高（E）/圆角（F）/厚度（T）/宽度（W）]:（在空白处任意确定一点）

指定另一个角点或 [面积（A）/尺寸（D）/旋转（R）]: @40,1000（输入"@40,1000"，并按回车键）

结果如图 9-65 所示。

3）使用窗口缩放工具将矩形放大。确认对象捕捉和对象追踪模式已打开，绘制一弧线。

命令行操作提示如下：

141

图 9-65 单扇平开门绘制结果

图 9-66 指定圆弧的起点

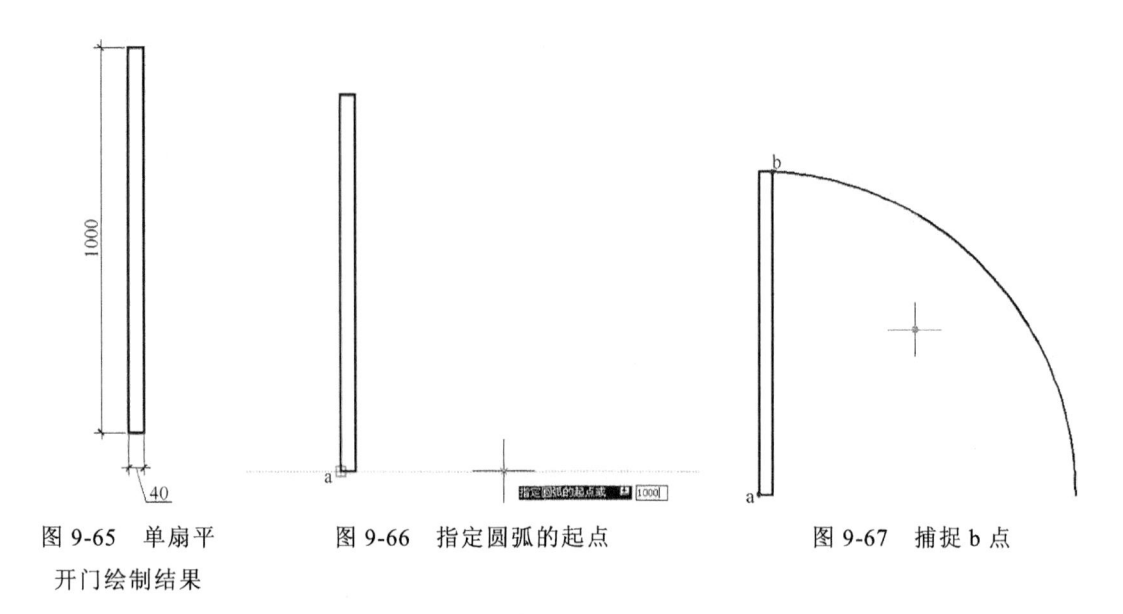

图 9-67 捕捉 b 点

命令：ARC（执行圆弧命令开按回车键）

指定圆弧的起点或 [圆心（C）]：1000（捕捉矩形左下角点 a 作为对象追踪捕捉点，将光标右移，拉出一虚线，输入 1000，按回车键，使该点成为圆弧的起点，如图 9-66 所示）

指定圆弧的第二个点或 [圆心（C）/端点（E）]：C（输入 C 选择"圆心"，并按回车键）

指定圆弧的圆心：（捕捉 a 点，如图 9-67 所示）

指定圆弧的端点或 [角度（A）/弦长（L）]：（捕捉 b 点，如图 9-67 所示）

4）使用"写块"命令（W）将门扇写成块。捕捉门扇的左下角作为基点，并选择"从图形中删除"。"写块"对话框的设置如图 9-68 所示。

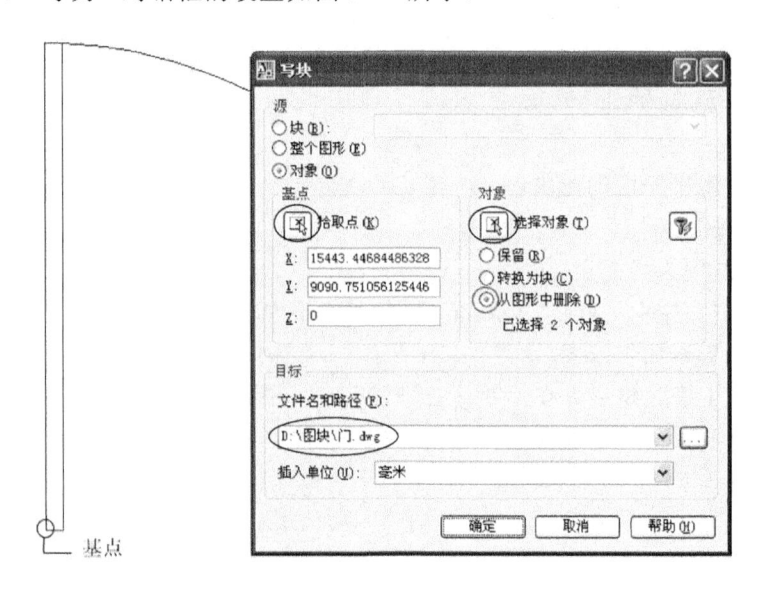

图 9-68 "写块"对话框

（2）绘制平面图中的"平开门"。

142

具体操作步骤如下：

1）使用"插入块"命令（I）将单扇门按原大插入图纸中的大门位置。在弹出的"插入"对话框中将角度改为"-45"，所有设置如图 9-69 所示。单击"确定"按钮，捕捉图中大门左侧门垛的中点，结果如图 9-70 所示。

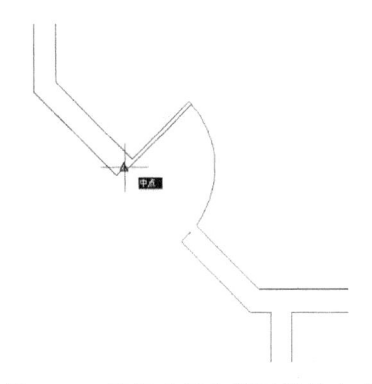

图 9-69 "插入"对话框　　　　　　图 9-70 捕捉大门左侧门架的中点

2）使用"插入块"命令（I）将单扇门图块以相对于原大的 0.8 倍的比例插入图纸中厕所门的相应位置。"插入"对话框中的设置如图 9-71 所示。结果如图 9-72 所示。

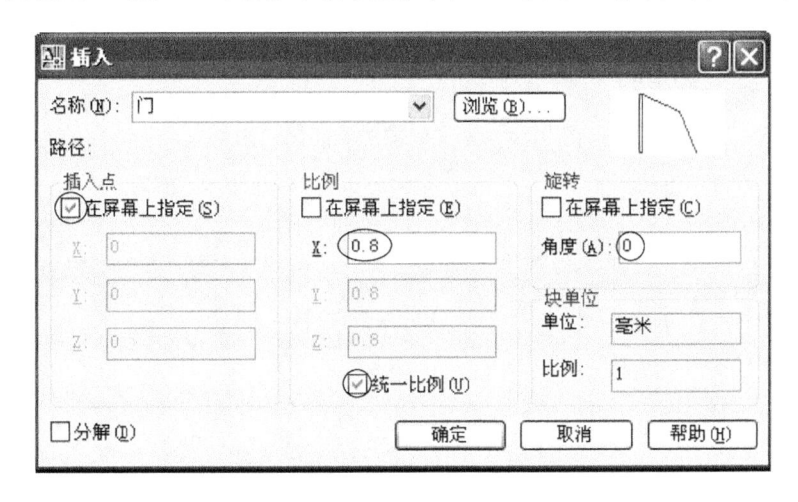

图 9-71 插入厕所门时的"插入"对话框参数设置

3）使用"复制"命令（CO），将厕所门复制至"洗衣间"的门口（此门宽度也是800）。复制时以门扇的左下角点为基点，以下一个门跺左侧的中点为"第二点"，结果如图 9-73 所示。

4）使用镜像命令，垂直镜像洗衣间的门扇块，删除源对象，如图 9-74 所示。

5）使用复制命令，将"洗衣间"的门扇复制至"厨房"的门口。

6）以相同的方法，插入起居室通往露台的双开门的左半扇。插入时的比例设置为 0.75。结果如图 9-75 所示。

7）使用镜像命令，水平镜像上述门扇块，不删除源对象，完成双开门的绘制，如图 9-76 所示。

图 9-72 插入的厕所门

图 9-73 复制厕所门至"洗衣间"门口

图 9-74 垂直镜像洗衣间的门扇块

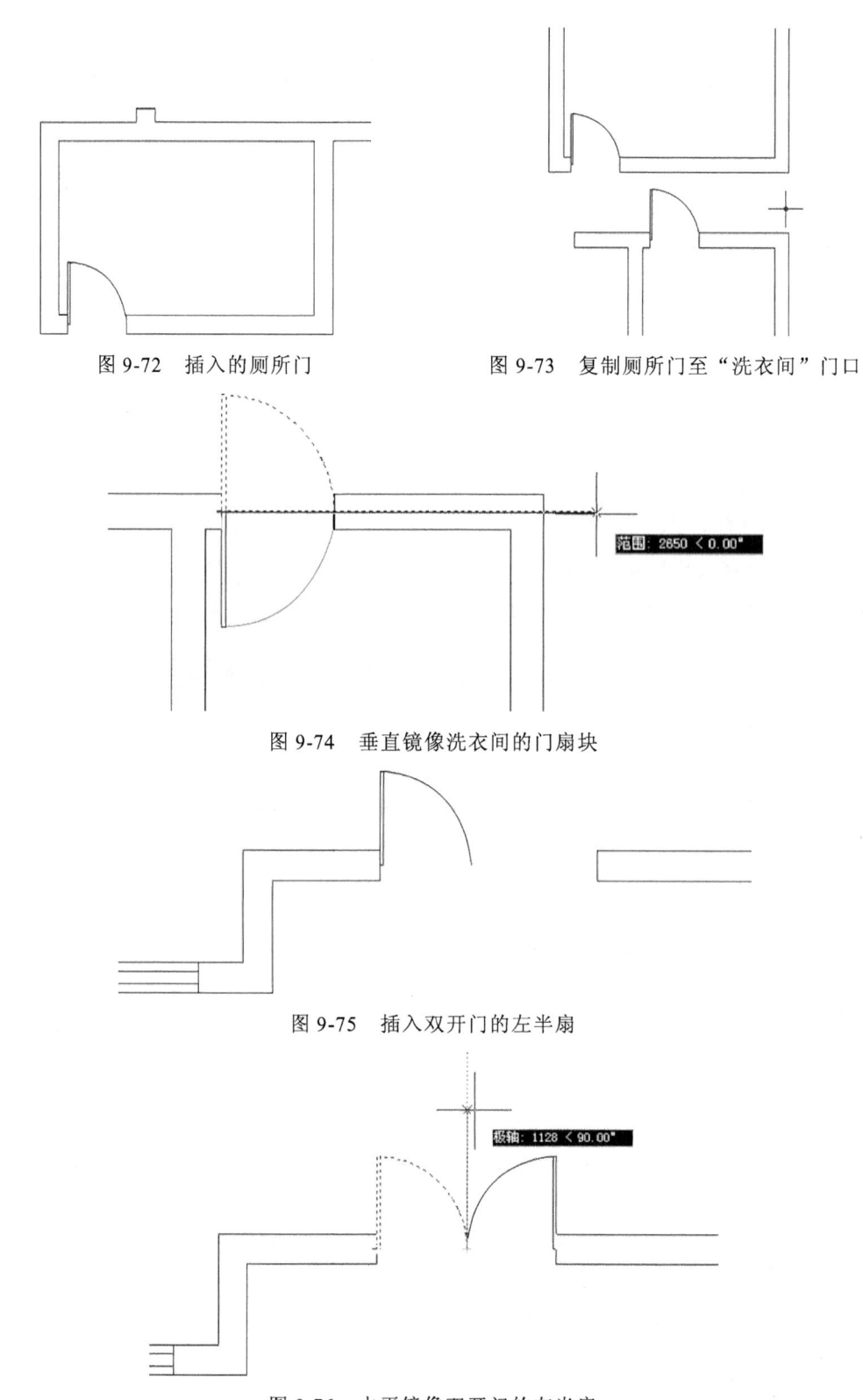

图 9-75 插入双开门的左半扇

图 9-76 水平镜像双开门的左半扇

8)使用复制命令,将该"双开门"复制至餐厅通往露台的门洞及书房的门口。复制时以左门扇的左下角点为基点,以下一个门跺左侧的中点为"第二点",结果如图9-77所示。

9)使用"旋转"命令(RO)将"餐厅通往露台的门"顺时针旋转90°。

命令行操作提示如下:

命令:RO(执行旋转命令并按回车键)

选择对象:(选择要旋转的双开门扇并按回车键)

指定基点:(捕捉左门扇的左下角点为基点)

指定旋转角度或[参照(R)]:＜正交开＞(启用正交,将光标往下方移动,当对象旋转至如图9-78所示的位置时单击)

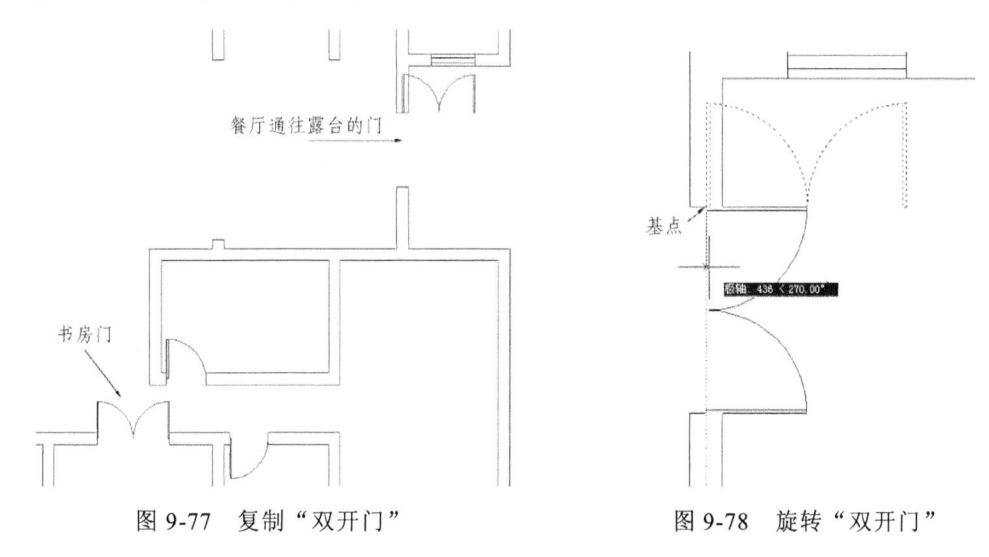

图9-77 复制"双开门"　　　图9-78 旋转"双开门"

10)使用镜像命令,垂直镜像"书房的门",并删除源对象,如图9-79所示。

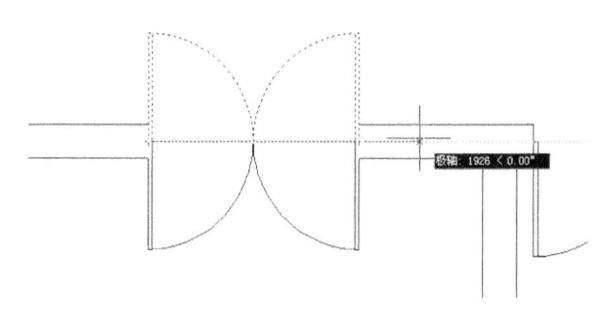

图9-79 垂直镜像"书房的门"

(3)绘制餐厅左侧洞口的"双虚线"。

在对象特性一栏中,将线型改为"虚线"。用直线命令在门洞左右两侧各绘制一根"虚线",结果如图9-80所示。

(4)绘制"车库"的卷帘门。

在对象特性一栏中,保持线型"虚线"不变,将线宽改为"0.35毫米"。用直线命令在车库门的内侧绘制一根"粗虚线",如图9-81所示(单击屏幕下方的"线宽"按钮即可看见粗虚线的效果，看完后可将其关闭）。

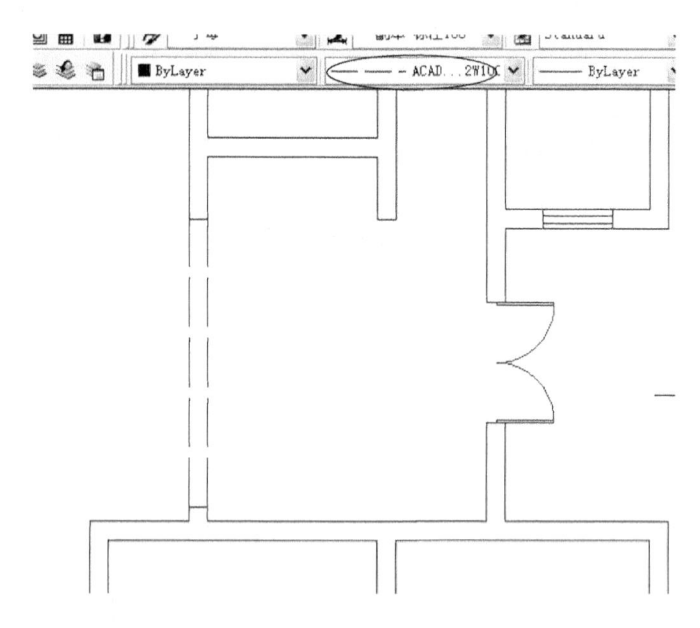

图 9-80 绘制双虚线

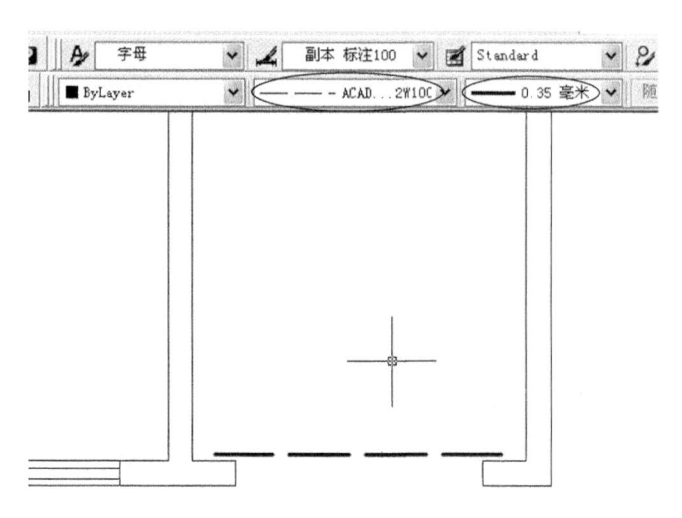

图 9-81 绘制车库卷帘门

2. 绘制室内台阶及楼梯

（1）绘制室内通往车库的台阶：

1）新建图层"台阶及露台"，并置为当前层。

2）将对象特性栏内的线型及线宽均改为"ByLayer"。

3）用直线命令捕捉洞口右侧两个角点绘制一条直线，如图 9-82 所示。

4）用偏移命令，向左复制这条直线，间距 300，如图 9-83 所示。

5）用多段线命令绘制示意台阶方向的"箭头"。

命令行操作提示如下：

命令：PL（输入多段线命令，并按回车键）

指定起点：（在台阶右侧空白处选取一点）

当前线宽为 0

指定下一个点或 [圆弧（A）/半宽（H）/长度（L）/放弃（U）/宽度（W）]：（将光标左移，绘制一线宽为 0 的水平线段）

指定下一点或 [圆弧（A）/闭合（C）/半宽（H）/长度（L）/放弃（U）/宽度（W）]：W（输入 W 设置线宽，并按回车键）

指定起点宽度 <0>：80（输入 80，并按回车键）

指定端点宽度 <80>：0（输入 0，并按回车键）

指定下一点或 [圆弧（A）/闭合（C）/半宽（H）/长度（L）/放弃（U）/宽度（W）]：（将光标左移，绘制一起点宽度为 80、端点宽度为 0 的"箭头"）

结果如图 9-84 所示。

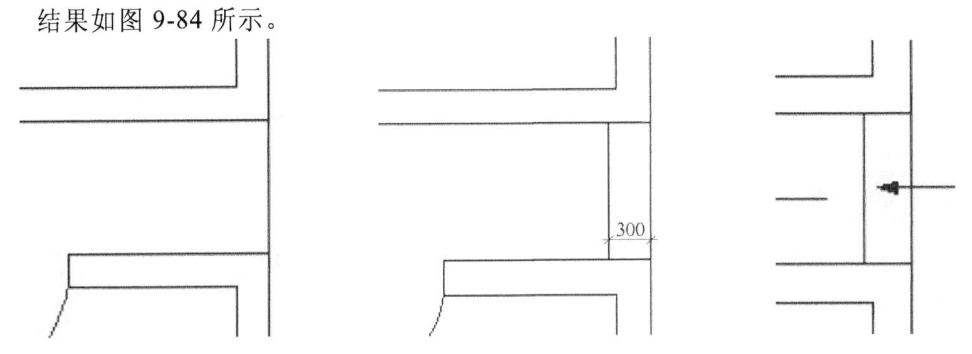

图 9-82　捕捉洞口右侧两个角点　图 9-83　用偏移命令复制直线　图 9-84　室内台阶的绘制结果
　　　　　绘制直线

（2）绘制室内楼梯：

1）以楼梯旁的墙角为起点，绘制一长为 2900mm 的水平线，如图 9-85 所示

2）使用偏移命令，将这根线向上偏移 100mm，向下偏移 1100mm，如图 9-86 所示。

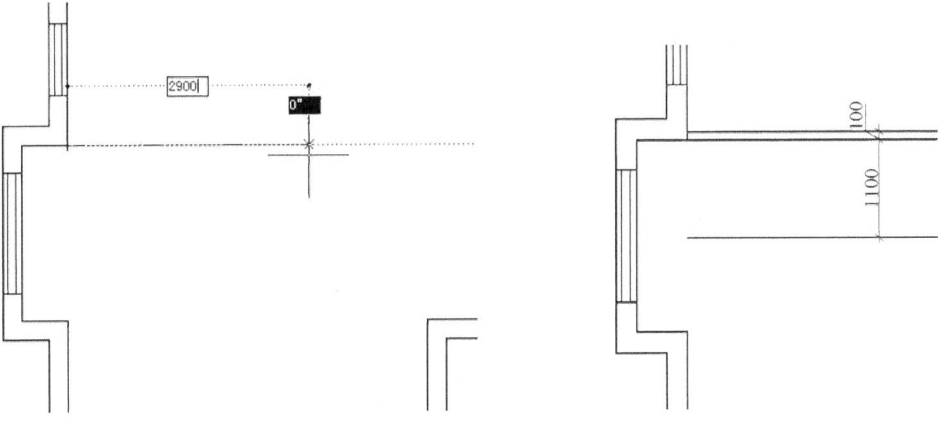

图 9-85　以楼梯旁的墙角为起点绘制水平线　　　　图 9-86　偏移直线

3）绘制楼梯第一级台阶的右边线。

4）用偏移命令向左偏移 6 根台阶线，偏移距离为 280mm，如图 9-87 所示。

5）在楼梯台阶部位绘制一 45°剖断线，如图 9-88 所示。

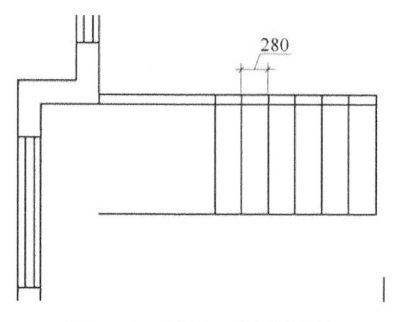

图9-87 偏移6根台阶线　　　　　　图9-88 绘制45°剖断线

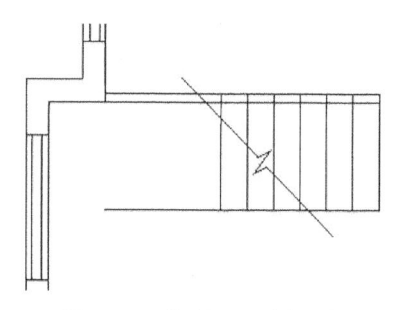

6）绘制楼梯栏杆。选择线段a，并向左移动其右侧端点，以缩短线段的长度，再复制这根线，并连接两线段的端点，结果如图9-89所示。

7）用"修剪"命令修剪多余的线，结果如图9-90所示。

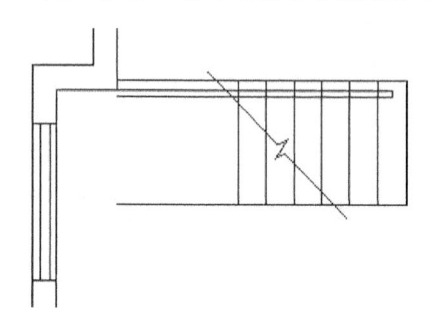

图9-89 绘制楼梯栏杆　　　　　　图9-90 修剪线

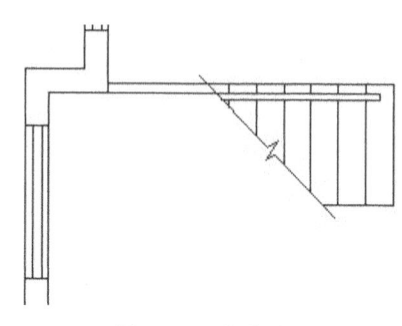

8）绘制楼梯上行方向的箭头，并在图层"墙"上重新绘制楼梯下部墙体（图中粗线部分）。结果如图9-91所示。

3. 绘制室外台阶及露台

（1）绘制大门外的台阶：

1）因为大门处的墙体呈45°，为了便于绘制45°斜线，先将UCS坐标改成与墙平行的方向。

选择菜单"工具"→"新建UCS"→"对象"，如图9-92所示。选择大门左侧的墙体，此时，UCS坐标就变成如图9-93所示的方向。

2）用多段线命令绘制台阶。

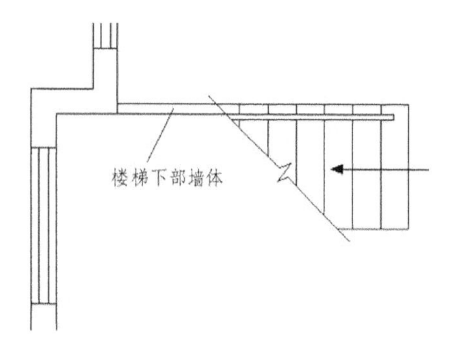

图9-91 绘制上行方向箭头和楼梯下部墙体

命令行操作提示如下：

命令：PL（输入PL，执行多段线命令，并按回车键）

指定起点：600（将光标放在端点a，使用对象追踪功能，沿X方向移动光标，并输入600，捕捉点b，如图9-94所示）

当前线宽为0

指定下一个点或[圆弧（A）/半宽（H）/长度（L）/放弃（U）/宽度（W）]：<正交开>600（确认打开"正交"模式，沿Y方向移动光标，并输入600，捕捉点c）

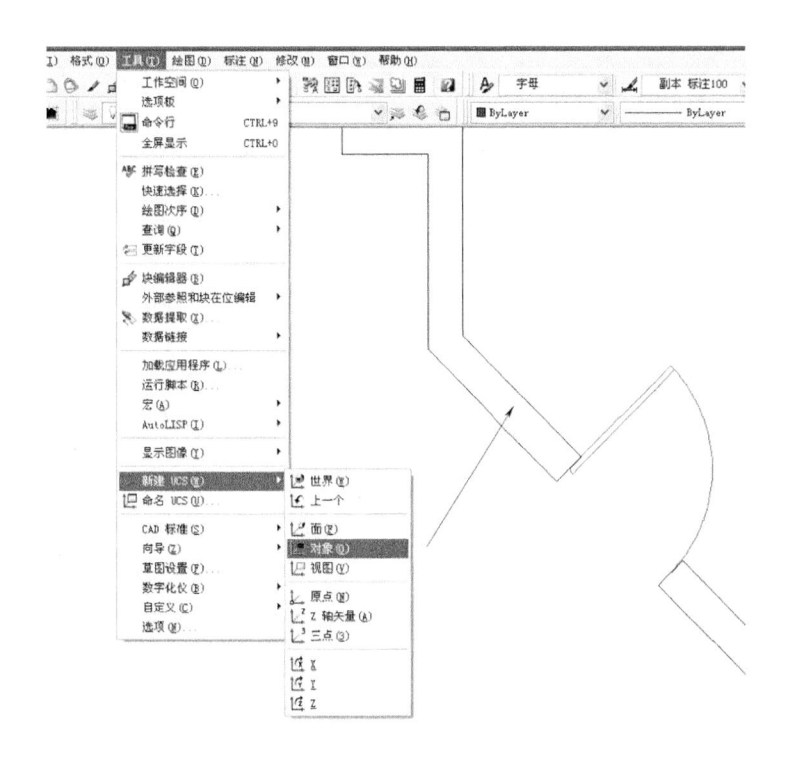

图 9-92 "对象"菜单

指定下一点或 [圆弧（A）/闭合（C）/半宽（H）/长度（L）/放弃（U）/宽度（W）]：2200（沿-X方向移动光标，并输入2200，捕捉点d）

指定下一点或 [圆弧（A）/闭合（C）/半宽（H）/长度（L）/放弃（U）/宽度（W）]：600（沿-Y方向移动光标，并输入600，捕捉点e，并按回车键，结束命令）

结果如图 9-94 所示。

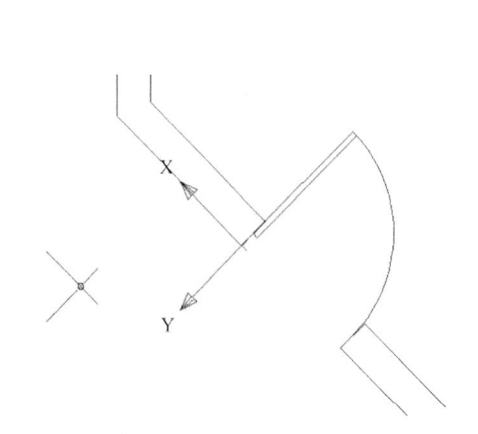

图 9-93 与墙平行的 USC 坐标 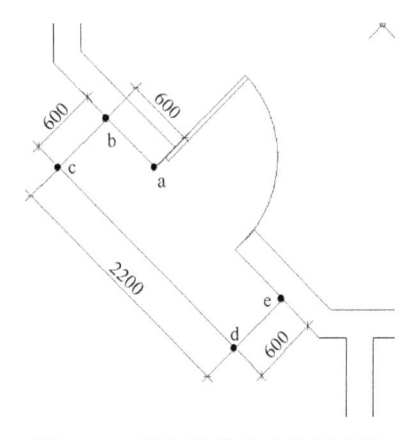　　图 9-94 用多段线命令绘制台阶

3）用偏移命令，向外偏移该多段线，偏移距离为300mm，结果如图9-95所示。

4）绘制台阶上行方向的箭头。

5）选择菜单栏内的"工具"→"新建 UCS"→"上一个"，将 UCS 改为上一个

149

坐标。

(2) 绘制起居室外的露台:

1) 用直线命令绘制如图 9-96 所示的线段。

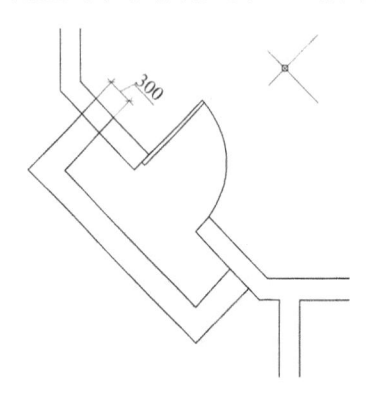

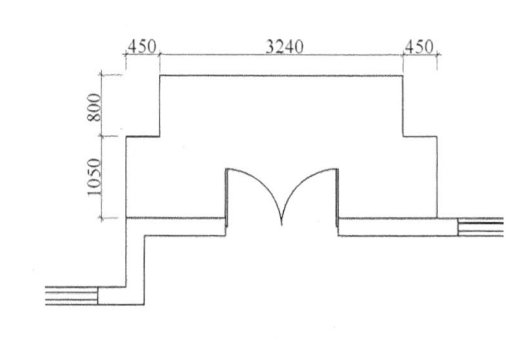

图 9-95 偏移多段线　　　　图 9-96 用直线命令绘制线段

2) 绘制弧线 AB (如图 9-97 所示)。

命令行操作提示如下:

命令: A (输入弧线命令,并按回车键)

ARC 指定圆弧的起点或 [圆心 (C)]: (捕捉 B 点)

指定圆弧的第二个点或 [圆心 (C)/端点 (E)]: E (输入 E, 选择"端点")

指定圆弧的端点: (捕捉点 A)

指定圆弧的圆心或 [角度 (A)/方向 (D)/半径 (R)]: R (输入 R, 选择"半径")

指定圆弧的半径: 3480 (输入半径 3480, 并按回车键)

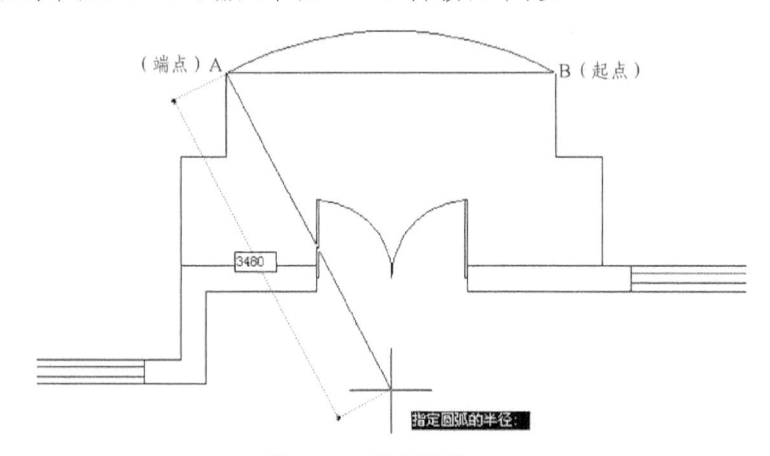

图 9-97 绘制弧线 AB

3) 绘制左侧的立柱,并以线段 AB 的中点为镜像线的第一点镜像该立柱,如图 9-98 所示。

4) 删除线段 AB。

(3) 绘制餐厅外的露台:

1) 用直线命令绘制如图 9-99 所示的线段。

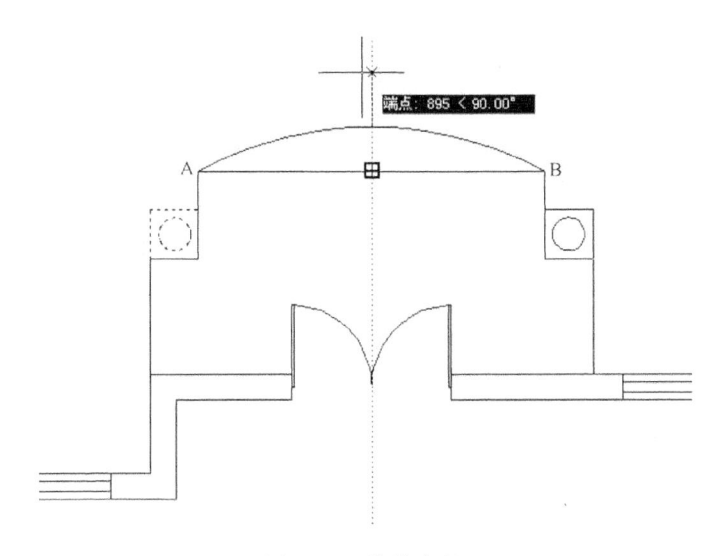

图 9-98 镜像立柱

2）用"圆角"命令将直线的两个"直角"改成"圆角"，半径 1000mm，如图 9-100 所示。

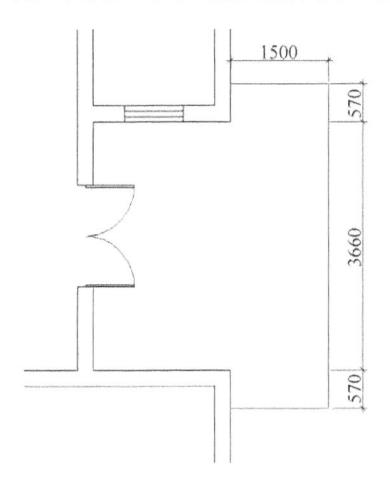

图 9-99 用直线命令绘制露台上的线段　　图 9-100 将"直角"改为"圆角"

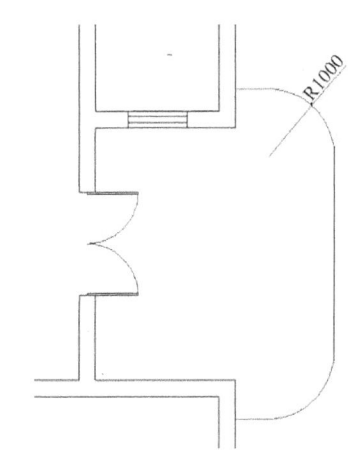

9.2.5 尺寸标注

（1）使用全部缩放命令，使图纸完整显示。将尺寸层置为当前层。确认"轴线"层已打开。

（2）打开标注工具栏。将当前标注样式切换为"标注 100"，如图 9-101 所示。

图 9-101 切换标注样式

（3）为了图面的整洁及尺寸的清晰，在标注前，先对现有轴线进行整理。对有些只需在一侧标注尺寸的轴线，用"打断"命令截去其另一侧线段；若建筑某侧的轴线长度不够，可用"拉伸"命令将其整体拉长（轴线超过建筑边界的长度应考虑三道尺寸线的位置）。结果如图 9-102 所示。

(4) 使用窗口缩放命令，显示图纸下部。单击"标注"工具栏中的线性标注按钮 ⊢，确认已打开正交模式、对象捕捉模式和对象捕捉追踪模式。

命令行操作提示如下：

命令：_DIMLINEAR

指定第一条尺寸界线原点或 <选择对象>：(捕捉到第一条轴线上的点 A，如图 9-103 所示)

指定第二条尺寸界线原点：(捕捉第二条轴线上的点 B)

指定尺寸线位置或 [多行文字（M）/文字（T）/角度（A）/水平（H）/垂直（V）/旋转（R）]：(垂直移动光标，待尺寸线位于合适位置时点击鼠标，如图 9-103 所示)

标注文字=600

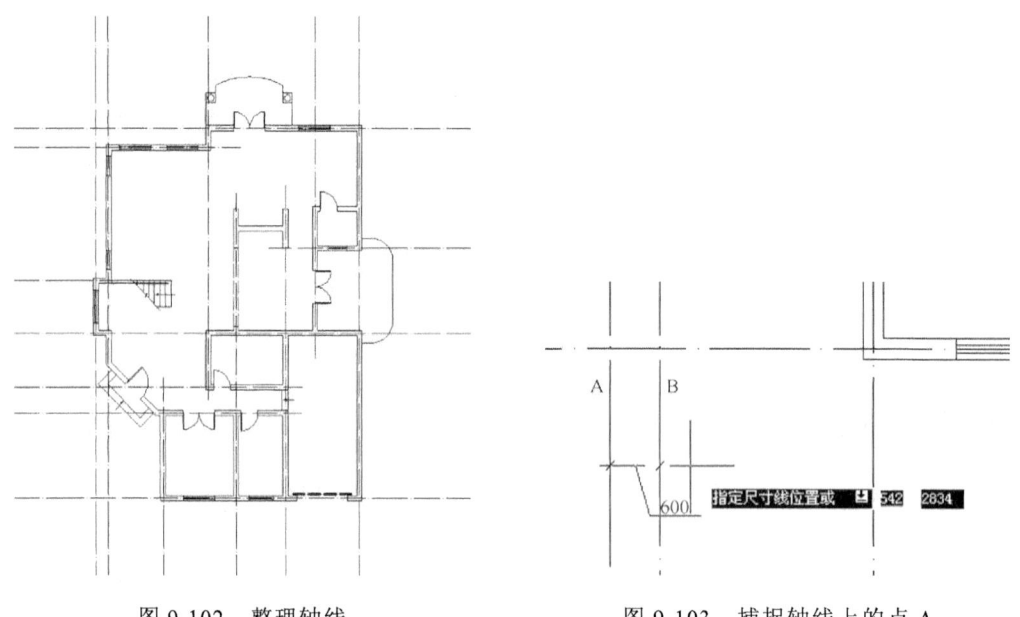

图 9-102 整理轴线　　　　图 9-103 捕捉轴线上的点 A

(5) 单击"标注"工具栏中的连续标注按钮 ⊢⊢，从左至右连续捕捉建筑下部的其他纵轴的端点，并按回车键，结果如图 9-104 所示。

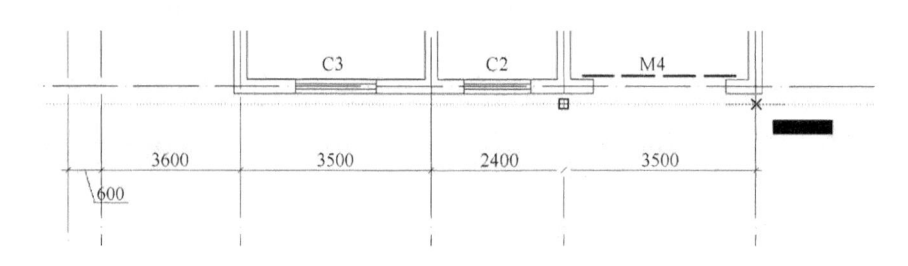

图 9-104 连续捕捉纵轴的端台

(6) 使用相同方法标注建筑另外三个方向的轴线尺寸。

152

（7）使用同样的方法，标注出建筑外墙的细部尺寸。标注时要注意，为了让尺寸界线与建筑保持合适的距离，在捕捉尺寸界线原点时，可使用"对象追踪"工具，将尺寸界线原点拖移至建筑外侧合适的位置。

我们以建筑上部露台部位的标注为例来讲解这个方法。

单击"标注"工具栏中的线性标注按钮。

命令行操作提示如下：

命令：_DIMLINEAR

指定第一条尺寸界线原点或 <选择对象>：（捕捉轴线上的点 A，如图 9-105 所示）

指定第二条尺寸界线原点：（先将光标放在 B 点，再向上拖动光标，直至"对象追踪"虚线上出现 A 点与 B 点垂直线的交点 C 时，单击鼠标，见图 9-105）

指定尺寸线位置或 [多行文字（M）/文字（T）/角度（A）/水平（H）/垂直（V）/旋转（R）]：（垂直移动光标，待尺寸线位于合适位置时单击鼠标，如图 9-106 所示）

标注文字=1200

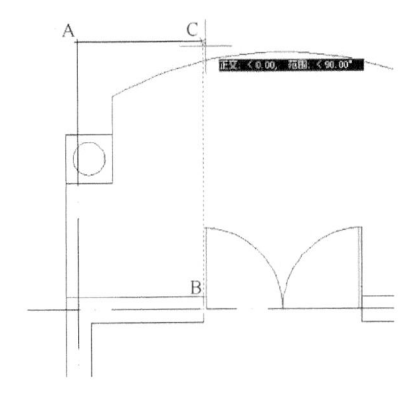

图 9-105 指定尺寸界线原点   图 9-106 指定尺寸线位置

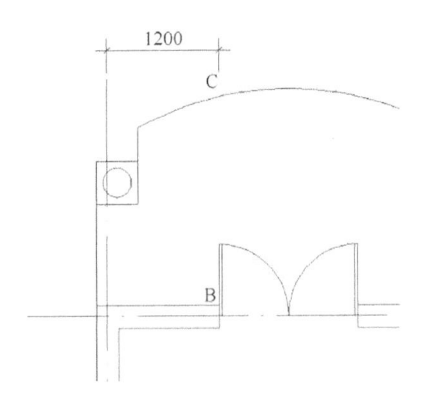

同样，在连续标注时，依然可用"对象追踪"的方法捕捉尺寸界线的原点。

单击"标注"工具栏中的连续标注按钮，在捕捉门洞右侧界线的原点时，可先将光标置于 D 点，再将光标置于 C 点，然后向右拖动光标，当两个方向的"对象追踪"虚线相交时，单击鼠标，捕捉到 E 点，如图 9-107 所示。用相同方法连续捕捉这堵墙的其他窗洞界线，结果如图 9-108 所示。

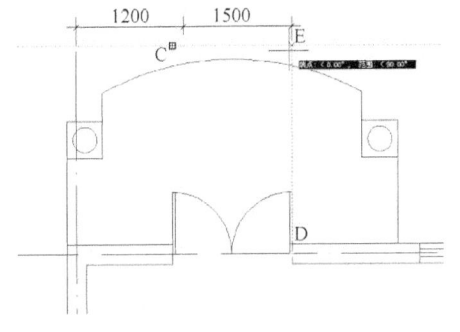

图 9-107 连续标注尺寸   图 9-108 尺寸标注结果

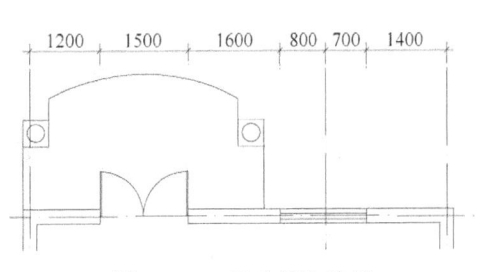

153

（8）将标注局部放大后会发现由于间距过小，有些尺寸界线的数据重叠了，需要调整。单击"标注"工具栏中的"编辑标注文字"按钮，选择需要移动位置的标注，将标注文字移到合适位置并单击鼠标即可，如图9-109所示。

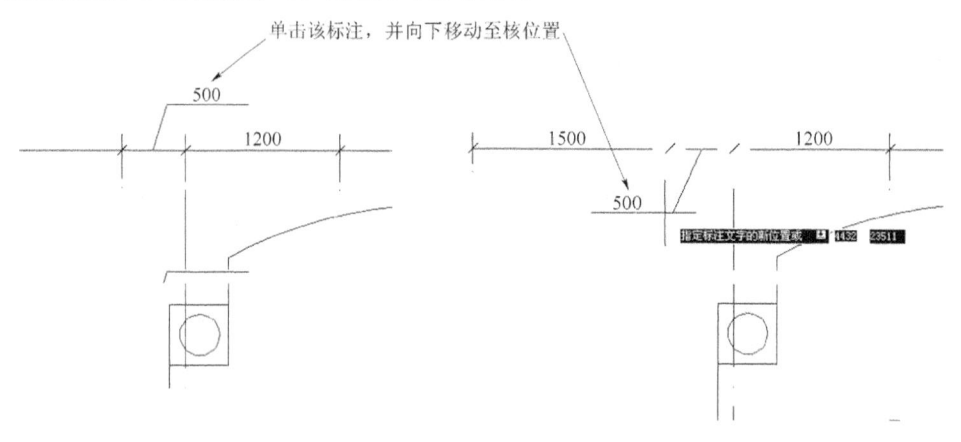

图 9-109 编辑标注文字

（9）单击"标注"工具栏中的"角度"按钮，标注斜墙角度，结果如图9-110所示。
（10）单击"标注"工具栏中的"半径"按钮，标注弧形露台的半径，结果如图9-111所示。

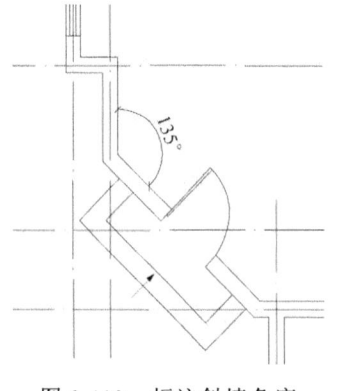

图 9-110 标注斜墙角度

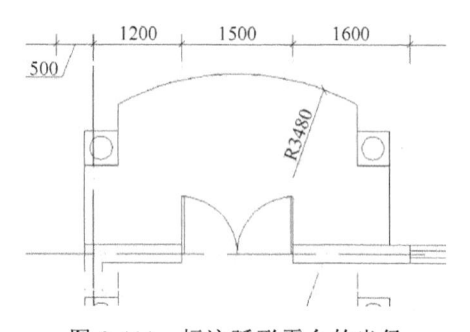

图 9-111 标注弧形露台的半径

（11）最后完善细部尺寸，并标注四个方向的建筑外包尺寸。
（12）完成所有细部尺寸标注，结果如图9-112所示。

9.2.6 标注文字、轴线编号及标高符号

1. 标注文字

具体操作步骤如下：

（1）将"文字注释"置为当前层。
（2）在"文字样式"工具栏中选择"仿宋体"为当前文字样式，如图9-113所示。
（3）命令行输入"单行文字"命令（TEXT）。

命令行操作提示如下：

命令：TEXT

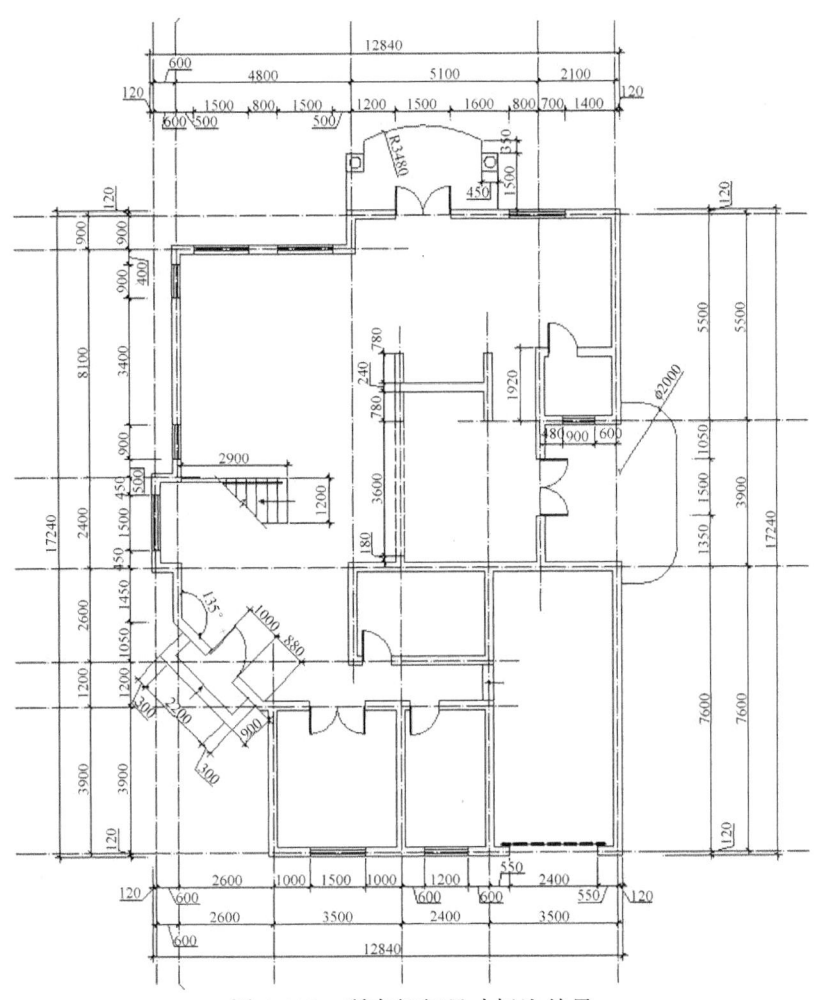

图 9-112 所有细部尺寸标注结果

当前文字样式:"仿宋体"文字高度:3 注释性:否
指定文字的起点或 [对正（J）/样式（S）]:（单击起居室内的标注位置）

指定高度 <3>:400（输入 400，并按回车键）

指定文字的旋转角度 <0.00>:（直接按回车键,确认文字旋转角度为 0）

（打开"中文"输入模式，输入文字"起居室"；然后依次点击建筑各部位，并输入相应的文字，将所有房间的功能都标注完成后，按取消键退出命令）

图 9-113 选择字体

（4）标注门窗编号及台阶处表示台阶上行方向的文字"上"。标注方法同上，文字高度改为 300。

（5）调整所有文字标注的位置。结果如图 9-114 所示。

2. 创建轴线编号及标高符号的图块

（1）创建轴号图块。

155

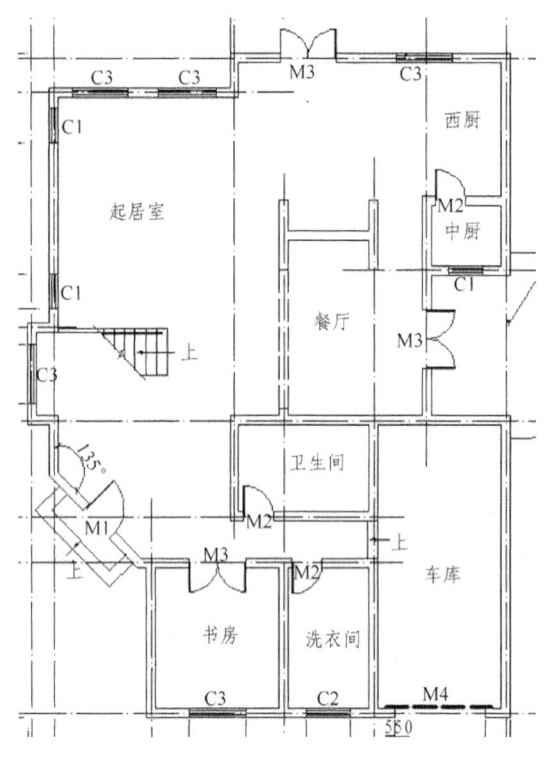

图 9-114 调整文字标注的位置

1）单击下拉菜单"文件"→"新建"，选择打开 acadiso.dwt 样板文件。

2）单击"文字样式"按钮，在"文字样式"对话框中单击"新建"，新建文字样式"轴号"，参数设置如图 9-115 所示。

3）在 0 层上绘制一半径为 4 的圆。

图 9-115 新建"轴号"样式

4）使用窗口缩放工具使圆在绘图窗口呈合适尺寸显示。

5）单击下拉菜单"绘图"→"块"→"定义属性"，为轴号定义如图 9-116 所示的块属性。单击"确定"按钮后，使用对象捕捉模式，捕捉圆的圆心后单击即可。

156

图 9-116 定义轴号块属性

6）使用"写块"命令（W），选择圆和圆内的块属性，拾取圆最上方的象限点作为基点，将图块另存入图块库，如图 9-117 所示。

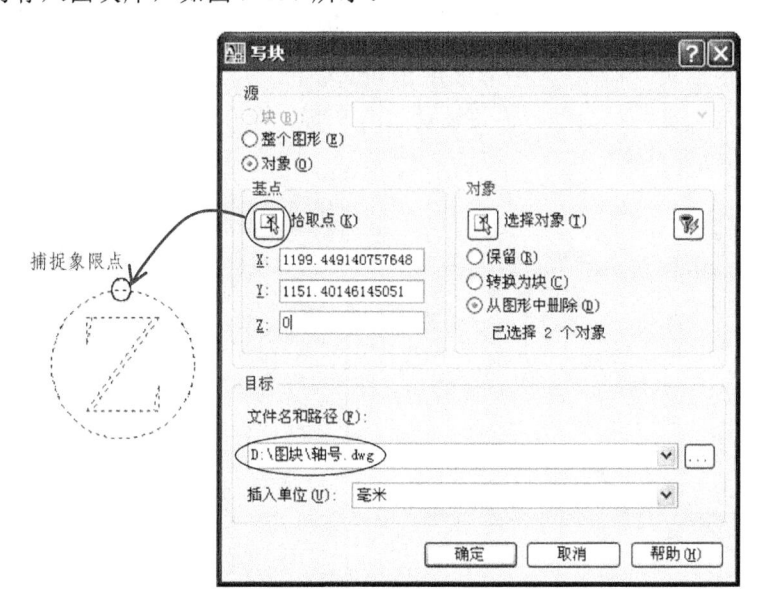

图 9-117 保存轴号图块

提示：在 0 层上创建的图块具有插入层的特性，在 0 层上写入的图块，插入其他非 0 层时属性将自动与插入层的属性相匹配，所以用户在创建图块或写块时，最好在 0 层上进行。

（2）创建标高符号图块。

1）使用直线命令绘制标高符号。

命令行操作提示如下：

命令：L（输入直线命令，并按回车键）

指定第一点：（在屏幕上任意位置点击一点 A）

指定下一点或 [放弃（U）]：<正交 开>21（打开"正交"模式。水平向左移动光标，输入长度值 21，并按回车键，捕捉点 B）

指定下一点或 [放弃（U）]：<正交 关>5（关闭"正交"模式。光标向右下移动，当角度值显示 45°时，输入长度值 5，并按回车键，如图 9-118 所示）

指定下一点或 [闭合（C）/放弃（U）]：5（光标向右上移动，当角度值显示 45°时，输入长度值 5，并按两次回车键，结束命令）

结果如图 9-119 所示。

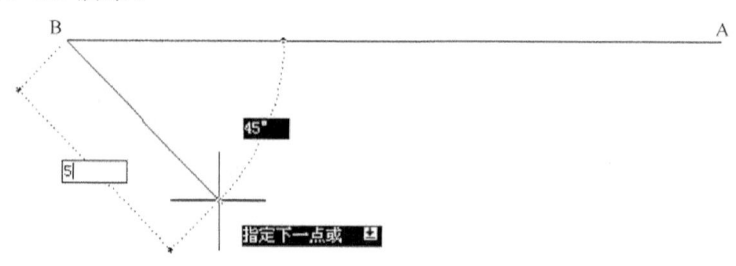

图 9-118　设定斜线角度

2）新建文字样式"标高"，字体选择 Simplex.shx，"宽度比例"设为 0.8。

3）打开块定义属性对话框。相关设置如图 9-120 所示。单击"确定"按钮后，在标高水平线上合适的位置单击即可。

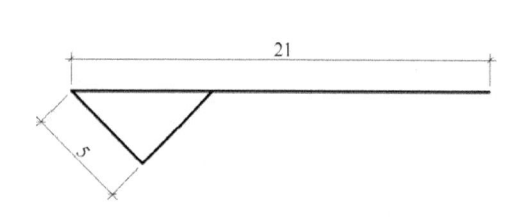

图 9-119　标高符号绘制结果 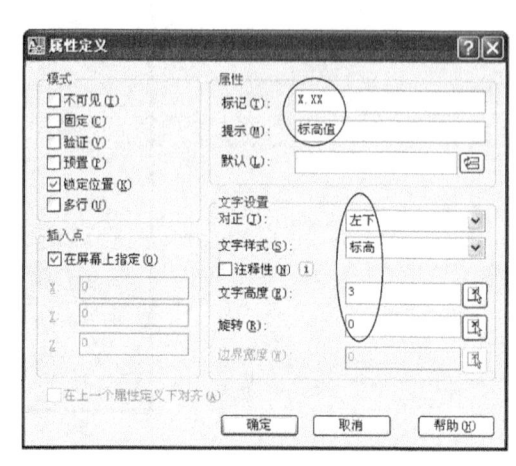　　图 9-120　设置标高图块的属性

4）使用"写块"命令（W），选择标高符号和块属性，拾取标高符号最下端的点作为基点，将图块另存入图块库，如图 9-121 所示。

3. 在平面图中插入轴线编号及标高符号

（1）为平面图创建轴线编号。

具体操作步骤如下：

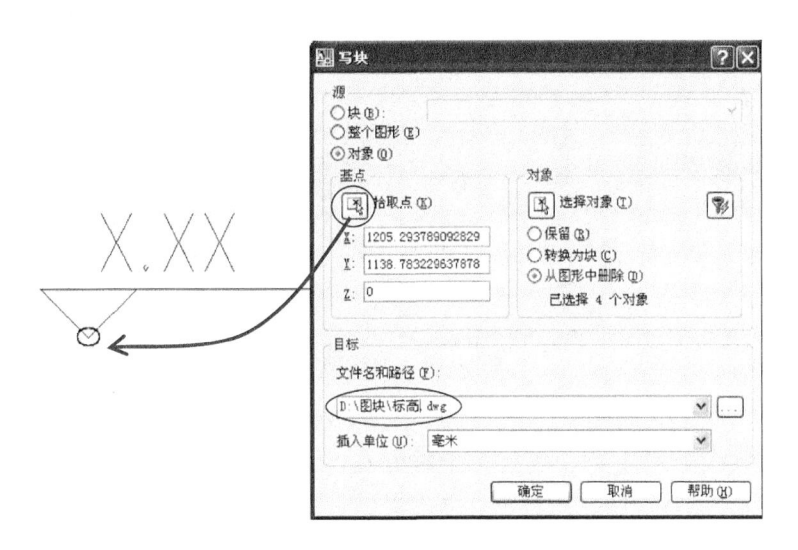

图 9-121　保存标高图块

1）新建图层"轴线编号",并置为当前层。

2）使用"插入块"命令,插入轴线编号。

命令行操作提示如下:

命令:I(输入"插入块"命令,并按回车键,在弹出的"插入"对话框中做如图 9-122 所示的设置)

指定插入点或[基点(B)/比例(S)/旋转(R)]:(捕捉轴线 1 的端点)

输入属性值

轴线编号:1(输入轴线编号"1",并按回车键)

结果如图 9-123 所示。

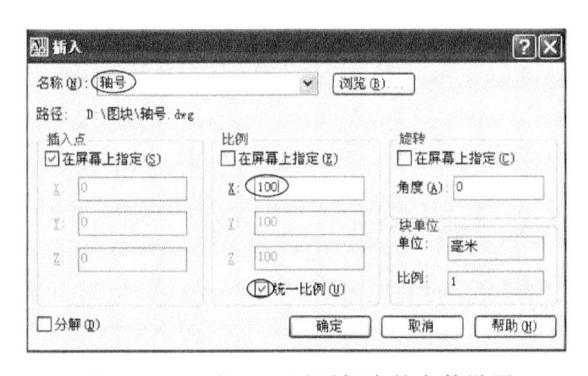

图 9-122　"插入"对话框中的参数设置 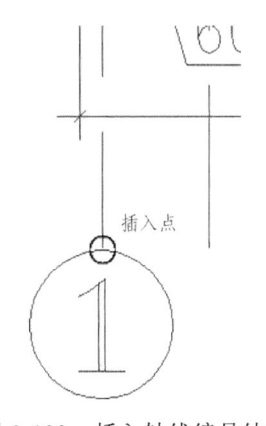　　　图 9-123　插入轴线编号结果

3）使用复制命令,将该轴号捕捉并复制到该组标注的每条轴线上。因为轴线 1 和 2 离得太近,所以还要将轴线 2 的编号移到合适的位置,如图 9-124 所示。

4）使用复制命令,分别捕捉轴号 1 上的各象限点,将轴号复制到其他三组标注的轴线上,如图 9-125 所示。

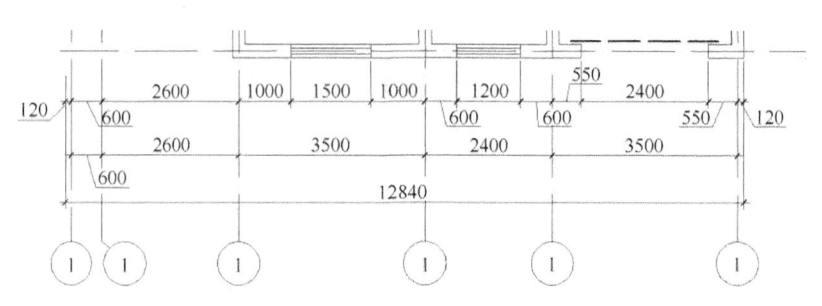

图 9-124 偏移轴线 2

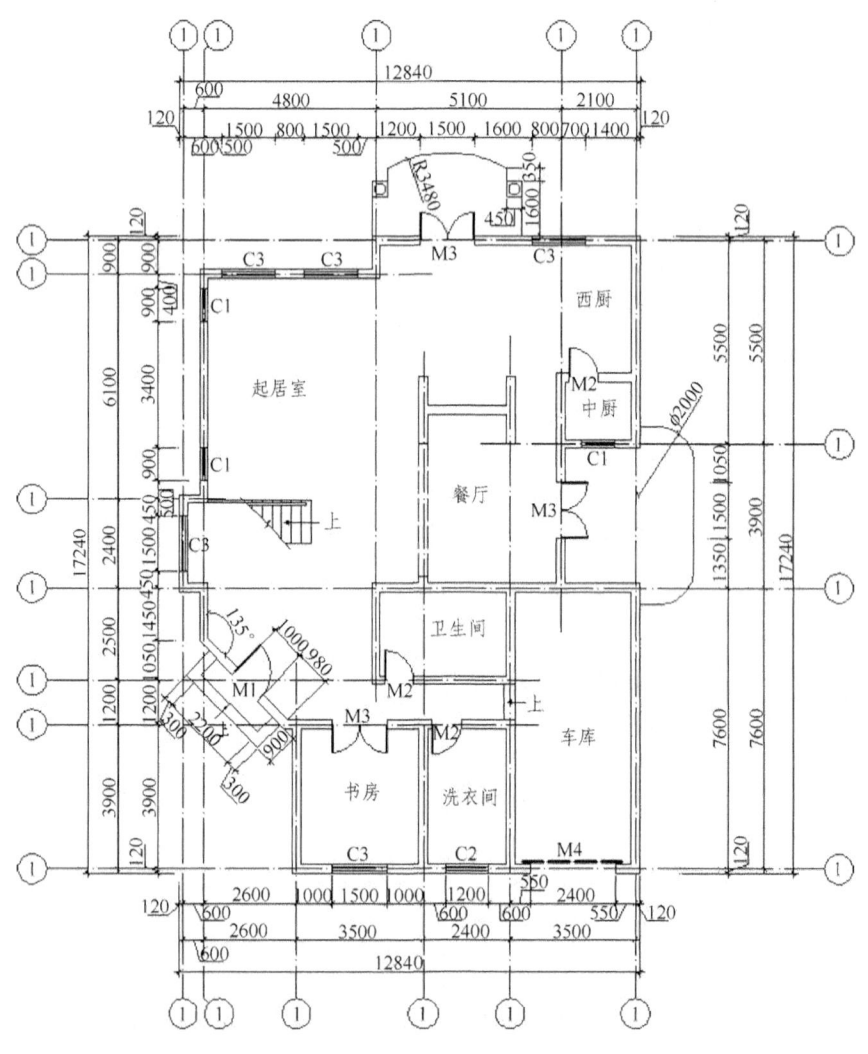

图 9-125 复制轴线编号

5）双击需要改变内容的轴号，会弹出如图 9-126 所示的"增强属性编辑器"对话框，进行修改，即可修改轴号的内容。结果如图 9-127 所示。

（2）为平面图添加标高符号。

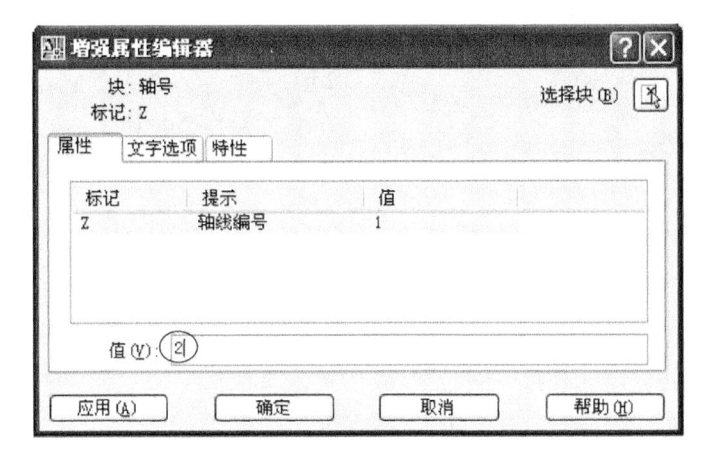

图 9-126 "增强属性编辑器"

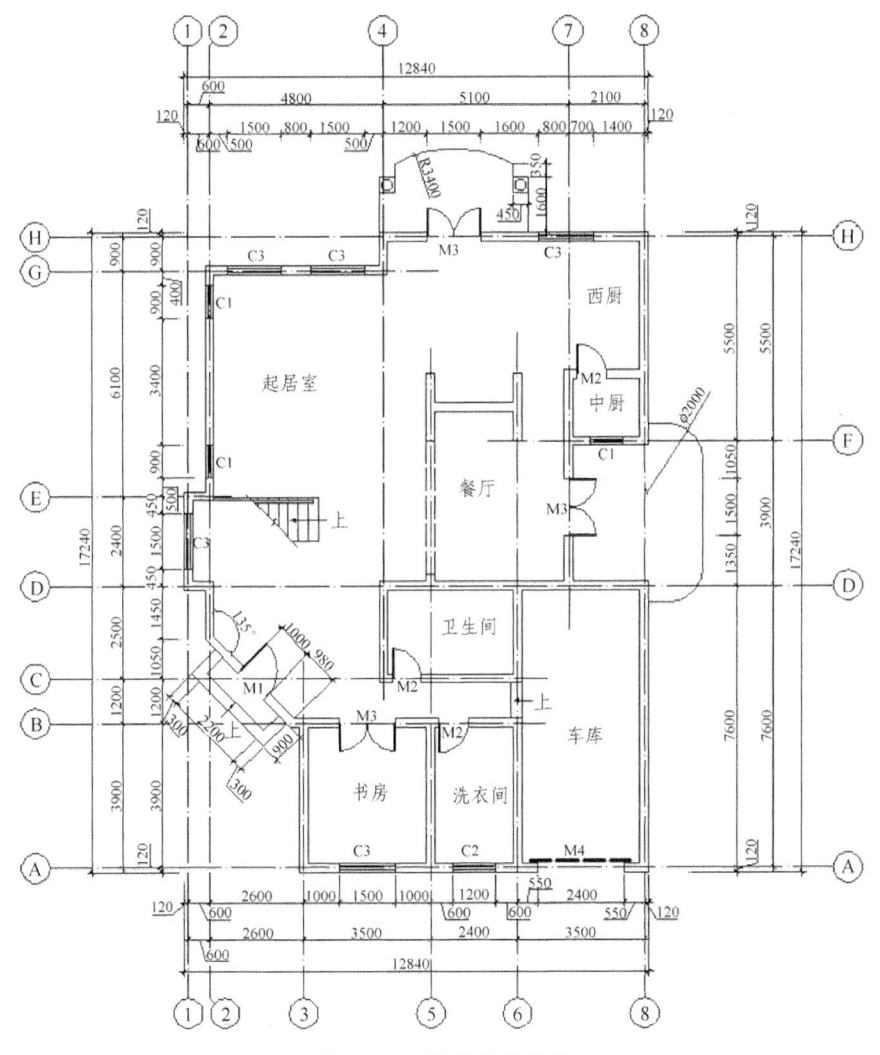

图 9-127 轴号修改结果

具体操作步骤如下：

1）将当前图层设为"文字注释"。

2）使用"插入块"命令（I），插入轴线编号。

命令行操作提示如下：

命令：I（输入"插入块"命令，并按回车键，在弹出的"插入"对话框中，选择"标高.dwg"，X、Y、Z轴以统一的比例100）

指定插入点或[基点（B）/比例（S）/旋转（R）]：（在室内位置任意点选一点）

输入属性值

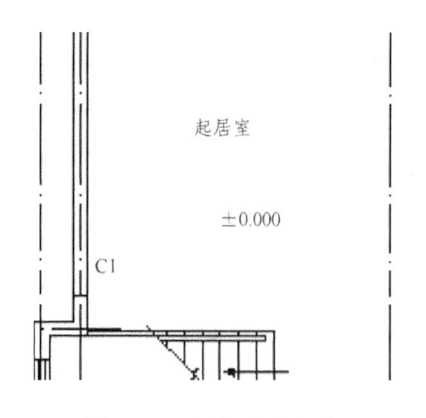

图 9-128 添加室内标高

标高值：%%P0.000（输入室内标高"±0.000"，并按回车键）

结果如图 9-128 所示。

提示：%%P 表示"±"号。

3）使用复制命令，将该标高符号复制到建筑的外部。

4）双击建筑室外标高的数值，在弹出的"增强属性编辑器"对话框中，将标高值修改为"-0.3000"。再将该标高符号复制到车库内部。结果如图 9-129 所示。

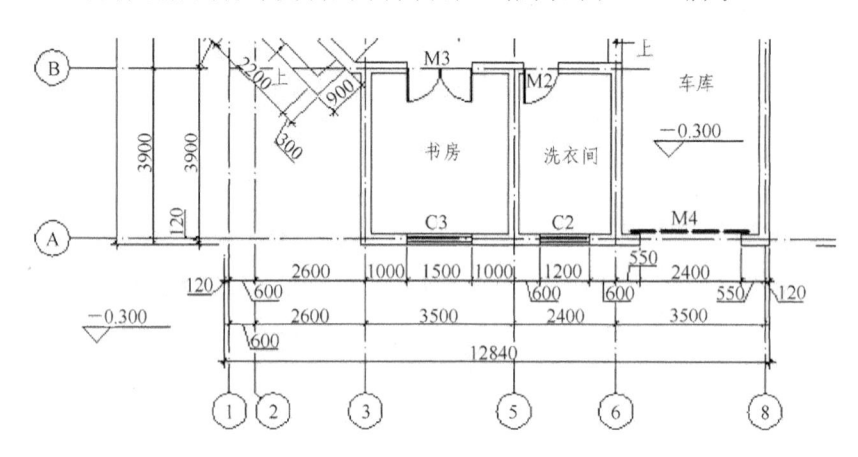

图 9-129 修改室外标高数值

4. 添加指北针

在建筑的首层平面图中，必须标注"指北针"。用户可自己设计指北针的图形。图 9-130 所示为几种常见的指北针样式，用户可自选一款样式。

提示：可将指北针的图形制作成块保存，在每次使用时"插入块"即可。

5. 标注图名

（1）确认当前文字样式为"仿宋体"。

（2）使用"多行文字"命令（T），在平面图的下部输入文字"首层平面图"，字高设为 400。

（3）在文字下部绘制两根水平线，如图 9-131 所示。

（4）按【Ctrl】+【S】键，将文件保存为"原况平面图"。

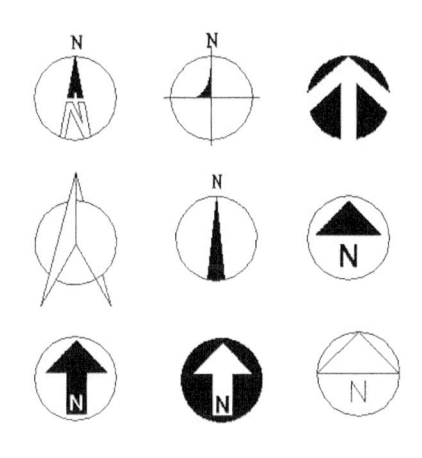

图 9-130　常见的指北针样式　　　　　　　图 9-131　标注图名

9.3　绘制室内平面布置图

室内平面布置图，以建筑原况平面图的尺寸和承重结构为基础，绘制应包括以下内容：

（1）平面空间布置内容及关系。
（2）隔墙、隔断、固定家具、固定构件、活动家具、窗帘等。
（3）电话、电视、插座的位置。
（4）标明建筑轴号及轴线尺寸。
（5）标明装饰地坪的标高。
（6）室内立面图的剖切位置。

9.3.1　绘制家具图并写块

家具及陈设品是平面布置的重要内容，它能使设计师明确空间关系及尺度，从而对空间进行合理布局和分配。用户应将家具、陈设品等图块统一保存供今后使用。

家具平面图即家具俯视图，是家具设计中必不可少的图纸。简单的家具平面图还可集结成家具图库，以便在建筑装饰平面图中随时调用合适的家具图形。常见的家具平面图形包括床、餐桌、沙发、书桌、台灯、电视、冰箱、洗衣机、抽水马桶、洗脸盆和厨房洗槽等。

1. 绘制客厅家具

客厅家具主要包括沙发、茶几和电视。

沙发可直接选用图 4-6 的"双人沙发"及图 5-60 的"组合沙发"。下面主要讲述茶几及电视的绘制过程。

（1）茶几绘制步骤：

1）新建文件，选择"acadiso.dwt"为样板。

2）确认当前层为 0 层。用"矩形"命令（REC）绘制一 1200mm×600mm 的矩形，设置矩形的圆角半径为 50，如图 9-132 所示。

3）在矩形中间绘制一斜线。使用"捕捉最近点"的功能使斜线两端落在矩形的两条长边上，如图 9-133 所示。

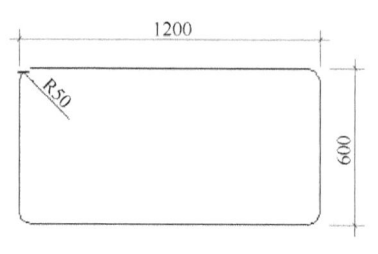

图 9-132 用"矩形"命令绘制

图 9-133 绘制斜线

4）打开"正交"模式，用"复制"命令（CO）在水平方向上任意复制若干根斜线，如图 9-134 所示。

5）使用"修剪"命令（TR），修剪矩形外部的斜线，结果如图 9-135 所示。

6）用"写块"命令（W）将茶几写成图块，另存入 CAD 图块库，保留对象，将拾取的基点设为茶几的中点。

7）用同样方法绘制一 600mm×600mm 的方形茶几图块，如图 9-136 所示。

图 9-134 复制斜线

图 9-135 修剪斜线

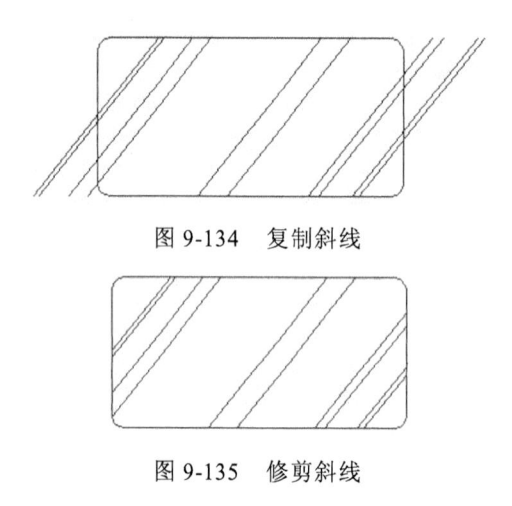

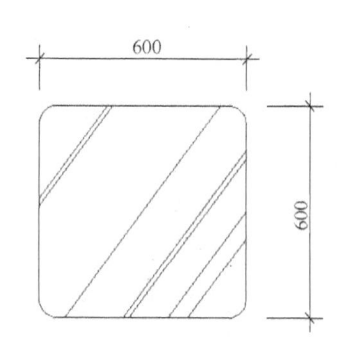

图 9-136 绘制方形茶几图块

（2）电视机绘制步骤：

1）用"矩形"命令（REC）绘制大小两个矩形，尺寸分别为 1000mm×80mm 和 800mm×60mm。

2）用"圆角"命令（F）将小矩形上部的两个直角改成半径为 20 的圆角，如图 9-137 所示。

3）分别捕捉小矩形下部边线的中点及大矩形上部边线的中点，将小矩形移动到大矩形上，如图 9-138 所示。

4）将"等离子电视"写成图块并保存。

2. 绘制餐厅家具

餐厅家具主要包括餐桌及餐椅。

（1）餐椅绘制步骤：

1）输入"直线"命令，先在屏幕上指定任意起点 C，将光标左移，输入距离"500"，得到点 A，再输入 B 点坐标（40，400），如图 9-139 所示。

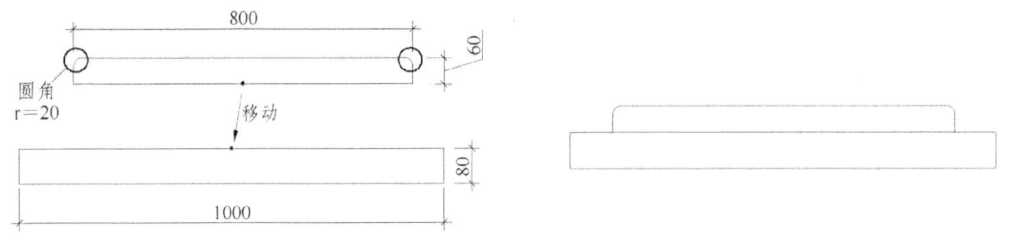

图 9-137 改直角为圆角

图 9-138 移动小矩形

2）以通过中点 F 的垂直线为轴，镜像线段 AB，得到线段 CD，如图 9-139 所示。

3）绘制弧线 BED。其中，B、D 分别为弧线的起点和终点，第二点 E 可利用"对象追踪"工具捕捉通过 F 点的垂直线上的点获得，如图 9-139 所示。

4）将"梯形"上部的弧线向上偏移两次，偏移距离为 60mm。再将"梯形"的各个角点改成"圆角"（圆角半径为 90mm），结果如图 9-140 所示。

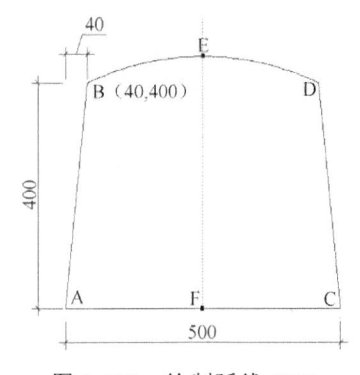

图 9-139 绘制弧线 BED

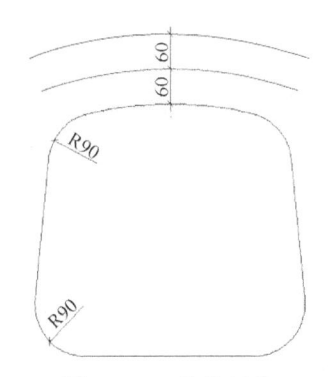

图 9-140 偏移弧线

提示：一定要先"偏移"后"修圆角"。

5）将上方两根弧线的端部以"弧线"连接。绘制"弧线"前先绘制辅助线段 AC，弧线的起点、端点及圆心见图 9-141。再删除辅助线 AC，并以餐椅中心线镜像复制该弧线。

6）在"椅背"与"椅面"间绘制两根对称的直线。结果如图 9-142 所示。

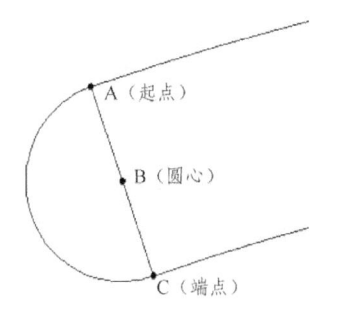

图 9-141 弧线的起点、端点及圆心

图 9-142 餐椅绘制结果

165

7)将"餐椅"写成图块并保存。

(2) 4人餐桌绘制步骤：

1)绘制一 1000mm×1000mm 的矩形。移动餐椅，使餐椅下边线的中点落在矩形中点的垂直延长线上，如图9-143所示。

2)使用"阵列"命令，将餐椅绕餐桌环形阵列。阵列数为4。阵列中心为餐桌中心，捕捉方法见图9-144（利用对象追踪工具）。结果如图9-145所示。

3)将"4人餐桌"写成图块并保存。

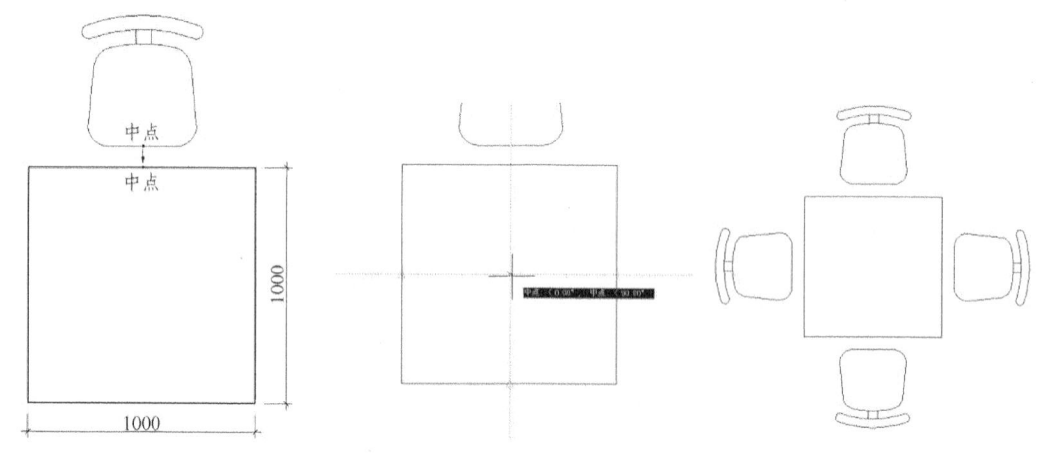

图9-143 绘制4人餐桌桌面　　图9-144 捕捉阵列中心　　图9-145 4人餐桌绘制结果

(3) 8人圆桌绘制步骤：

1)绘制一直径为 1300mm 的圆。移动餐椅，使餐椅下边线的中点落在圆心垂直延长线上，如图9-146所示。

2)使用"阵列"命令，将餐椅绕餐桌环形阵列。阵列数为8，阵列中心为圆心，结果如图9-147所示。

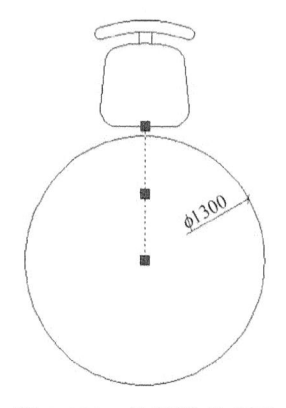

图9-146 绘制圆桌桌面　　图9-147 圆桌绘制结果

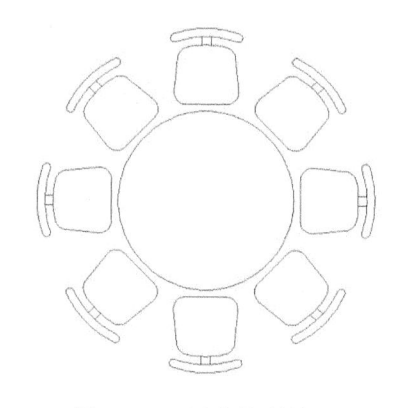

3)用同样方法绘制10人餐桌及12人餐桌，如图9-148所示。其中，10人餐桌的直径为1500mm，12人餐桌的直径为1800mm。

4）将上述餐桌分别写块并保存。

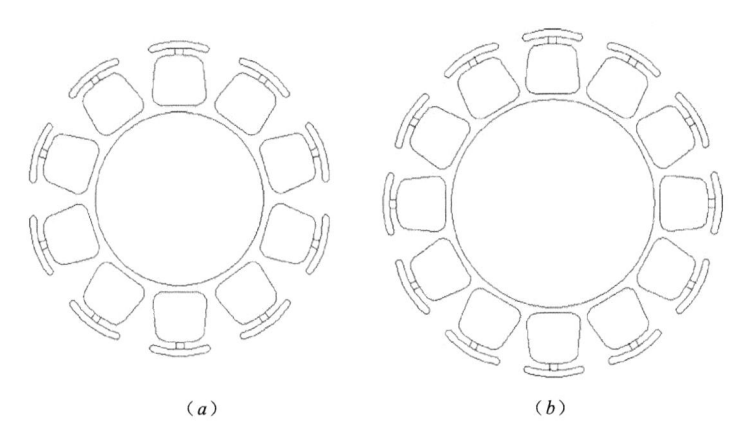

（a）　　　　　　　　　（b）

图9-148　10人餐桌和12人餐桌

（a）10人餐桌；（b）12人餐桌

3. 绘制厨房、洗衣间设备

厨房设备主要包括洗菜盆、燃气灶和冰箱。洗衣间设备主要包括洗衣机和干衣机。

双盆洗菜盆可直接选用图5-63；燃气灶则直接选用图5-65。下面主要讲述冰箱、单盆洗菜盆及洗衣机的绘制过程。

（1）冰箱的绘制步骤：

1）用"矩形"命令（REC）绘制两个相邻的矩形，尺寸为550mm×600mm和550mm×50mm，如图9-149所示。

2）将小矩形下部的两个直角修改为半径为20mm的圆角，并将其向下移动20mm，如图9-150所示。

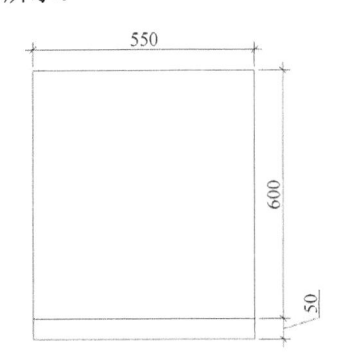

图9-149　绘制两个相邻的矩形　　　　图9-150　将小矩形下部的直角改为圆角

3）将冰箱写成图块并另存。

（2）单盆洗菜盆绘制步骤：

1）绘制一圆角半径为50mm，尺寸为420mm×450mm的矩形。

2）使用偏移命令，将该矩形向内偏移30mm，结果如图9-151所示。

3）单击"拉伸"按钮，用"交叉窗口"选择内部矩形的上边线，向下拉伸20mm，如图9-152所示。

167

图 9-151　偏移矩形　　　　　　　　图 9-152　拉伸矩形

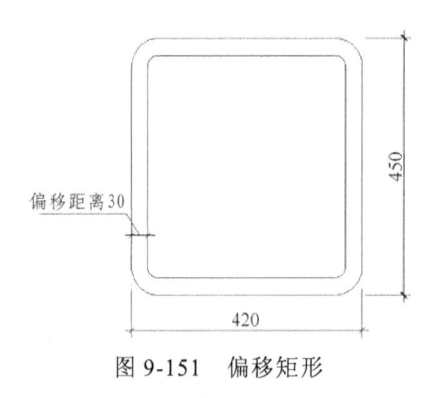

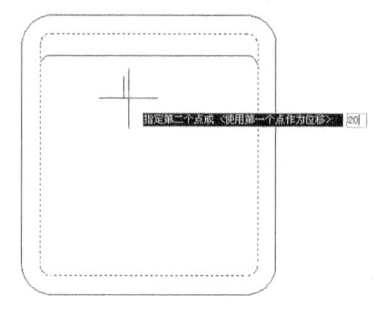

4）在矩形的中心绘制一直径为 35mm 的圆。捕捉圆心时，先确认"对象追踪"及"中点捕捉"已打开。将光标先放在矩形水平线的中点上，再将光标放在矩形垂直线的中点上，将光标向矩形中心移动，当水平及垂直方向的对象追踪虚线相交时，单击鼠标，即可捕捉到矩形的中心，如图 9-153 所示。

5）再将该圆向内偏移 6mm，结果如图 9-154 所示。

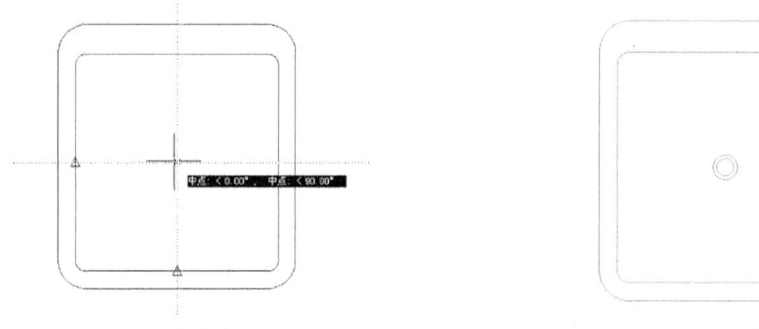

图 9-153　捕捉矩形中心　　　　　　图 9-154　偏移圆

6）在洗池上部的左侧绘制一直径为 35mm 的圆，再用"镜像"命令（MR）以通过洗池中心的垂直线为对称轴将其复制到另一侧，结果如图 9-155 所示。

7）绘制两个矩形：150mm×20mm 和 30mm×135mm，将第二个矩形下部的两个直角修改为半径为 10mm 的圆角。并通过捕捉两个矩形上下边线的中点，将两个矩形移动至如图 9-156 所示的位置。

8）将两个矩形相交部位的线段修剪掉，再将此图形移至水池中合适的位置，再将通过"水龙头"部位的线段修剪掉即可，如图 9-157 所示。

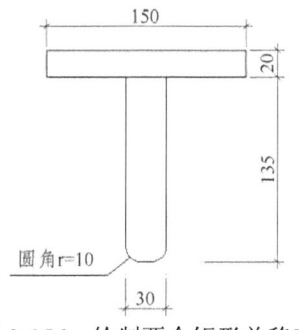

图 9-155　复制圆　　　图 9-156　绘制两个矩形并移动　　　图 9-157　修剪线段

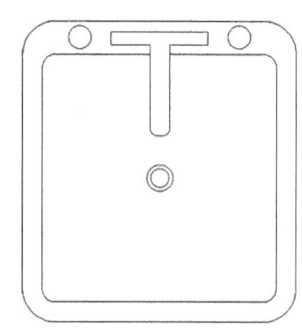

168

9）将"单盆洗菜盆"写成图块并另存。

（3）洗衣机、烘干机绘制步骤：

1）绘制一 600mm×600mm 的矩形。

2）先用"分解"命令（X）将矩形分解，再将矩形上端的线向下偏移 80mm，下端的线向下偏移 20mm，结果如图 9-158 所示。

3）绘制一水平轴长 75mm、垂直轴长 45mm 的椭圆，再将其向内偏移 7mm，结果如图 9-159 所示。

图 9-158　分解并偏移矩形　　　　图 9-159　绘制椭圆并偏移

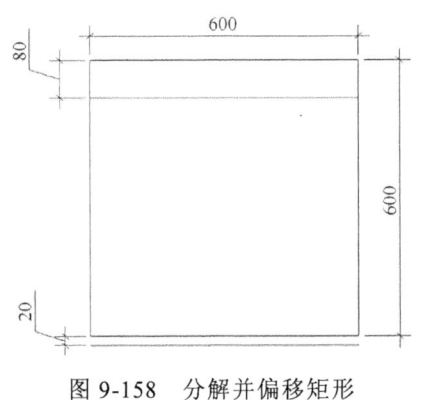

4）"内椭圆"向下移动 4mm，再将两个椭圆共同移至洗衣机上端，并向右复制另一个。结果如图 9-160 所示。"洗衣机"绘制完毕。

5）复制一个"洗衣机"图形，并删除其矩形下面的那根线，再向左复制一个"旋钮"，如图 9-161 所示。

6）绘制一 450mm×350mm 的矩形，利用捕捉中点及对象追踪工具，将其移动到图 9-162 所示的位置，并在矩形下部绘制一根弧线，"烘干机"绘制完毕，如图 9-162 所示。

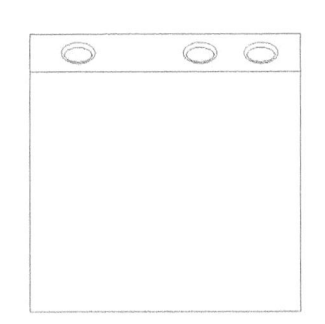

图 9-160　洗衣机　　　　图 9-161　添加旋钮　　　　图 9-162　烘干机

7）将"洗衣机"及"烘干机"分别写成图块并另存。

4. 绘制卫生间设备

卫生间设备主要包括坐便器、盥洗盆、浴缸、淋蓬头。

坐便器选用图 4-38；盥洗盆选用图 4-24 或图 4-26 中的图形；浴缸选用图 4-39。下面主要讲述淋蓬头的绘制过程。

淋蓬头绘制步骤如下：

169

（1）绘制一水平轴长 80mm、垂直轴长 45mm 的椭圆。再将其向内偏移 10mm，结果如图 9-163 所示。

（2）输入"直线"命令（L），按回车键；利用"对象追踪"功能将光标先放在椭圆的圆心上，向上拖动，当出现"追踪虚线"时输入"60"即可捕捉点 A，再利用"捕捉切点"的功能捕捉点 B，绘制直线 AB。再以通过 A 点的垂直线为镜像轴镜像线段 AB，结果如图 9-164 所示。

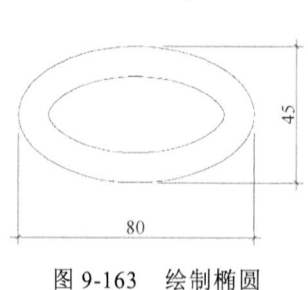

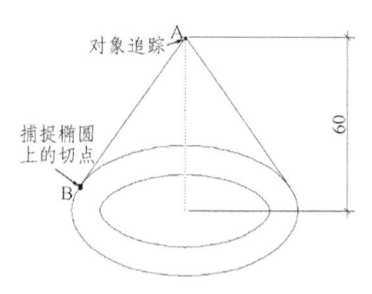

图 9-163　绘制椭圆　　　　　　图 9-164　镜像线段 AB

（3）在点 A 左侧 10mm 的位置上绘制一长 50mm 的线段（线段起点可用"对象追踪"功能来捕捉）。再将该线段镜像至点 A 右侧，如图 9-165 所示。

（4）使用"延伸"命令将"垂直线"延长至其下方的"斜线"，并用"圆角"命令，分别将"垂直线"及"斜线"的尾部改成半径为 10mm 的圆弧，如图 9-166 所示。

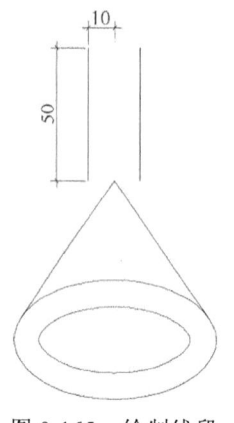

图 9-165　绘制线段　　　　　　图 9-166　绘制圆弧

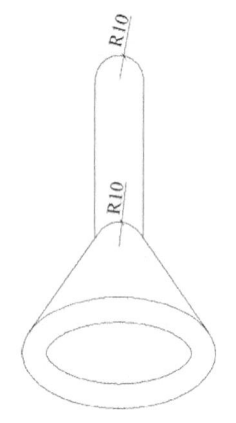

（5）为"淋蓬头"添加"基座"，如图 9-167 所示。

（6）将"淋蓬头"写成图块并另存。

5. 绘制书房家具

书房家具主要包括书柜、书桌、椅子和电脑。

（1）书柜绘制步骤：书柜可直接以"矩形"表示，并根据房间形状和大小来布置（见图 9-168），并列布置时可采用"阵列"或"复制"命令。

（2）书桌绘制步骤：书桌也可直接用"矩形"表示。转角书桌可以"矩形"和"修剪"命令来绘制，如图 9-169 所示。

（3）椅子绘制步骤：

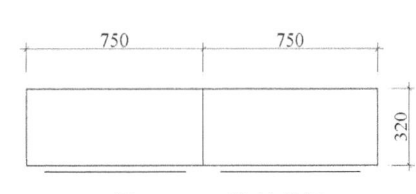

图 9-167　淋蓬头　　　　　　　　　图 9-168　绘制书柜

1）绘制一 320mm×320mm 的矩形，并用"圆角"命令将矩形上部的两个端点改成半径为 90 的圆角，将下部的两个端点改成半径为 25mm 的圆角，如图 9-170 所示。

2）先将该矩形"分解"，再使用"偏移"命令，依次将矩形的三个边向外偏移 50，如图 9-171 所示。

图 9-169　绘制书桌　　　图 9-170　绘制矩形并修改圆角　　　图 9-171　偏移矩形三边

3）用"圆角"命令将"扶手"端部修改成半径为 25mm 的圆角，如图 9-172 所示。

4）将"椅子"写块并另存。

5）也可将椅子与书桌合成为一个图块，如图 9-173 所示。

（4）计算机绘制步骤：

1）计算机的显示器因与"电视"相似，只要插入"电视"图块，并将尺寸缩小为原来的 0.4 倍即可（原电视尺寸为 1000mm，缩小后的显示器尺寸为 400mm）。

2）使用"矩形"命令绘制如图 9-174 所示的键盘，并用"移动"命令将键盘上各矩形移动到合适的位置。

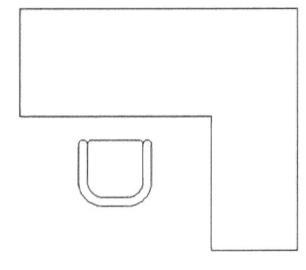

图 9-172　椅子　　　　　　　　　图 9-173　椅子与书桌

171

3）将"显示器"、"键盘"移动到合适的位置，并在键盘的右侧绘制一 40mm×60mm 的矩形（圆角半径为 10mm），再用"样条曲线"命令绘制一根"鼠标线"，结果如图 9-175 所示。

4）将"计算机"写成图块并另存。

6. 绘制卧室家具

卧室家具主要包括双人床、单人床及床头柜。

床头柜可选用图 4-32，双人床可选用图 4-34，也可采用下面介绍的图形。

（1）单人床绘制步骤：

1）绘制床体。如图 9-176 所示，分别绘制两个矩形：1250mm×60mm（圆角半径为 20mm）及 1200mm×2040mm（圆角半径为 50mm），并利用中点捕捉功能将两者移动至图 9-176 所示的位置。

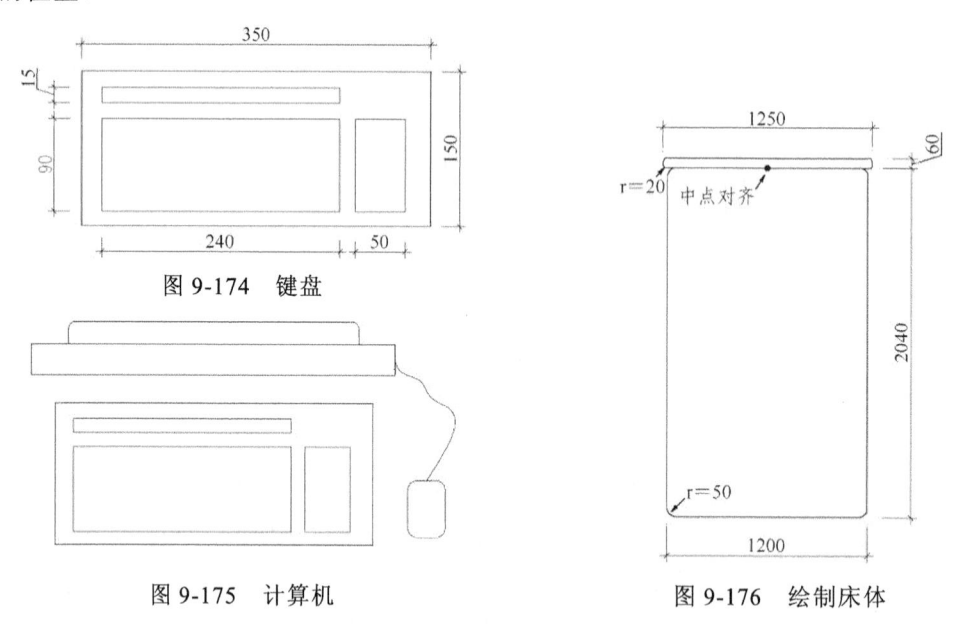

图 9-174 键盘

图 9-175 计算机

图 9-176 绘制床体

2）绘制枕头。如图 9-177 所示，先绘制一 750mm×430mm 的矩形，再用"样条曲线"命令（SPL）沿矩形边随机绘制样条曲线，全部完成后，删除矩形并用夹点编辑方式调整细节即可。

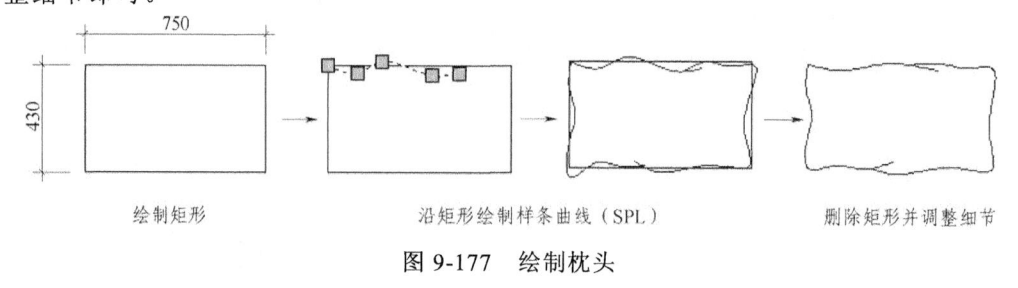

图 9-177 绘制枕头

3）将枕头制作成块后配置到床上，再用直线及圆弧命令为床体添加一些细节，如图 9-178 所示。

4）用修剪命令修剪掉"床单"与"枕头"相交部分的线，再为"床单"填充图案，结果如图 9-179 所示。

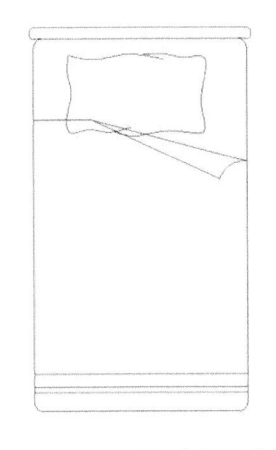

图 9-178 增加床体细节　　　　　　　图 9-179 单人床

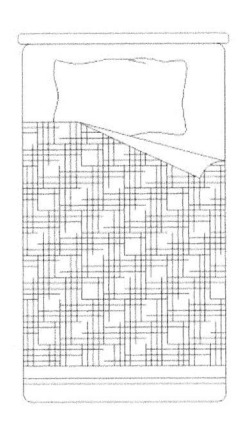

（2）双人床绘制步骤：

1）复制一个单人床，并删除单人床上的图案填充。

2）使用拉伸命令将单人床的右侧向右拉伸 600mm，如图 9-180 所示。

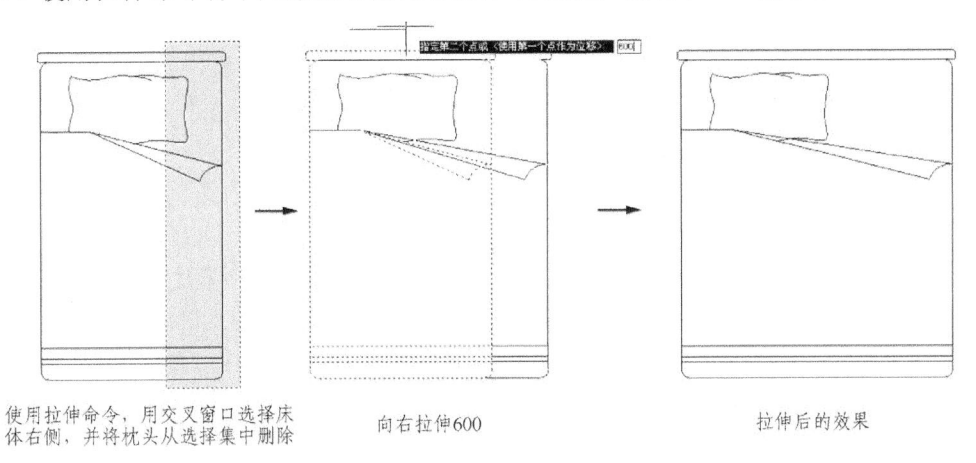

图 9-180 拉伸单人床

提示：拉伸时，应用交叉窗口选择床体右侧，并将"枕头"从选择集中删除。

3）为双人床添加一个枕头，并调整两个枕头的位置。

4）用修剪命令修剪掉"床单"与"枕头"相交部分的线，再为"床单"填充图案，结果如图 9-181 所示。

5）将"单人床"及"双人床"分别写块并保存。

7. 绘制室内配饰

（1）植物绘制步骤：

1）绘制一半径为 100mm 的圆，捕捉圆心，以圆的大小为依据，依次绘制样条曲线，如图 9-182 所示。

2）增画样条曲线，丰富层次，删除圆，结果如图 9-183 所示。

3）将植物写成图块并另存。

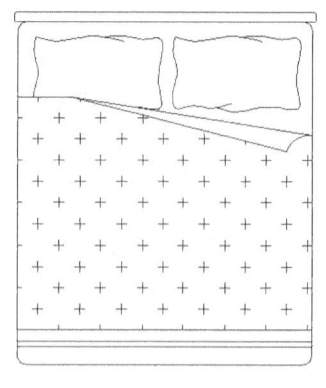

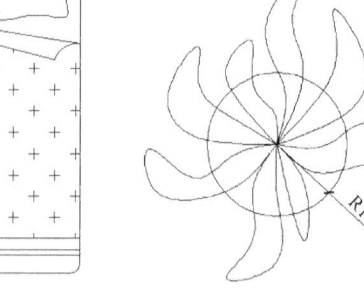

图 9-181 双人床　　　图 9-182 绘制样条曲线　　　图 9-183 植物

（2）窗帘绘制步骤：

1）使用"多段线"命令（PL）绘制窗帘，如图 9-184 所示。

图 9-184 绘制窗帘

命令行操作提示如下：

命令：PLINE（执行多段线命令并按回车键）

指定起点：（指定多段线起点）

当前线宽为 0

　　指定下一个点或 [圆弧（A）/半宽（H）/长度（L）/放弃（U）/宽度（W）]：<正交开>A（打开正交模式，输入 A 切换到绘制圆弧，并按回车键）

　　指定圆弧的端点或 [角度（A）/圆心（CE）/方向（D）/半宽（H）/直线（L）/半径（R）/第二个点（S）/放弃（U）/宽度（W）]：A（输入 A，切换到输入圆弧角度并按回车键）

　　指定包含角：180（输入包含角度 180 并按回车键）

　　指定圆弧的端点或 [圆心（CE）/半径（R）]：100（向右移动光标，输入 100，并按回车键）

　　指定圆弧的端点或 [角度（A）/圆心（CE）/闭合（CL）/方向（D）/半宽（H）/直线（L）/半径（R）/第二个点（S）/放弃（U）/宽度（W）]：100（向右移动光标，输入 100，并按回车键）（重复此步骤，直至圆弧数目合适）

　　指定圆弧的端点或 [角度（A）/圆心（CE）/闭合（CL）/方向（D）/半宽（H）/直线（L）/半径（R）/第二个点（S）/放弃（U）/宽度（W）]：L（输入 L，切换到绘制直线，并按回车键）

　　指定下一点或 [圆弧（A）/闭合（C）/半宽（H）/长度（L）/放弃（U）/宽度（W）]：200（向右移动光标，输入 200，并按回车键）

　　指定下一点或 [圆弧（A）/闭合（C）/半宽（H）/长度（L）/放弃（U）/宽度（W）]：W（输入 W，切换到线宽设置，并按回车键）

　　指定起点宽度<0>：70（指定直线起点线宽 70 并按回车键）

指定端点宽度<70>：0（指定直线端点线宽0，并按回车键）

指定下一点或 [圆弧（A）/闭合（C）/半宽（H）/长度（L）/放弃（U）/宽度（W）]:（指定箭头端点位置，按回车键结束绘制）

2）将窗帘写成图块并另存，将拾取的基点设在多段线的起点位置上。

9.3.2 在建筑原况平面图中布置家具

（1）对原况平面图进行调整。

1）打开"建筑原况平面图.dwg"，将其另存为"室内平面布置图.dwg"。

2）将符号层、文本层、轴线层暂时关闭，将建筑内部的细部尺寸删除。

3）如果需要调整非承重结构的隔墙，则做相应的修改，在修改墙体时，可使用分解工具将墙体的多线分解开，再单独编辑。

（2）使用"插入块"命令（I）调用图块库中的现有图块，将其按一定的比例和旋转角度定位到图纸中。

1）插入客厅家具、餐厅家具。包括沙发、茶几、电视和餐桌。结果如图 9-185 所示。

2）插入书房、洗衣间家具，包括书桌、书柜、洗衣机、烘干机及盥洗盆。结果如图 9-186 所示。

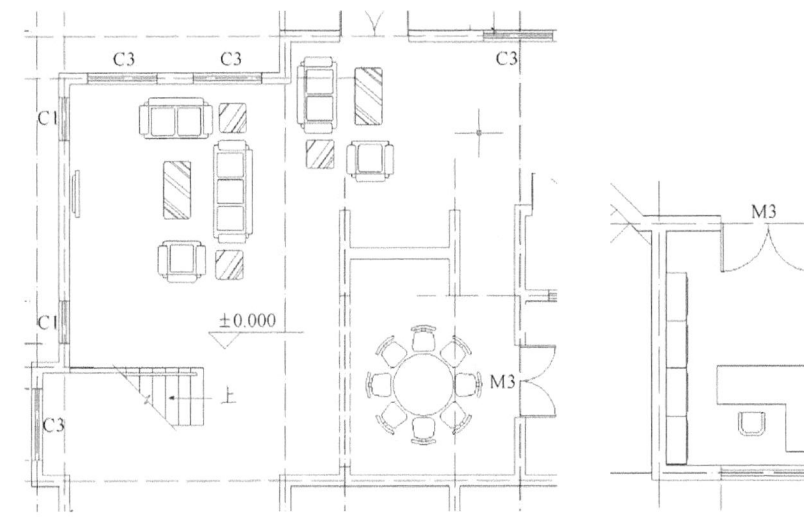

图 9-185 插入客厅家具、餐厅家具 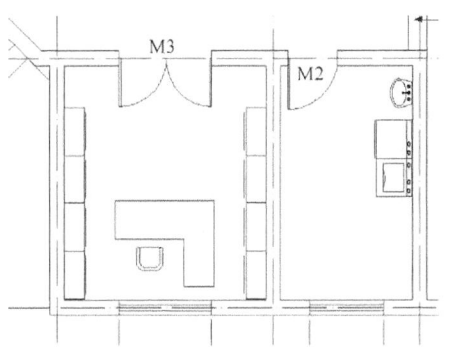　　　　图 9-186 插入书房、洗衣间家具

（3）绘制需依空间情况来确定尺寸的家具。

1）绘制西厨、中厨的家具。首先，绘制一宽度为 600mm 的餐室操作台，如图 9-187 所示。在合适的位置插入家具图块（包括冰箱、单盆洗菜盆、双盆洗菜盆、灶具）。结果如图 9-188 所示。

2）绘制餐厅与客厅之间的壁柜门，如图 9-189 所示。

3）绘制卫生间家具。具体操作步骤如下：

- 将当前图层设为"墙"。在轴线 5 处绘制一 120mm×1060mm 的隔墙，如图 9-190 所示。

- 将当前图层设为"家具"。在隔墙左侧，距墙面 500mm 处绘制一直线，如图 9-190

所示。

● 插入图块盥洗盆、坐便器及浴缸。结果如图 9-191 所示。

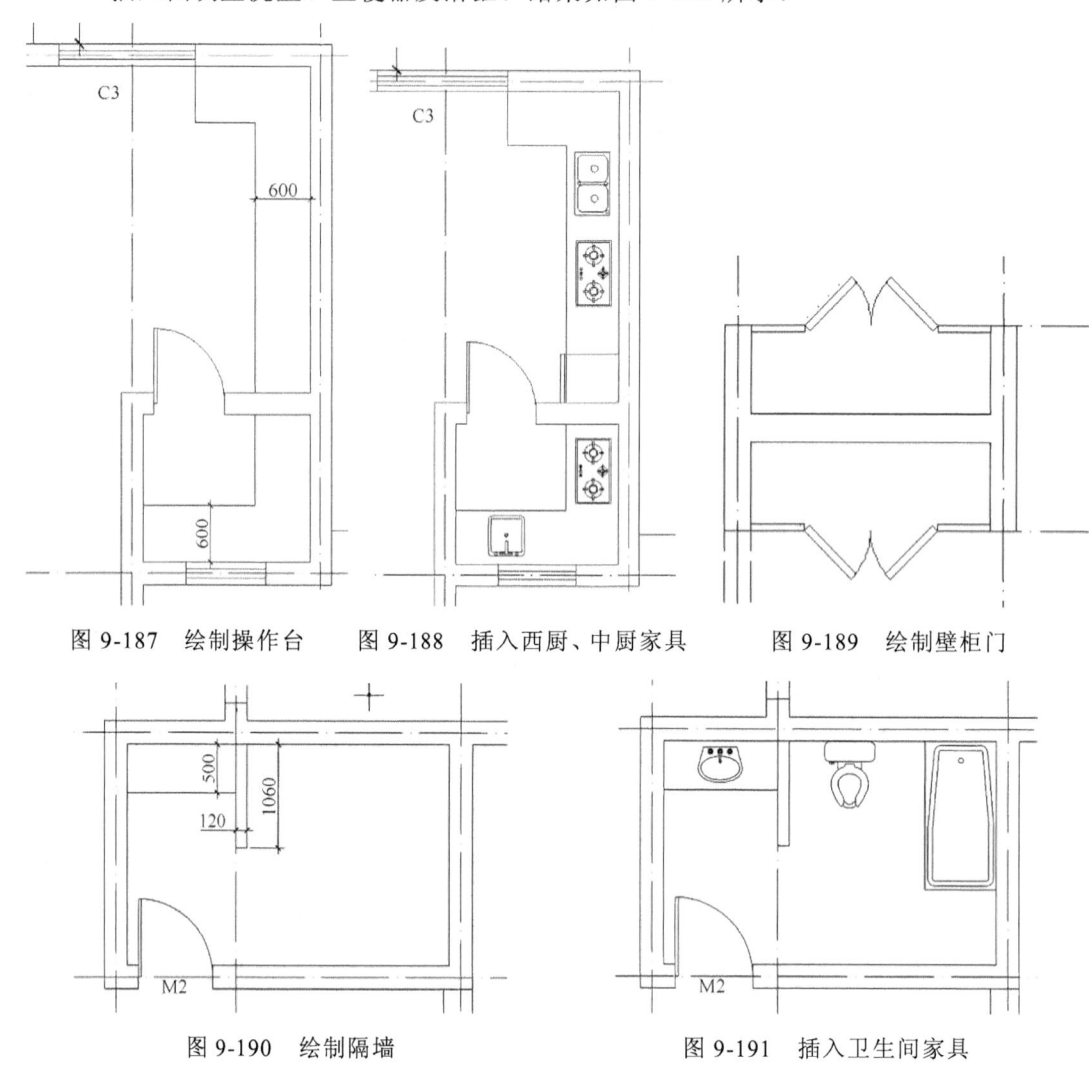

图 9-187　绘制操作台　　图 9-188　插入西厨、中厨家具　　图 9-189　绘制壁柜门

图 9-190　绘制隔墙　　　　　　　图 9-191　插入卫生间家具

（4）使用插入块的方法绘制窗帘。以客厅窗帘为例，步骤如下：

1）使用"插入块"命令（I）插入窗帘图块，在"插入"对话框中进行参数设置，X 轴比例可根据窗帘的实际程度设置比例（此处设为 0.8），Y 轴保持原比例 1，如图 9-192 所示。

2）将窗帘捕捉如图 9-193 所示的位置。

3）使用复制命令，将窗帘复制出一组，如图 9-194 所示，表示双层窗帘。

4）用相同方法为其他房间配上窗帘，纵向的窗帘注意修改块的旋转角度。如果窗帘长度过长，则相应将 X 轴比例改得更小。

（5）摆放植物。植物和装饰品属于装饰配件，在平面布置图中，适当地摆放植物，可使画面层次更丰富。其主要方法是插入植物图块后，使用复制命令将植物复制到不同地方，再使用"缩放"命令（SC）将植物放大或缩小。具体操作步骤如下：

图9-192 修改"窗帘"图块参数

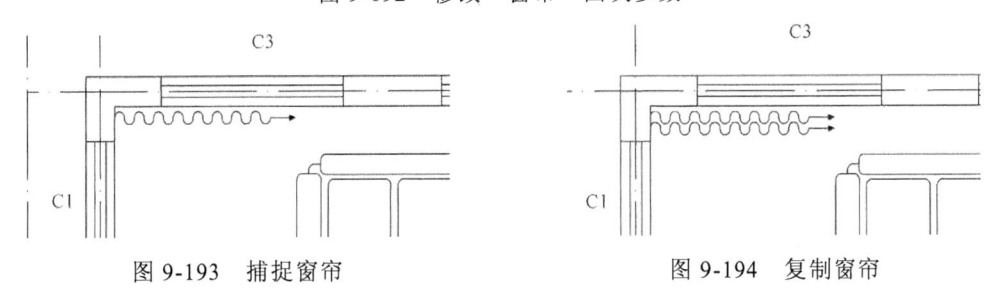

图9-193 捕捉窗帘 　　　　　　图9-194 复制窗帘

1）设置新的图层"绿化",并将其设为当前图层。
2）使用插入块命令将"植物"插入图纸中。
3）使用复制命令将植物复制到相应位置。
4）执行 SC 命令,将客厅沙发旁的植物放大。
命令行操作提示如下:
命令:SC（执行缩放命令并按回车键）
选择对象:（单击选择植物）
指定对角点:找到1个（按回车键）
指定基点:（在植物的中心处单击,指定缩放的中心点）
指定比例因子或 [参照（R）]:2（输入2表示放大2倍,按回车键结束绘制）
5）用相同的方法,将各个位置的植物按不同的比例缩放,绘制结果如图9-195所示。

9.3.3 填充地面装饰材料

将地面装饰表现在平面布置图中,一方面,可以使图纸的可读性增强,使功能区更易辨识;另一方面,也可使图纸更为完整,效果更丰富。表现地面装饰材料需要用到"图案填充"命令（H）,在使用图案填充命令时,应注意填充区域必须是一个封闭的区域。具体操作步骤如下:

（1）将填充层置为当前层。
（2）暂时关闭轴线层和门窗层,用直线将各房间门两侧门洞连接起来,并用直线将铺地材料不同的区域划分开,如图9-196所示。
（3）在命令行输入 H 命令并按回车键,打开"边界图案填充"对话框,如图9-197所示,选择 NET 图案,将比例改为190,单击"拾取点"按钮,在客厅内部单击,拾取内部的一点。

177

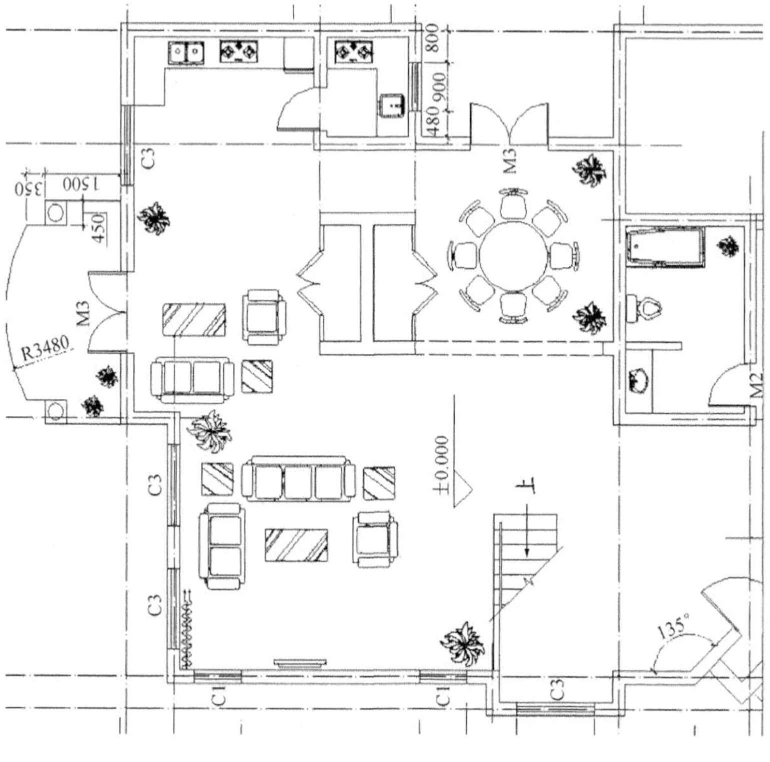

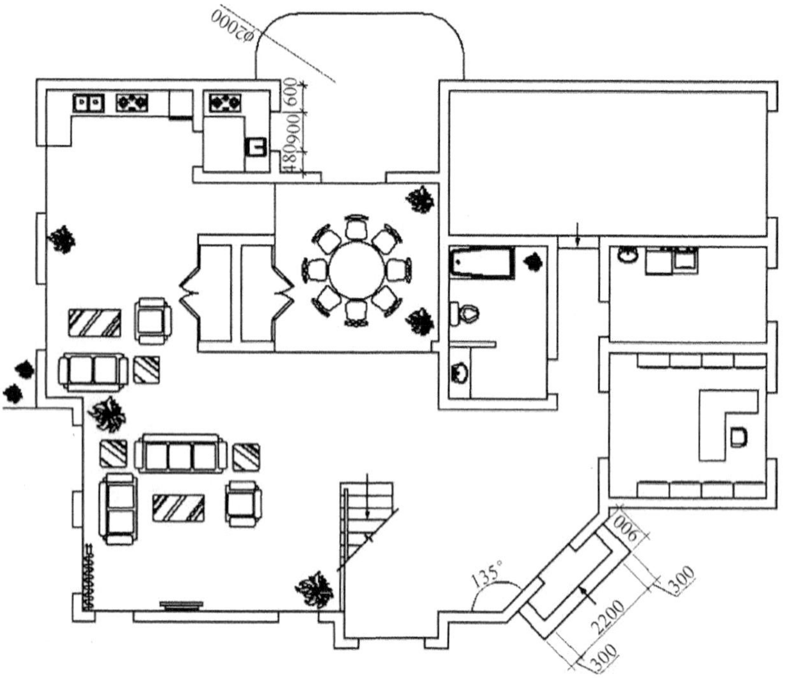

图 9-196 划分不同区域

图 9-195 摆放植物

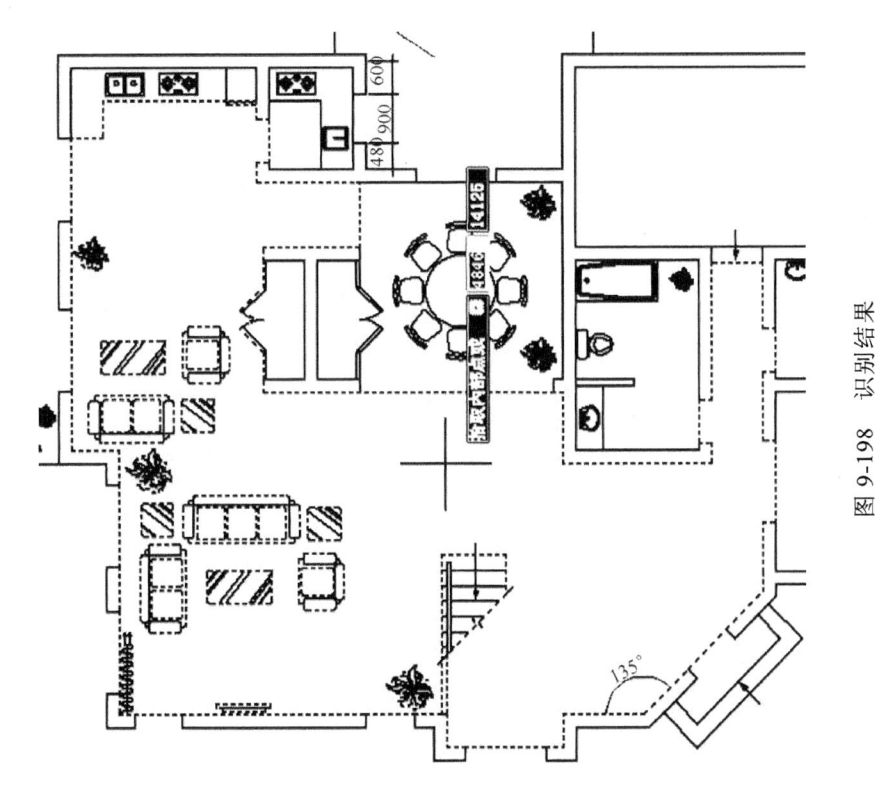

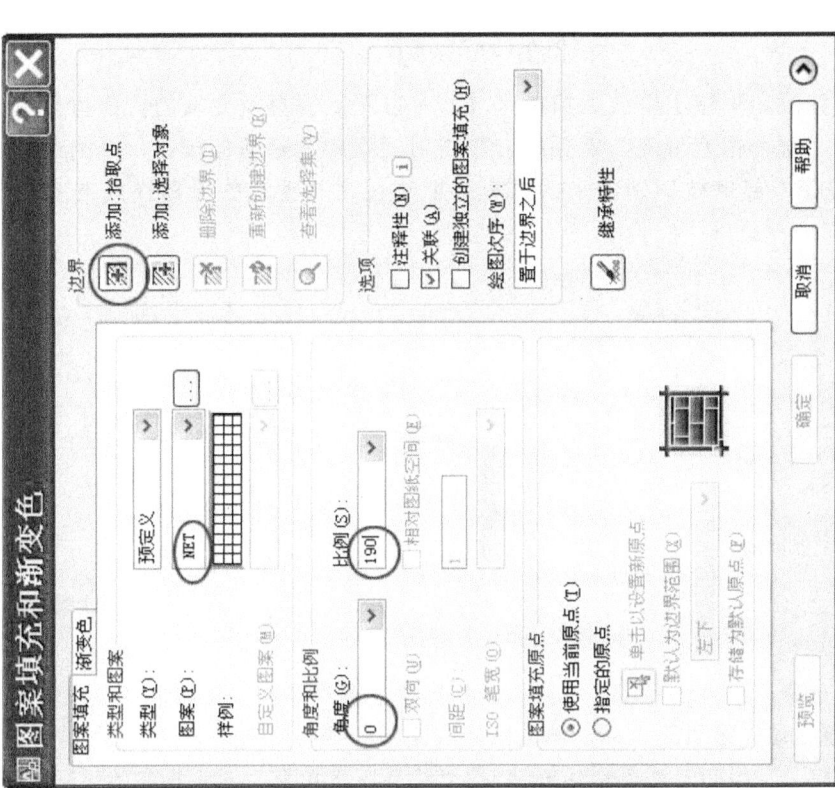

图 9-197 "图案填充和渐变色"对话框

图 9-198 识别结果

（4）此时命令行提示："正在分析所选数据…"，说明系统正在该闭合区域内识别所有对象。此后命令行将提示："正在分析所选数据…正在分析内部孤岛…"，说明系统正在分析该闭合区域内各对象之间形成的孤岛（即可填充的区域），由于客厅区域内的物品较多，所以系统分析需要一段时间，此时观察绘图窗口中客厅各元素，会发现各元素外形会逐渐被系统以虚线的形式识别出来。当命令行提示"选择内部点："时，则表示识别完毕。中途要退出选择，可按取消键。识别结果如图 9-198 所示。

（5）用户可继续在其他区域内部单击，增加填充区域，也可按回车键返回"边界图案填充"对话框，修改属性后单击"预览"按钮，可预览图形，如图 9-199 所示。

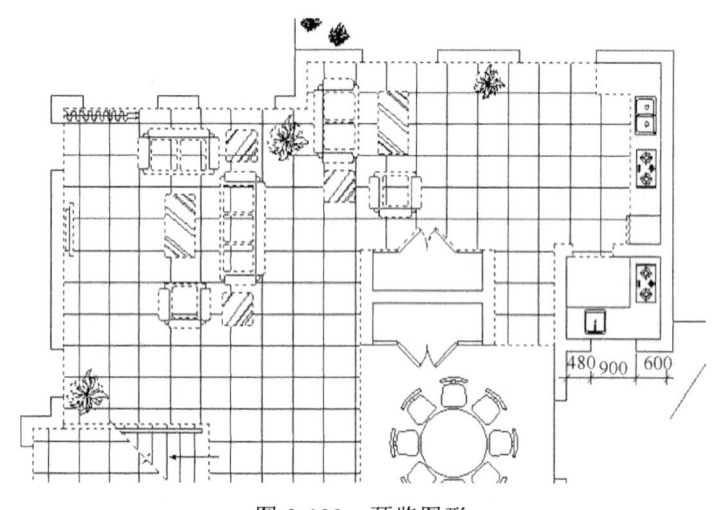

图 9-199　预览图形

（6）使用缩放和平移工具放大填充区域，可以看到餐桌及餐椅的内部也被填充了。按回车键返回"边界图案填充"对话框，单击对话框中删除孤岛按钮，返回绘图窗口。单击餐桌和餐椅内部也被识别出来的虚形线框，使这些区域的孤岛样式被忽略，如图 9-200 所示。

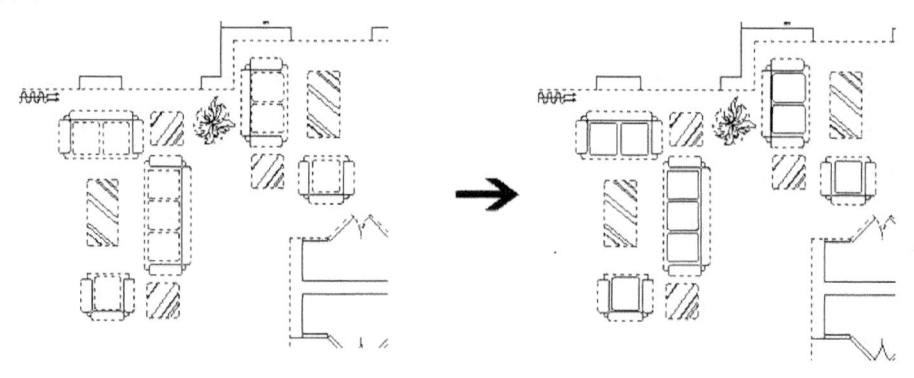

图 9-200　忽略孤岛样式

（7）按回车键返回"边界图案填充"对话框，单击"预览"按钮预览，预览效果如图 9-201 所示。确认填充效果无误后，单击鼠标右键即可结束填充命令。

（8）为中厨、卫生间及洗衣房填充地面。"边界图案填充"对话框参数设置：图案

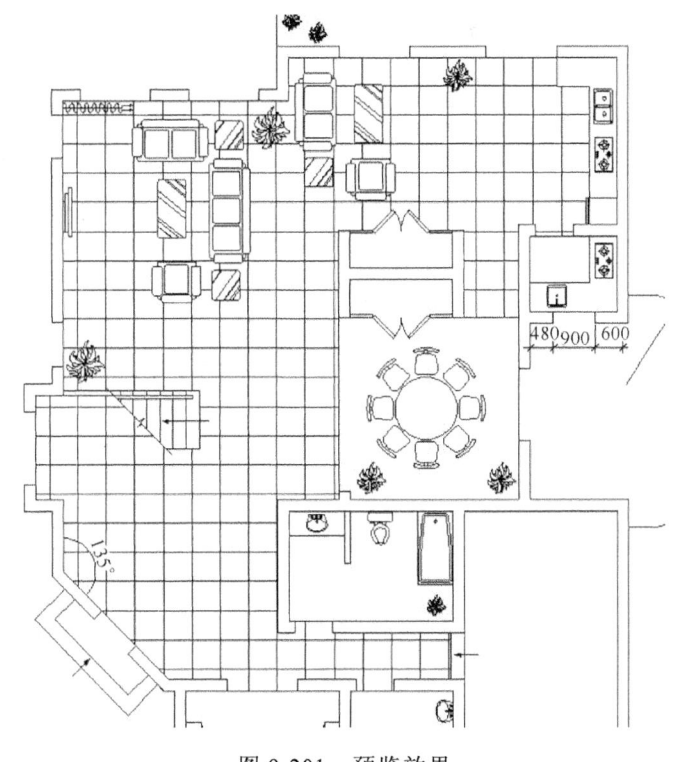

图 9-201 预览效果

"ANGLE",比例"40",在拾取卫生间的内部点后,待命令行提示"选择内部点:"时,再分别在洗衣房及中厨内部拾取一点,填充结果如图 9-202 所示。

(9)为餐厅、书房填充地面。"边界图案填充"对话框的设置:图案"DOLMIT",角度"90",比例"15",结果如图 9-203 所示。

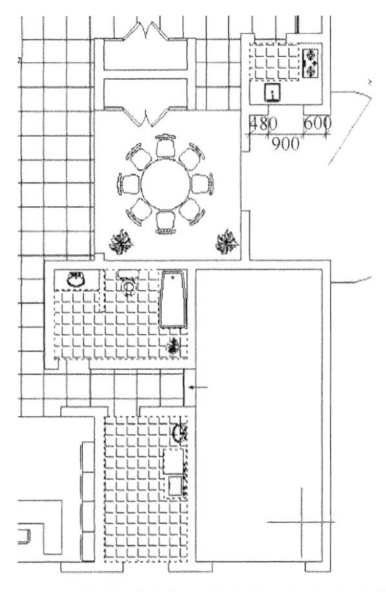

图 9-202 填充中厨、卫生间及洗衣房地面 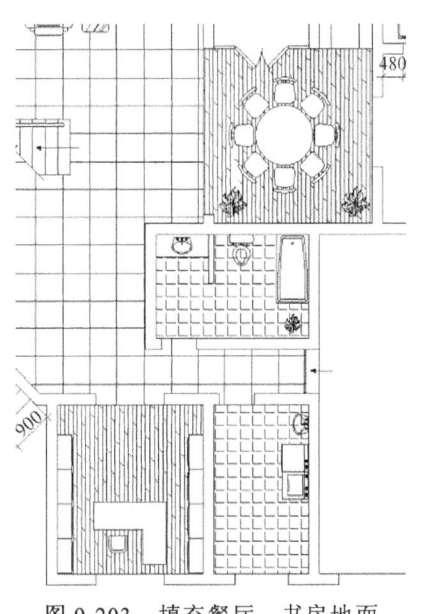　　图 9-203 填充餐厅、书房地面

（10）为2个露台及车库填充地面。"边界图案填充"对话框的设置：图案"AR-HBONE"，比例"2"。最后效果如图9-204所示。

（11）打开隐藏的轴线层和门窗层，并保存。至此，一张比较完整的平面布置图已经成形。

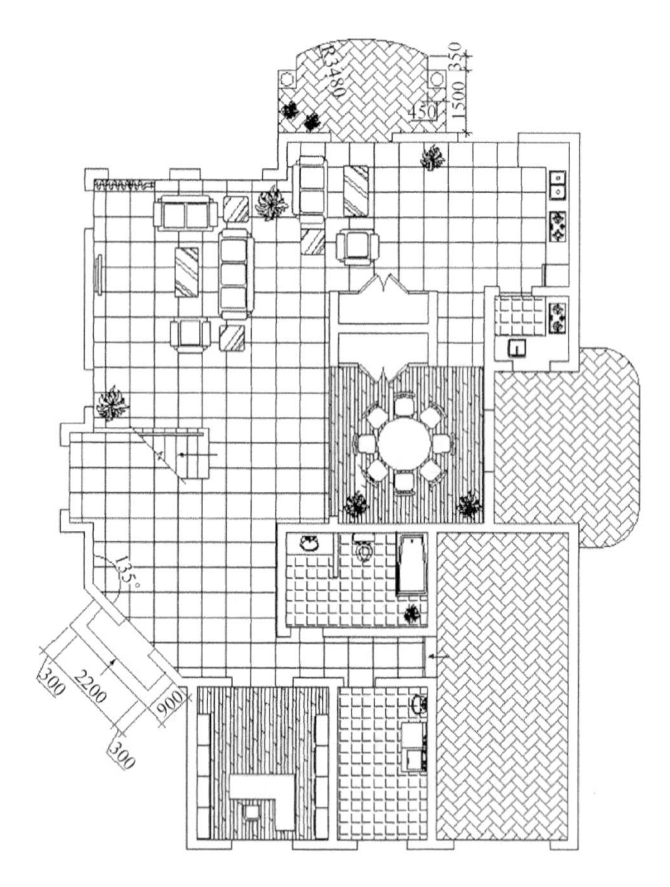

图 9-204 填充露台及车库地面

9.3.4 文字注释

文本说明是装饰图纸的必要组成部分，它可以辅助解释图纸中仅靠画面无法表现出来的一些问题。平面布置图的文字注释一般包括了文本标注、尺寸标注、立面索引符号标注等。

1. 文本标注

（1）取消对文本层的隐藏，并将文本层置为当前层。

（2）删除原来的文本注释。在"文字样式"工具栏中选择"仿宋体"为当前文字样式。

（3）命令行输入"单行文字"命令（TEXT）。

命令行操作提示如下：

命令：TEXT（输入TEXT并按回车键）

当前文字样式："仿宋体" 文字高度：3 注释性： 否

指定文字的起点或 [对正（J）/样式（S）]:（单击起居室内的标注位置）

指定高度<3>：300（输入300，并按回车键）

指定文字的旋转角度 <0.00>:（直接按回车键，确认文字旋转角度为0）

打开"中文"输入模式，输入文字"600×600人造石砖"；然后依次点击卫生间、书房及车库的标注位位置，并输入相应的文字："480×480防滑砖"、"复合木地板"及"100×200防滑砖"，按取消键退出命令，结果如图9-205所示。

（4）单击下拉菜单"绘图"→"区域覆盖"（或在命令行输入WIPEOUT命令），擦除文本下的图案。

命令行操作提示如下：

命令：WIPEOUT（执行"区域覆盖"命令并按回车键）

指定第一点或 [边框（F）/多段线（P）] <多段线>：（在客厅的文字外围左上角拾取一点）

指定下一点：（在客厅的文字外围右上角拾取一点）

指定下一点或 [放弃（U）]：（在客厅的文字外围右下角拾取一点）

指定下一点或 [闭合（C）/放弃（U）]：（在客厅的文字外围左下角拾取一点，按回车键使选框闭合）

结果如图9-206所示。

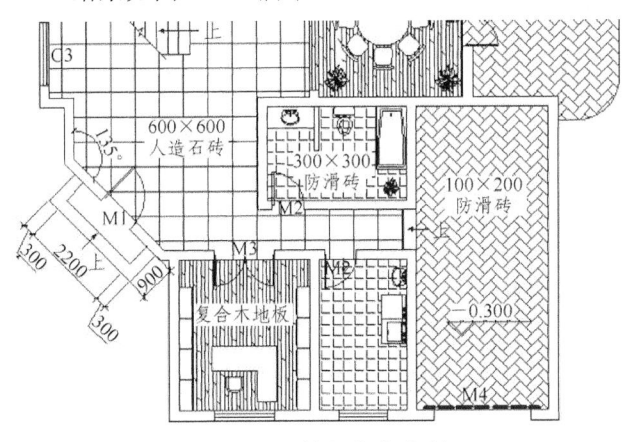

图9-205 输入文字注释

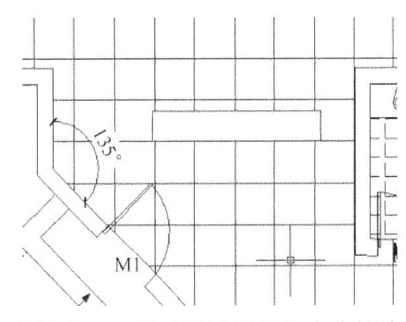

图9-206 用"区域覆盖"命令擦除文本下的图案

（5）在选框线上单击，使其变为夹点编辑状态，单击右键，在快捷菜单中单击"绘图顺序"→"置于对象之下"，如图9-207所示。

（6）命令行提示："选择参照对象："，在被遮挡的文字上单击，按回车键即可调整擦除框与文本的绘图顺序。结果如图9-208所示。

（7）使用相同方法为其他文本及标高符号擦除图案背景。

（8）再次执行"擦除"命令（WIPEOUT），统一关闭所有擦除框的边框。

命令行操作提示如下：

命令：WIPEOUT（执行擦除命令并按回车键）

指定第一点或 [边框（F）/多段线（P）] <多段线>：F（输入F，切换到边框模式并按回车键）

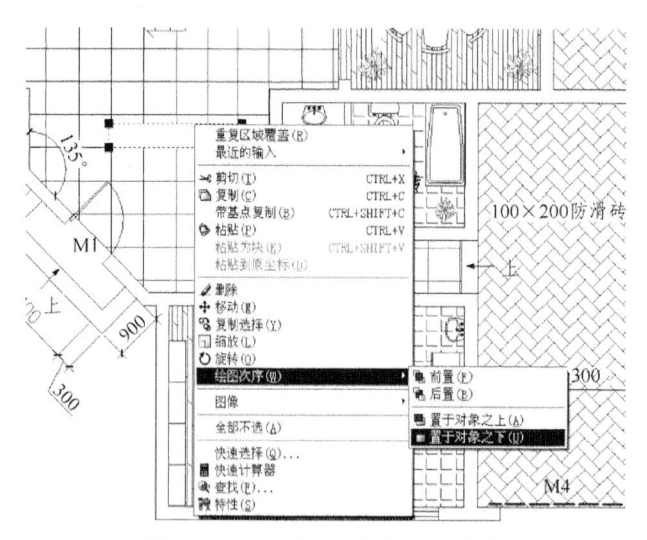

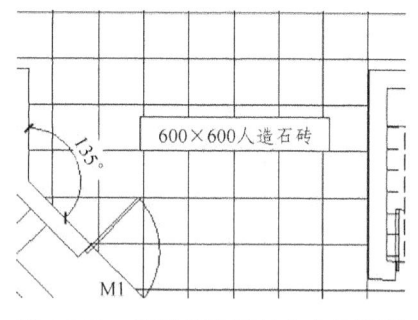

图 9-207 "置于对象之下"菜单　　　　图 9-208 调整擦除框与文本的顺序

输入模式［开（ON）/关（OFF）］＜ON＞：OFF（输入 OFF，关闭边框的显示。按回车键结束命令）

（9）按【Ctrl】+【S】键保存。结果如图 9-209 所示。

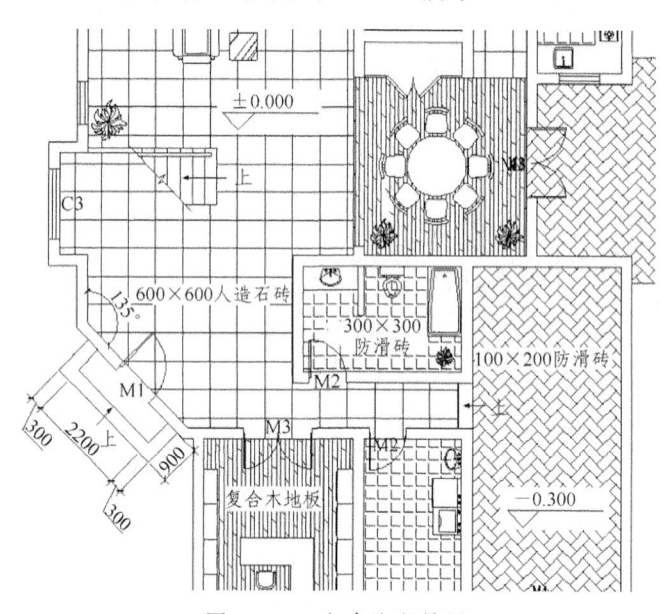

图 9-209 文本注释结果

2. 尺寸标注

打开隐藏的尺寸层，将尺寸层置为当前层，删除不必要的标注，或是添加新的标注。

3. 绘制立面索引符号

（1）绘制尺寸如图 9-210 所示的立面索引符号。步骤如图 9-210 所示。

（2）为该索引符号定义图块属性，对话框设置如图 9-211 所示。结果如图 9-212 所示。

（3）使用写块命令，将索引符号写成图块。选择"从图形中删除"。

184

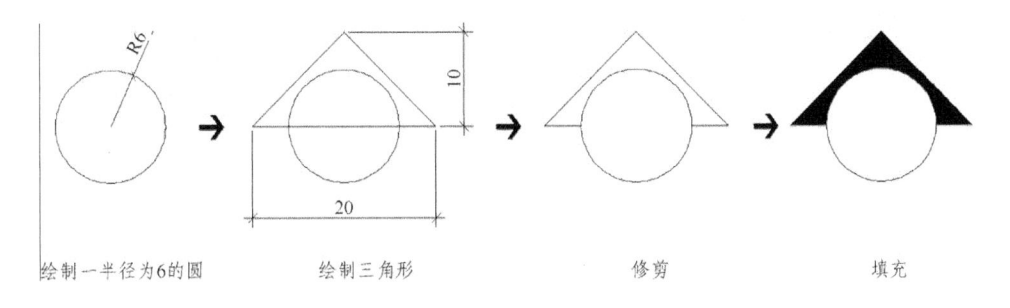

绘制一半径为6的圆　　　绘制三角形　　　　　修剪　　　　　　填充

图 9-210　绘制立面索引符号的过程

图 9-211　定义立面牵引符号属性 　　　图 9-212　立面索引符号绘制结果

（4）使用缩放命令使图纸完全显示。使用插入块命令，从图块库中插入立面索引符号。勾选"统一比例"，并将 X 比例改为"30"，"插入"对话框设置如图 9-213 所示。在命令行提示栏中输入其编号 A。点击起居室外空白处，将图块插入合适位置。

（5）使用复制、旋转和镜像命令，绘制出如图 9-214 所示的图形。

图 9-213　插入立面索引符号的参数控制 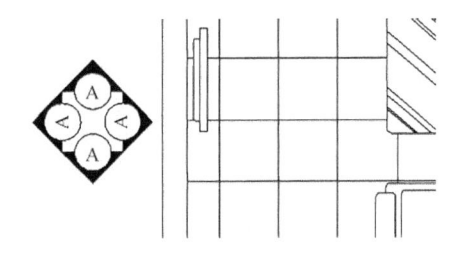　　　图 9-214　复制、旋转和镜像立面牵引符号

（6）在该组符号中右侧索引符号的文字上双击，可打开"增强属性编辑器"对话框，在"属性"选项卡，将"值"修改为 B ［见图 9-215（a）］，切换到"文字选项"选项卡，将"旋转"改为 0 ［见图 9-215（b）］。

（7）按相同方法，将其余的索引编号修改成如图 9-216 所示。按【Ctrl】+【S】键保存。

(a)   (b)

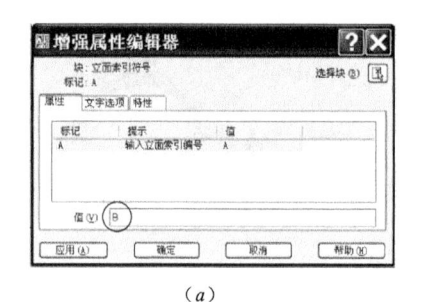

图 9-215　设置立面牵引符号的属性　　　　图 9-216　修改牵引编号

（8）绘制如图 9-217 所示的引线。

（9）在引线端部绘制圆点，结果如图 9-218 所示。

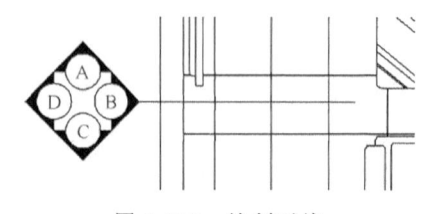

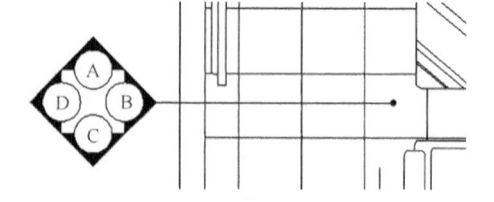

图 9-217　绘制引线　　　　　　　图 9-218　绘制引线端部圆点

命令行操作提示如下：

命令：_DONUT（点击菜单栏"绘图"→"圆环"命令）

指定圆环的内径<1>: 0（输入 0，设置圆环内径为 0，并按回车键）

指定圆环的外径<3>: 50（输入 50，设置圆环外径为 50，并按回车键）

指定圆环的中心点或 <退出>:（捕捉引线端部，并按取消键结束命令）

（10）注释完成后，可使用缩放命令使图纸全部显示并保存。

9.4　绘制室内立面图

9.4.1　室内立面图的主要内容

室内立面图包括装饰立面图和陈设立面图，装饰立面图着重反映固定装饰内容的立面图，陈设立面图则着重反映立面的陈设内容，有些时候也可以把装饰立面图和陈设立面图在同一张图纸中表现。

装饰立面图绘制内容的要求如下：

（1）表达出某一界立面的可见装饰内容和固定家具、灯具造型等。

（2）表达出施工所需的尺寸及标高。

（3）如需要绘制施工剖面或是大样，则应表达出节点剖切索引号、大样索引号。

（4）标明装饰材料。

（5）以轴间距为立面表达的，应表达出该立面的轴号、轴线尺寸。

（6）若没有单独的陈设立面图，则在该图上表示出活动家具、灯具和各饰品的立面造型（被这些造型遮挡的固定装饰内容可用虚线表示）。

(7) 表达该立面的立面图号及图名。

陈设立面图绘制内容的要求如下：

(1) 表达出某一界立面的装饰内容及其他。
(2) 表达出标高。
(3) 表达出该立面的轴号。
(4) 表达出家具、灯具及陈设品的具体立面形态。
(5) 标明家具、灯具及陈设品的材质、类型等。
(6) 表达出各家具、灯具及陈设品摆放的位置和定位的尺寸。
(7) 表达出该立面的立面图号及图名。

陈设立面图可以基于装饰立面图来绘制，重点应该强调出家具、灯具和陈设品的摆放位置及立面形态，并在装饰立面图的基础上增加对它们的文字说明。可以在装饰立面图的基础上，为立面图添加陈设品即可。此处不再详述。

9.4.2 绘制装饰立面图

立面图的绘制比较简单，使用的都是一些常用的基本绘图命令和编辑修改命令，本小节以绘制平面布置图起居室的 D 立面为例，简要介绍绘制装饰立面图的步骤和方法。

1. 绘制立面轮廓线

(1) 打开"室内平面布置图.dwg"文件将其另存为"装饰立面图.dwg"。

(2) 将墙线层置为当前层。使用"测距离"命令（D），分别捕捉 D 立面内墙的两端点 A 和 B，测出两点之间距离为 6000mm，如图 9-219 所示。

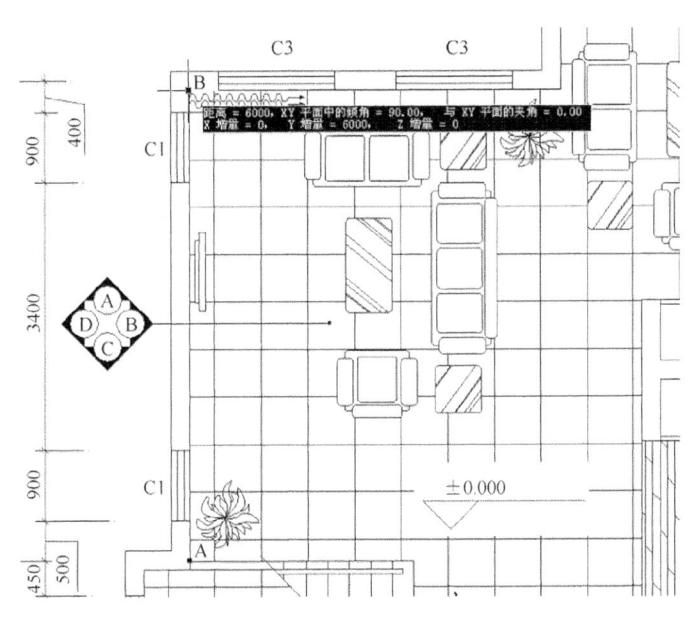

图 9-219 测距离

(3) 绘制长 6000mm，宽 3000mm 的矩形，并使用分解命令将矩形炸开。

(4) 单击矩形下方的边线，使其变为夹点编辑状态，单击其右夹点，打开正交模式向右移动光标，在命令行输入"400"并按回车键。按相同方法编辑左夹点，使矩形的边线表示为立面的地线，如图 9-220 所示。

（5）使用偏移和修剪命令，绘制窗户、踢脚及顶棚轮廓线，尺寸如图 9-221 所示。

图 9-220　绘制立面的地线

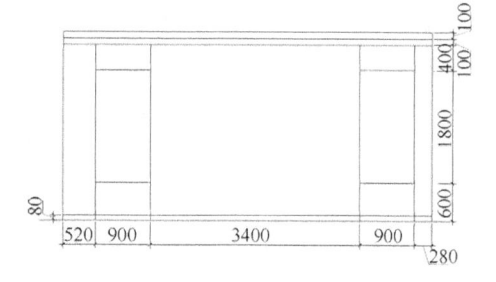

图 9-221　绘制窗户、踢脚及顶棚轮廓线

2. 绘制墙面装饰线

（1）新建"装饰线"图层，并置为当前层。
（2）除墙体轮廓线和地线外，选择其余线段，使其转换到"装饰线"层。
（3）使用偏移命令绘制窗套及电视墙的装饰轮廓线，如图 9-222 所示。
（4）使用修剪和删除命令将立面装饰形态修剪出来，如图 9-223 所示。

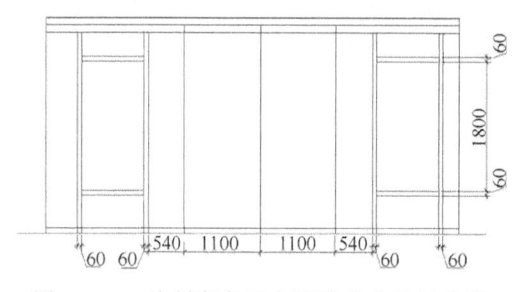

图 9-222　绘制窗套及电视墙的装饰轮廓线

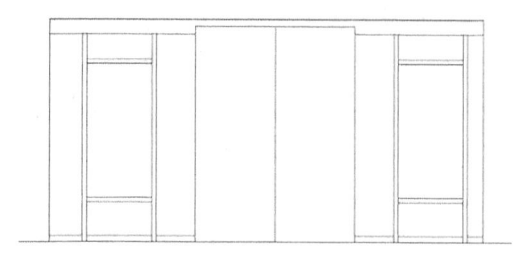

图 9-223　修剪立面装饰形态

（5）修改下拉菜单的"格式"→"点样式"中的点样式，如图 9-224 所示。
（6）使用"定数等分"命令（DIV），将如图 9-225 所示的中线分成 5 等份。
命令行操作提示如下：
命令：_DIVIDE（输入定数等分命令，并按回车键）
选择要定数等分的对象：（选择中线）
输入线段数目或［块（B）］：5（输入 5，并按回车键，将中线 5 等分）
（7）绘制过其等分点的水平直线，并删除等分点。结果如图 9-226 所示。
（8）将填充层置为当前层，在矩形格内填充如图 9-227 所示的图案。填充设置：图案"INSUL"，比例"15"，角度"0"。
（9）将图案设置的角度改成"90"后填充剩余空格（其他设置不变），如图 9-228 所示。
（10）将两个窗洞内填充上如图 9-229 所示的"百叶窗"图案。填充设置：图案"GRATE"，比例"100"，角度"0"。

3. 添加尺寸标注

（1）将尺寸层置为当前层。

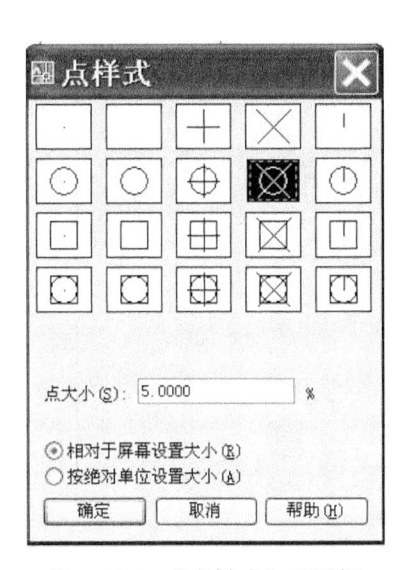

图 9-224 "点样式"对话框

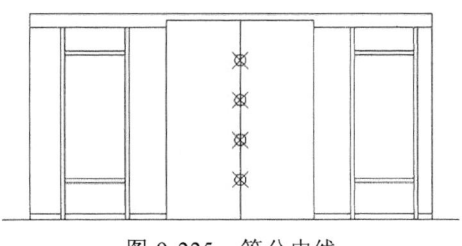

图 9-225 等分中线

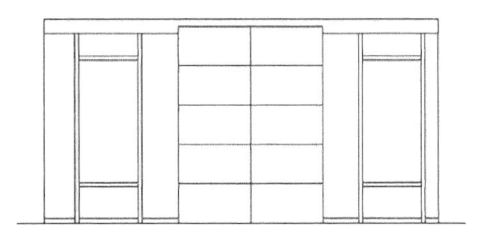

图 9-226 绘制过等分点的水平直线

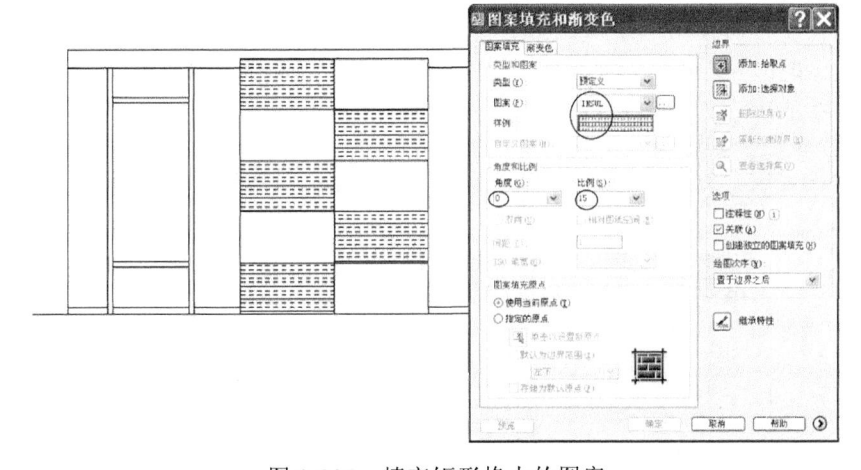

图 9-227 填充矩形格内的图案

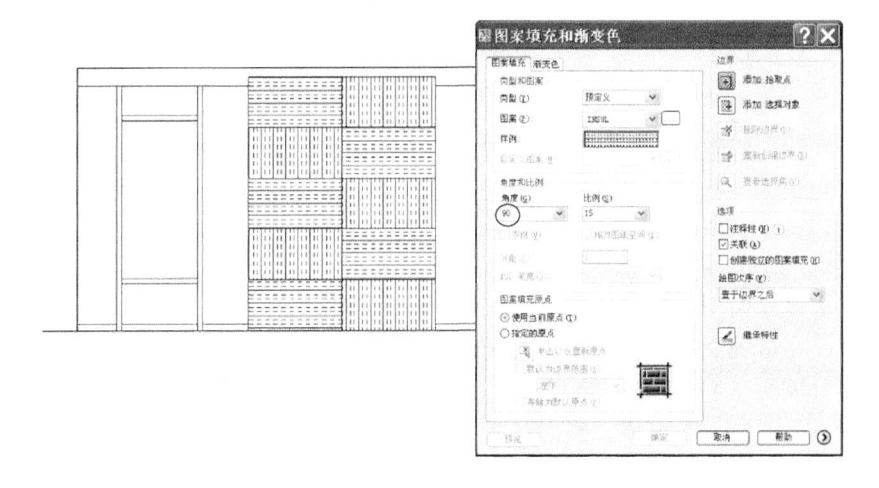

图 9-228 填充剩余空格的图案

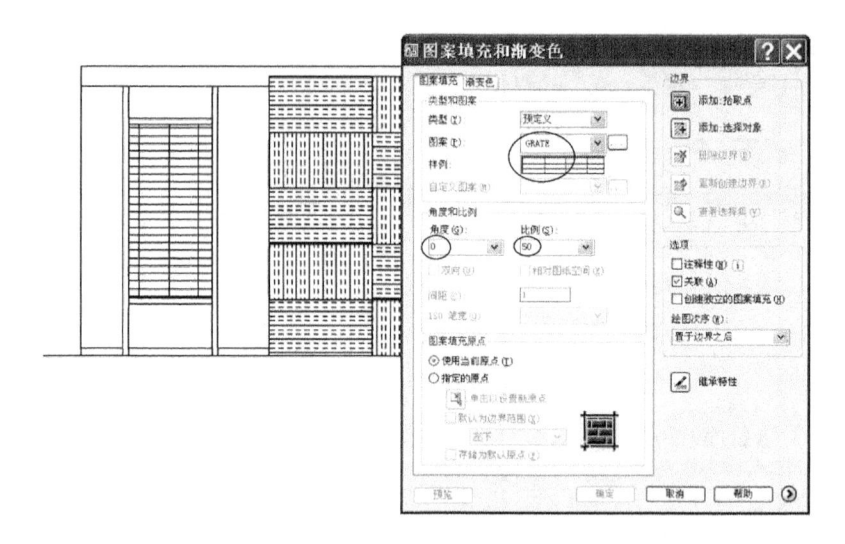

图 9-229 填充百叶窗

（2）单击"标注样式"按钮，基于"标注 100"样式新建一个"标注 40"样式，如图 9-230 所示。单击"继续"按钮，在"调整"选项卡中，将"全局比例"改为"40"。并将"标注 40"样式置为"当前样式"。

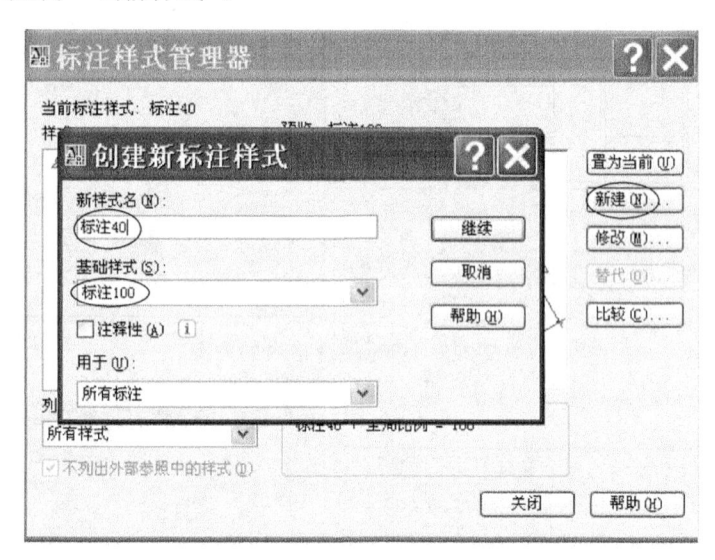

图 9-230 新建"标注 40"样式

（3）单击标注工具栏线性标注按钮，标注出立面装饰尺寸，如图 9-231 所示。

（4）由于该立面图的标注为理想标注，而在实际施工中，装饰背板均分的具体尺寸具有不确定性，在这种情况下，可以使用 EQ 来表示均分，以提示施工人员依现场实际情况来确定单块背板的宽度。选择"电视墙"右侧的所有标注，并双击最后一个标注，打开"特性"对话框，如图 9-232 所示，将对话框左侧滑块下拉，直至出现"文字替代"一项，在其后的表框中输入要替代原来标注数据的文字 EQ，按回车键确认，再按取消键退出。结果如图 9-233 所示。

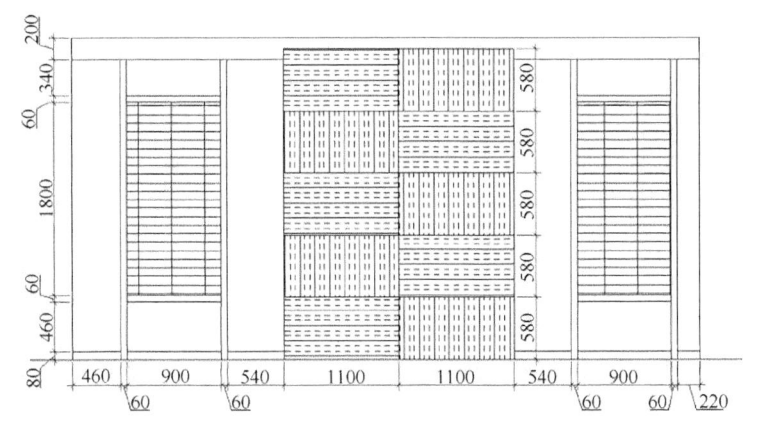

图 9-231　标注立面装饰尺寸

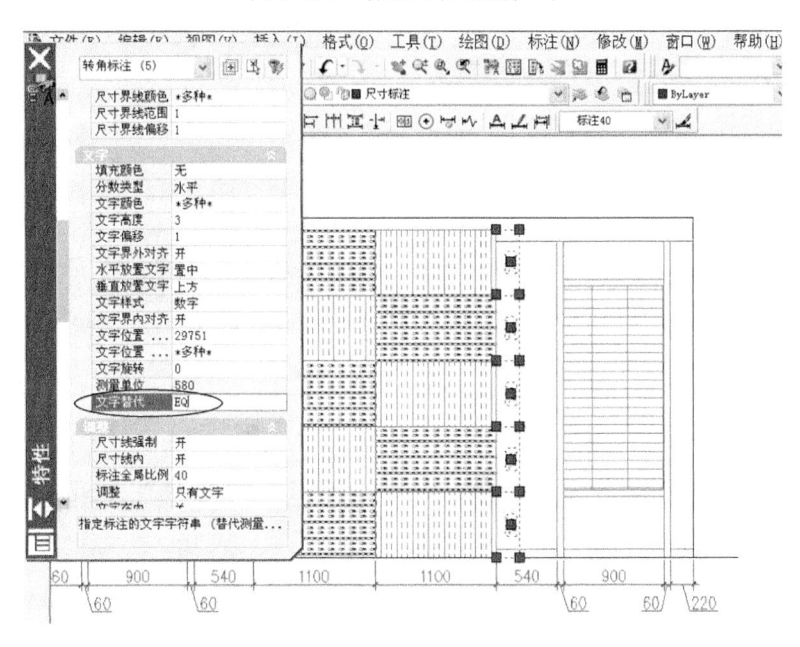

图 9-232　"特性"对话框

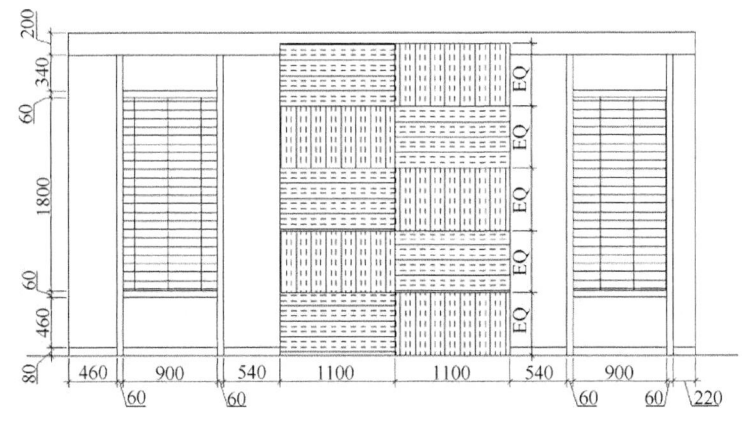

图 9-233　"文字替代"

4．标注立面装饰材料

（1）将"文字注释"层置为当前层。

（2）单击"多重引线样式"按钮，打开"多重引线样式管理器"，单击"新建"按钮，创建一个新的样式"立面材料"，如图 9-234 所示。单击"继续"按钮。在"引线格式"选项卡中，将"颜色"改为"ByLayer"，箭头的"符号"改为"点"，大小改为"1.5"，如图 9-235 所示。在"引线结构"选项卡中，将"最大引线点数"改为"3"；勾选"第一段角度"和"第二段角度"，并将它们的角度分别设为"90"和"0"；将"指定比例"设为"30"，如图 9-236 所示。在"内容"选项卡中，将"文字样式"改为"仿宋体"，"文字颜色"改为"ByLayer"，"文字高度"改为"3"，如图 9-237 所示。单击"确定"按钮返回"多重引线样式管理器"主对话框，再单击"置为当前"按钮，关闭对话框。

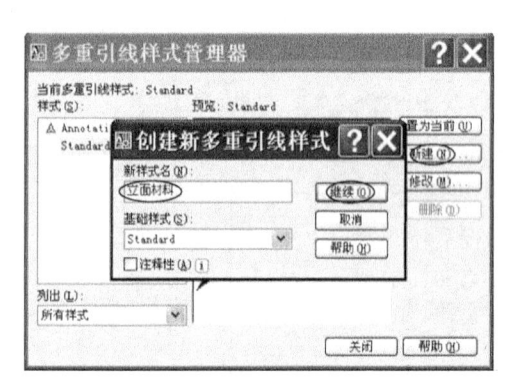

图 9-234　新建"立面材料"样式　　　　图 9-235　"引线格式"选项卡

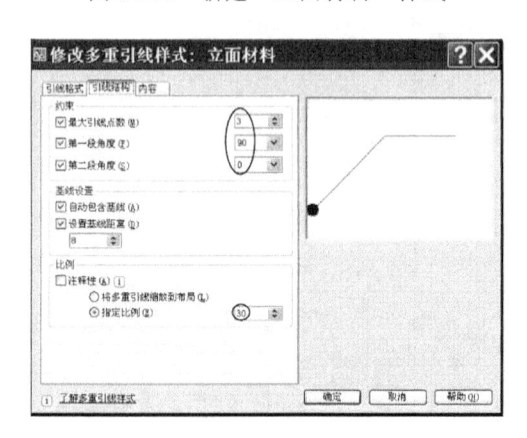

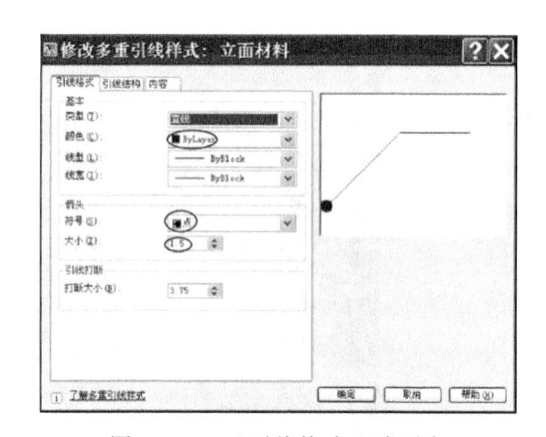

图 9-236　"引线结构"选项卡　　　　图 9-237　"内容"选项卡

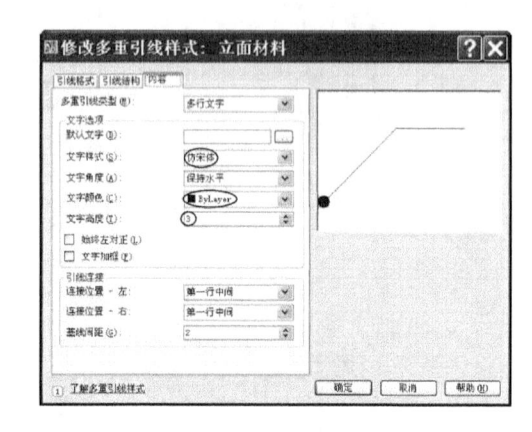

（3）单击"标注"→"多重引线"，先单击装饰材料上的点 A，将光标上移后单击点 B，再将光标向右移至合适的宽度后单击点 C，此时弹出"文字格式"对话框，即可输入文字"枫木饰面"，单击"确定"按钮，即可完成注释，如图 9-238 所示。如需编辑或修改文字内容，在文本上双击即可。

（4）使用同样的方法为其他立面装饰材料添加注释文字说明。结果如图 9-239 所示。

(5) 为相同的材料添加引线 (不必输入文字)。结果如图 9-240 所示。如墙面上需预置插座、插孔等, 应予以标示, 本步骤略。

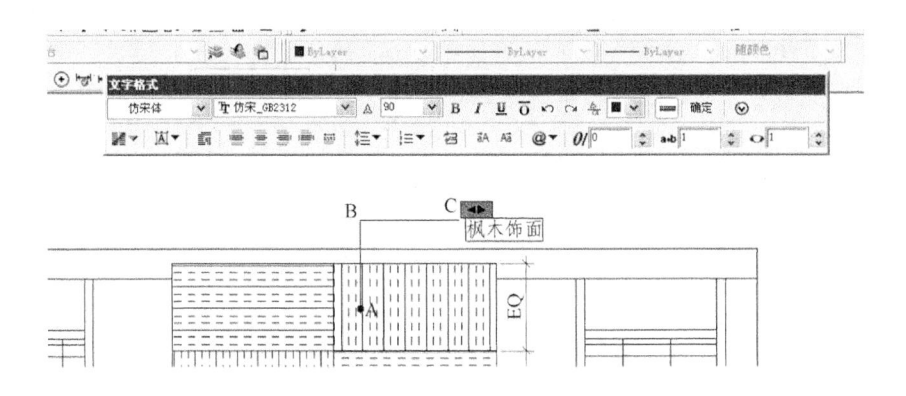

图 9-238 注释装饰材料

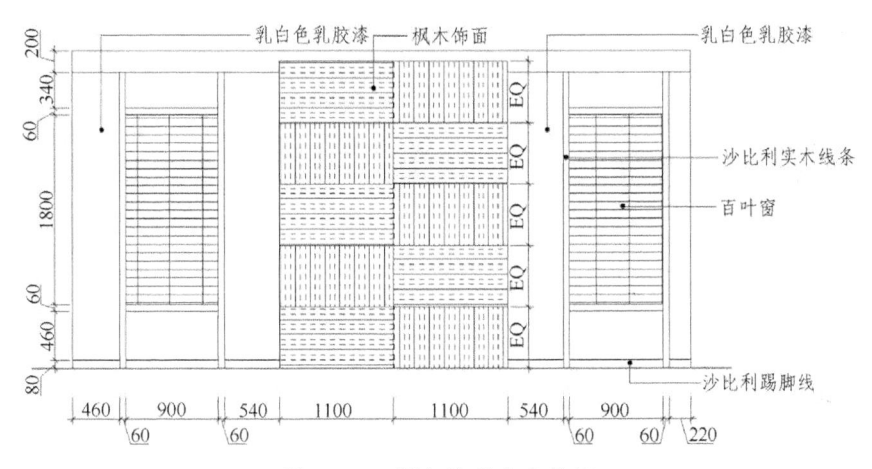

图 9-239 添加注释文字结果

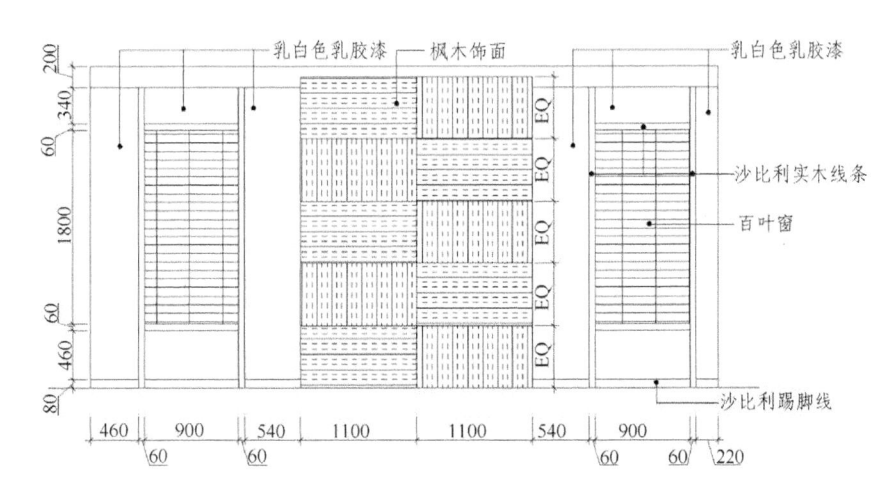

图 9-240 添加材料引线

5. 添加标高符号

（1）使用插入块命令，从图块库中插入"标高"图块。在"插入"对话框中勾选"统一比例"，并将 X 的比例设为"30"。捕捉地线右侧延长线上的一点，命令行提示输入标高值时输入"%%P0.000"，按回车键，结果如图 9-241 所示。

（2）在标高符号下面添加一根水平直线，如图 9-242 所示。

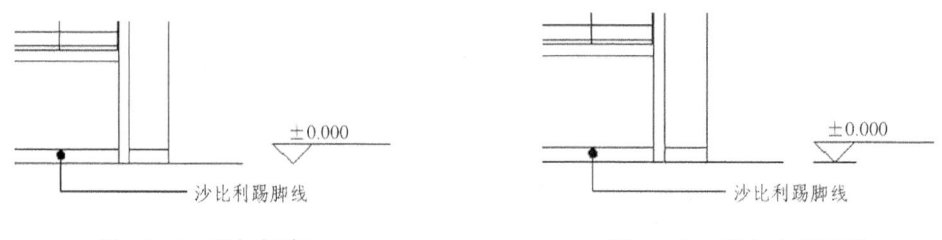

图 9-241　添加标高　　　　　　　　图 9-242　添加水平直线

（3）以垂直墙线的中点为镜像轴镜像该标高符号。

（4）双击上部标高的文字，打开"增强属性编辑器"，将数值"±0.000"改为"3.000"，单击"确定"按钮，结果如图 9-243 所示。

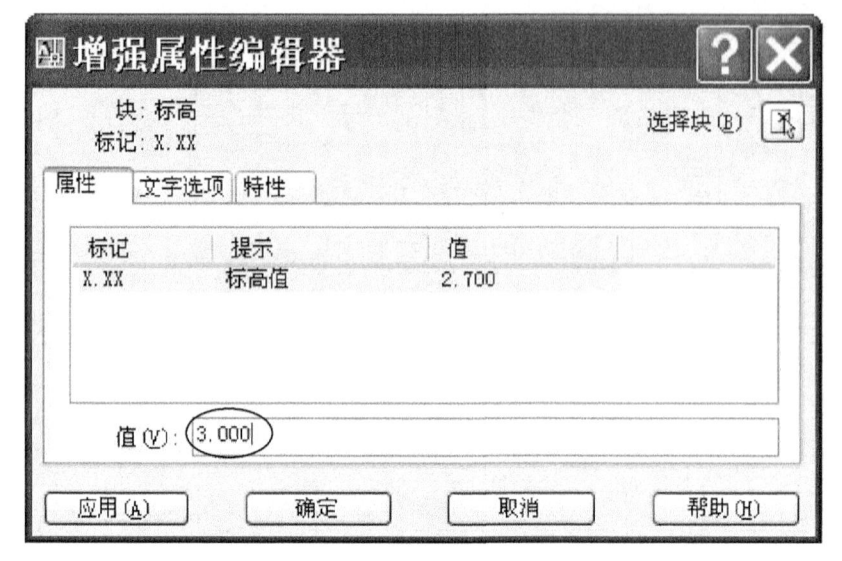

图 9-243　修改标高数值

6. 添加索引符号

（1）绘制索引线。先绘制一根直线，再使用"多段线"命令（PL）在剖切处绘制宽度为 20 的短线段，如图 9-244 所示。

（2）使用与制作轴号相同的方法，制作"剖面索引符号"图块。步骤如下：

1）将当前图层改为"0 层"。

2）绘制一半径为 4mm 的圆，再过圆心绘制一条直线，如图 9-245 所示。

3）使用窗口缩放工具使圆在绘图窗口呈合适尺寸显示。

4）单击下拉菜单"绘图"→"块"→"定义属性"，为轴号定义如图 9-246 所示的块

194

属性。单击"确定"按钮后，捕捉圆的圆心，将"X"置于中线上方，再适当调整其位置即可。

5）重复上述操作，第二次定义块属性，设置如图9-247所示。单击"确定"按钮后，捕捉圆的圆心，将"Y"置于中线下方，并适当调整其位置即可。

图9-244 绘制索引线　　　　　　　图9-245 绘制圆

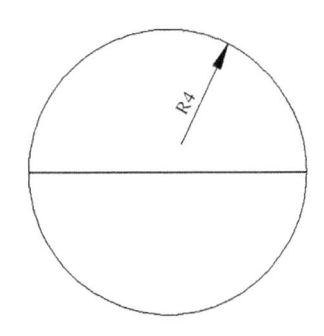

图9-246 定义轴号块属性　　　　　图9-247 再次定义轴号块属性

6）使用"写块"命令（W），选择索引符号，拾取圆左侧的象限点作为基点，将图块另存入图块库，结果如图9-248所示。

（3）把剖面索引符号插入立面图。步骤如下：

1）将当前图层改为"文字注释"。

2）使用"插入块"（I）命令，插入轴线编号。在弹出的"插入"对话框中将比例设为"30"，单击确定后，捕捉索引线的端点。根据命令行的提示，分别输入"详图所在图号：3"及"详图编号：1"，结果如图9-249所示。

（4）用相同的方法绘制所有的剖面详图索引。绘制过程中可适当调整尺寸标注或文字注释的位置，以使图面表达更加清楚。最后结果如图9-250所示。

7. 为立面图创建图名栏

图名栏的表现形式较为灵活，但必须包含图名、图号和比例等基本信息。绘制步骤如下：

195

（1）绘制如图9-251所示的图形。

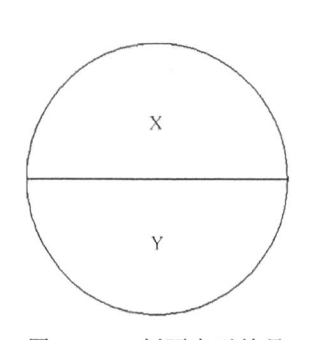

图9-248　剖面索引符号

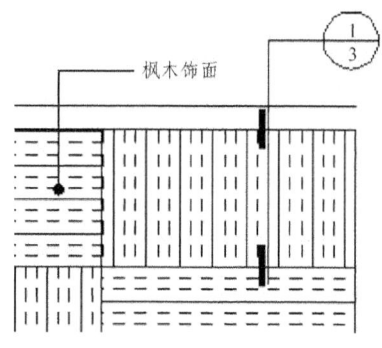

图9-249　修改详图编号

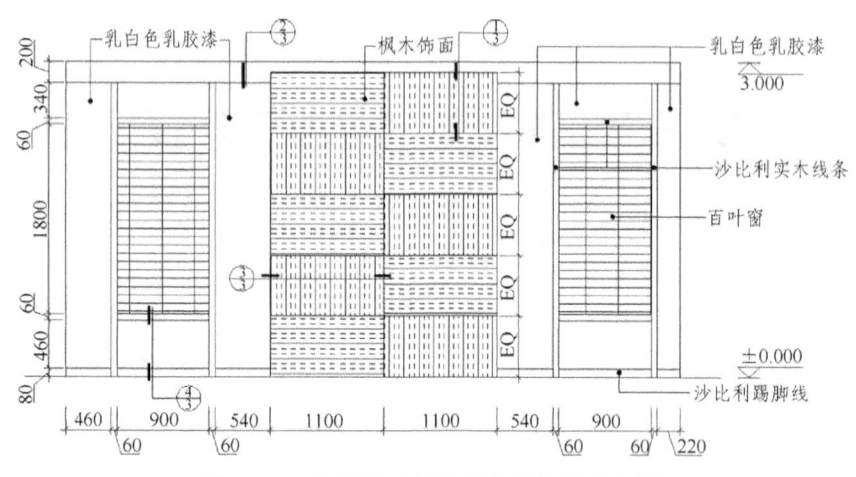

图9-250　调整尺寸标注和文字注释的位置

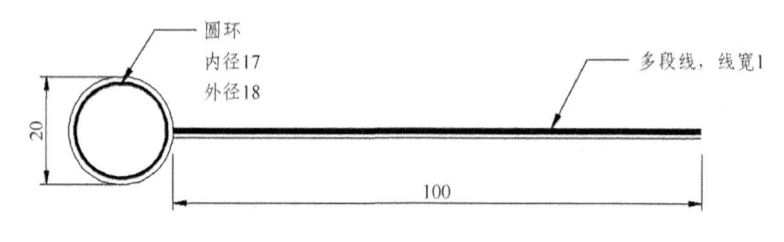

图9-251　绘制图名栏

（2）按照图9-252所示的文字属性分别定义图块中各文字的属性（点击"绘图"→"块"→"定义属性"即可）。

（3）将图形写块保存至图块库（文件名：图名栏）。

（4）使用插入块命令，将图名栏插入图纸。在弹出的"插入"对话框中将比例设为"30"，单击确定后，将图名栏插入图形下方合适位置。根据命令行的提示，分别输入"图名：起居室D立面"、"比例:S=1:50"、"图号:4"。结果如图9-253所示。

（5）按【Ctrl】+【S】键保存。

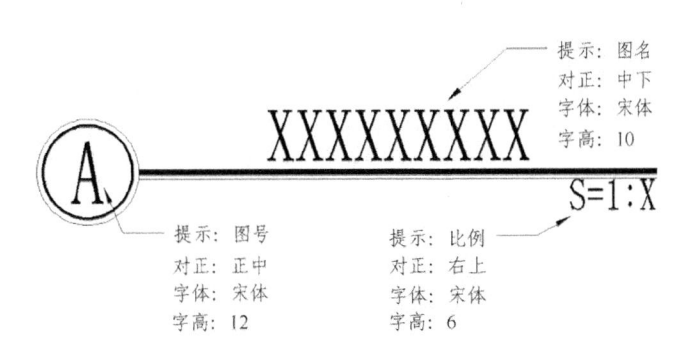

图 9-252 定义图名栏的文字属性

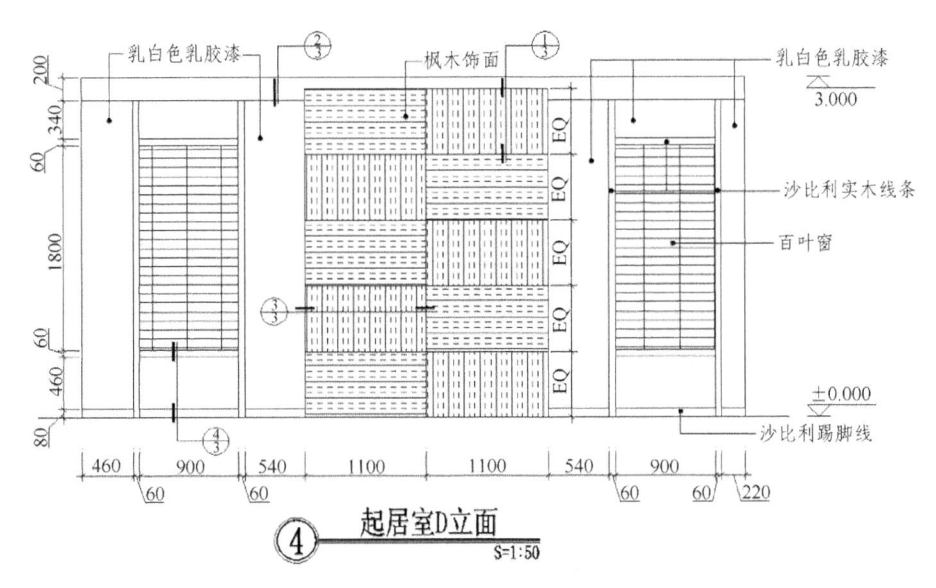

图 9-253 插入图名栏

附录 A 室内设计制图的要求及规范

1. 图幅、图标及会签栏

图幅即图面的大小。根据国家规范的规定，按图面的长和宽的大小确定图幅的等级。室内设计常用的图幅有 A0（又称为 0 号图幅，其余类推）、A1、A2、A3 及 A4，每种图幅的长宽尺寸如表 A-1 所示，表中的尺寸代号意义如图 A-1 所示。

表 A-1　　　　　　　　　　　图 幅 标 准　　　　　　　　　　单位：mm

尺寸代号 \ 图幅代号	A0	A1	A2	A3	A4
$B×L$	841×1189	594×841	420×594	297×420	210×297
c	10	10	10	5	5
a	25	25	25	25	25

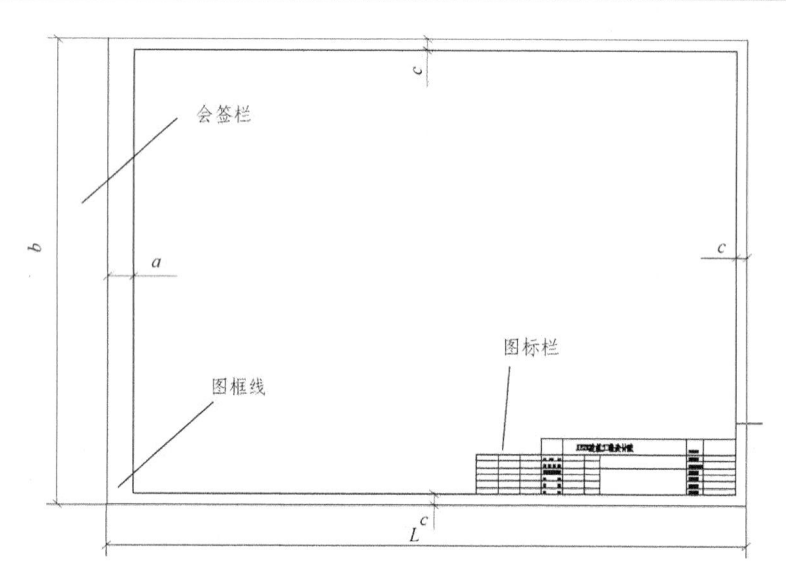

图 A-1　A0～A3 图幅格式

图标栏即图纸的标题栏，它包括设计单位名称、工程名称、签字区、图名区及图号区等内容。一般图标格式，如图 A-2 所示，如今不少设计单位采用自己个性化的图标格式，但是仍必须包括必不可少的这几项内容。

会签栏是为各工种负责人审核后签名用的表格，它包括专业、姓名、日期等内容，具体内容根据需要来设置，对于不需要会签的图样，可以不设此栏。

图 A-2　图标栏

2. 线型要求

室内设计图主要由各种线条构成，不同的线型表示不同的对象和不同的部位，代表着不同的含义。为了图面能够清晰、准确、美观地表达设计思想，工程实践中采用了一套常用的线型，并规定了它们的使用范围。常用线型如表 A-2 所示。在 AutoCAD2008 中，可通过"图层"中的"线型"、"线宽"的设置来选定所需要的线型。

表 A-2　　　　常　用　线　型

名　称		线　型	线　宽	适　用　范　围
实线	粗	——————	b	建筑平面图、剖面图、构造详图的被剖切截面的轮廓线；建筑立面图、室内立面图外轮廓线；图框线内立面图外轮廓线；图框
	中	——————	$0.5b$	室内设计图中被剖切的次要构件的轮廓线；室内平面图、顶棚图、立面图、家具三视图中构配件的轮廓线
	细	——————	$\leqslant 0.25b$	尺寸线、图例线、索引符号、地面材料线及其他细部刻画用线
虚线	中	- - - - - -	$\leqslant 0.5b$	主要用于构造详图中不可见的实物轮廓
	细	- - - - - -	$\leqslant 0.25b$	其他不可见的次要实物轮廓线
点划线	细	— · — · —	$\leqslant 0.25b$	轴线、构配件的中心线、对称线等
折断线	细	——/\——	$\leqslant 0.25b$	省画图样时的断开界限
波浪线	细	～～～～	$\leqslant 0.25b$	构造层次的断开界线，有时也表示省略画出时的断开界线

3. 尺寸标注

在对室内设计图进行标注时，还要注意以下一些标注原则：

（1）尺寸标注应力求准确、清晰、美观大方。同一张图样中，标注风格应保持一致。

（2）尺寸线应尽量标注在图样轮廓线以外，从内到外依次标注从小到大的尺寸，不能将大尺寸标在内，而小尺寸标在外，如图 A-3 所示。

（3）最内一道尺寸线与图样轮廓线之间的距离不应小于 10mm，两道尺寸线之间的距离一般为 7～10mm。

（4）尺寸界线朝向图样的端头距图样轮廓的距离应不小于 2mm，不宜直接与之相连。

（5）在图线拥挤的地方，应合理安排尺寸线的位置，但不宜与图线、文字及符号相交；可以考虑将轮廓线用作尺寸界线，但不能作为尺寸线。

（6）对于连续相同的尺寸，可以采用"均分"或"（EQ）"字样代替，如图 A-4 所示。

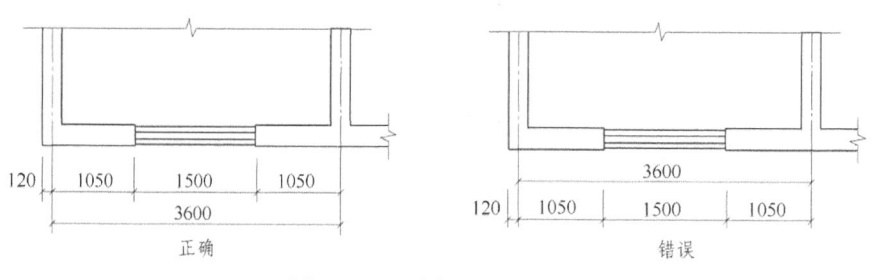

图 A-3　尺寸标注正误对比

图 A-4　相同尺寸的省略标注

4. 文字说明

在一幅完整的图样中用图线方式表现得不充分和无法用图线表示的地方，就需要进行文字说明，例如材料名称、构配件名称、构造做法、统计表及图名等。文字说明是图样内容的重要组成部分，制图规范对文字标注中的字体、字号及字体字号搭配等方面作了一些具体规定。

（1）一般原则：字体端正，排列整齐，清晰准确，美观大方，避免过于个性化的文字标注。

（2）字体：一般标注推荐采用仿宋字，标题可用楷体、隶书、黑体字等。各种字体、字号如图 A-5 所示。

图 A-5　字体说明

（3）字号：标注的文字的高度要适中。同一类型的文字采用同一大小的字。较大的字用于较概括性的说明内容，较小的字用于细致的说明内容。

（4）字体及字号的搭配注意体现层次感。

5. 常用图示标注

（1）详图索引符号及详图符号。室内平、立、剖面图中，在需要另设详图表示的部位，标注一个索引符号，以表明该详图的位置，这个索引符号就是详图索引符号，如图 A-6 所示。详图索引符号采用细实线绘制，圆圈直径为 10mm。当详图就在本张图样时，采用如图 A-6（a）所示的形式，当详图不在本张图样时，采用图 A-6（b）~（g）的形式。图 A-6（d）~（g）用于索引剖面详图。

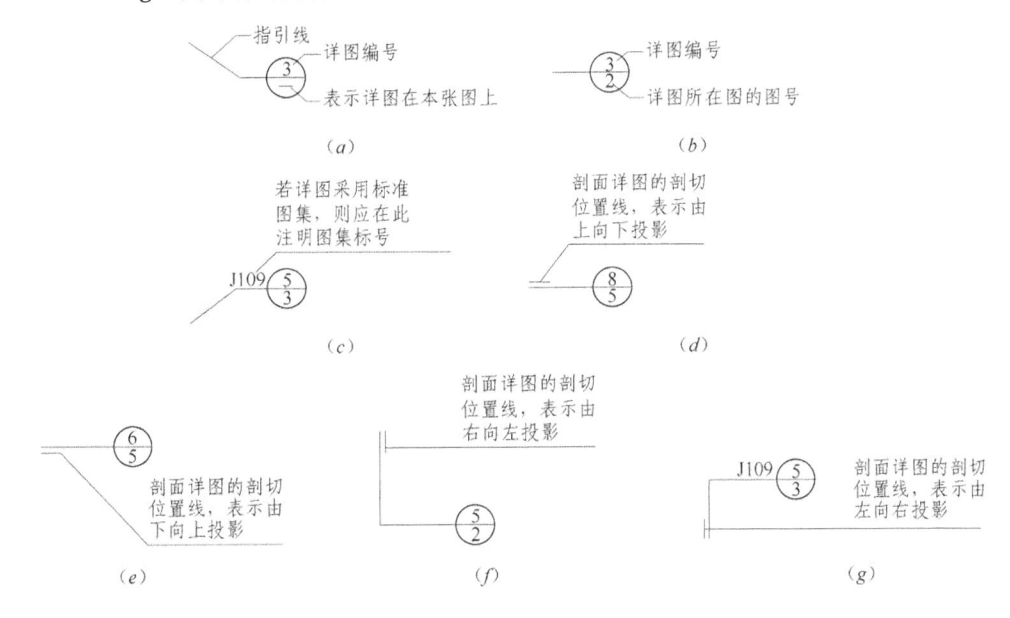

图 A-6　详图索引符号

详图符号即详图的编号，用粗实线绘制，圆圈直径 14mm，如图 A-7 所示。

图 A-7　详图符号

（2）引出线。由图样引出一条或多条线段指向文字说明，该线段就是引出线。引出线与水平方向的夹角一般采用 0°、30°、45°、60°、90°，常见的引出线形式，如图 A-8 所示。

图 A-8 中，（a）~（d）为普通引出线，（e）~（h）为多层构造引出线。使用多层构造引出线时，应注意构造分层的顺序要与文字说明的分层顺序一致。文字说明可以放在引出线的端头［见图 A-8（a）~（h）］，也可放在引出线水平段之上［见图 A-8（i）］。

（3）内视符号。在房屋建筑中，一个特定的室内空间领域总存在竖向分隔（隔断或墙体）来界定。因此，根据具体情况，就有可能绘制 1 个或多个立面图来表达隔断、墙体及家具、构配件的设计情况。内视符号标注在平面图中，包含视点位置、方向和编号三个信息，建立平面图和室内立面图之间的联系。内视符号的形式，如图 A-9 所示。

图 A-9 中立面图编号可用英文字母或阿拉伯数字表示，黑色的箭头指向表示立面的方向。图 A-9 中，（a）为单向内视符号，（b）为双向内视符号，（c）为四向内视符号，A、B、C、D 顺时针标注。

（4）室内设计图常用符号。室内设计图常用符号见表 A-3。

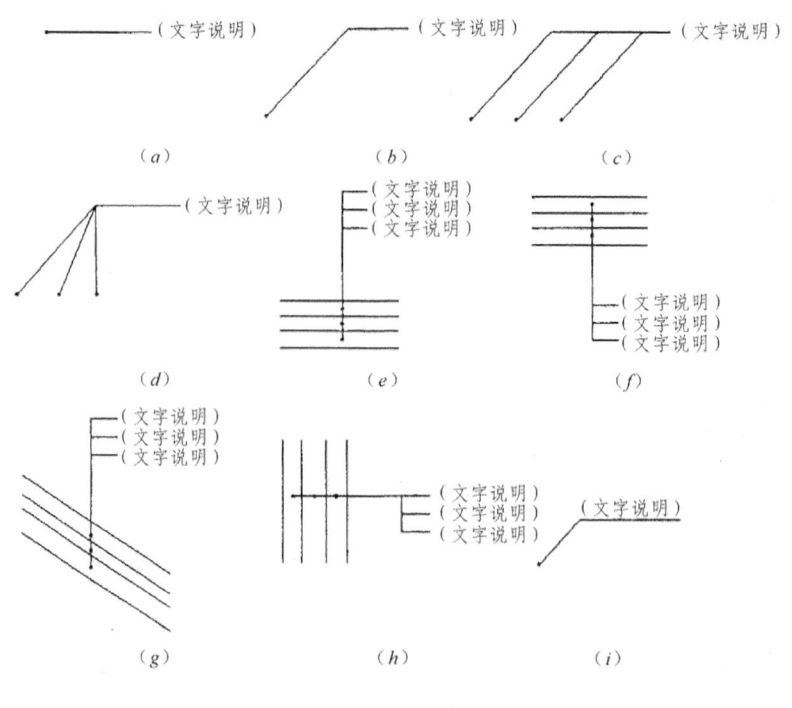

图 A-8　引出线形式

图 A-9　内视符号

表 A-3　　　　　　　　　　　　　　室内设计图常用符号

符　号	说　明	符　号	说　明
3.600（两种标高符号）	标高符号，线上数字为标高值，单位为 m。下面一种在标注位置比较拥挤时采用	平面图 1:100	图名及比例
⌐1　1⌐	标注剖切位置的符号，标数字的方向为投影方向，"1"与剖面图的编号"1-1"对应	（单扇平开门图示）	单扇平开门
（对称符号图示）	对称符号。在对称图形的中轴位置画此符号，可以省画另一半图形	（双扇平开门图示）	双扇平开门
（楼板开方孔图示）	楼板开方孔	i=5%	表示坡度
@	表示重复出现的固定间隔，例如"双向木格栅@500"	2　　2	标注绘制断面图的位置，标数字的方向为投影方向，"2"与断面图的编号"2-2"对应

续表

符 号	说 明	符 号	说 明
	指北针		四扇推拉门
	楼板开圆孔		窗户
φ	表示直径，如 φ30		顶层楼梯
① 1:5	索引详图名及比例		单扇推拉门
	旋转门		双扇推拉门
	卷帘门		折叠门
	子母门		首层楼梯
	单扇弹簧门		中间层楼梯

（5）常用材料符号表示。在室内工程制图中经常应用材料图例来表示材料，在无法用图例表示的地方，也可使用文字说明的形式来表示，见表 A-4。

表 A-4　　　　　　　　常 用 材 料 图 例

材料图例	说明	材料图例	说明
	自然土壤		夯实土壤
	毛石砌体		普通砖
	石材		砂、灰土
	空心砖		松散材料
	混凝土		钢筋混凝土
	多孔材料		金属
	矿渣、炉渣		玻璃
	纤维材料		防水材料
	木材		液体（须标明液体名称）

（6）常用比例表示：

1）平面图：1:50、1:100 等。

2）立面图：1:20、1:30、1:50、1:100 等。

3）顶棚图：1:50、1:100 等。

4）构造详图：1:1、1:2、1:5、1:10、1:20 等。

附录 B 题 型 练 习

1. 按图 B-1 所示尺寸绘制沙发及台灯的平面图，图中尺寸仅供参考，不必标注。
要求如下：
（1）除主要尺寸外，其余尺寸自定，只要形状与所示图形相似即可。
（2）分别制作成图块，如图 B-1（a）和（b）所示。

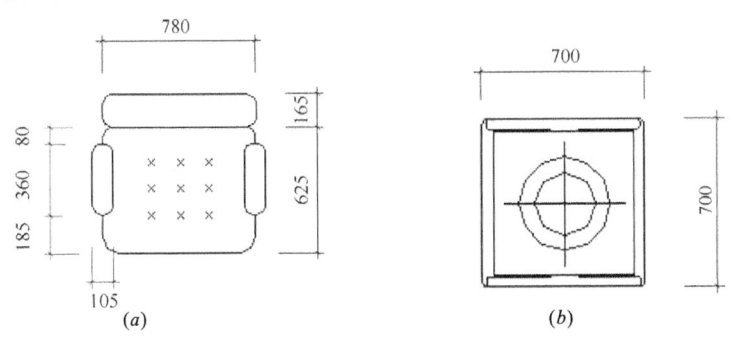

图 B-1

2. 绘制图 B-2 所示的住宅平面图。墙体厚度均为 240mm。未注明的细部尺寸，由考

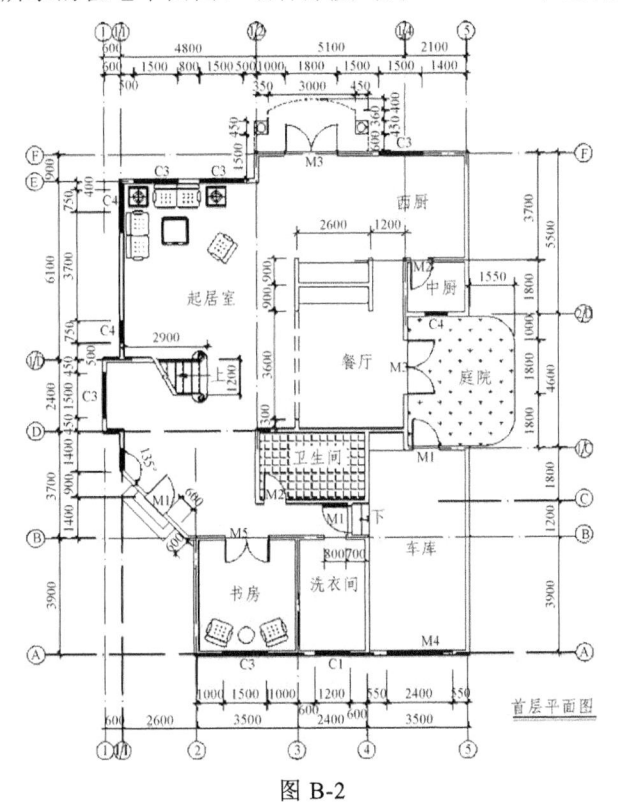

图 B-2

生自定。

要求如下：

（1）至少设五个图层：轴线（点划线）、墙柱、门窗、尺寸、家具，各层颜色自定，但必须互不相同。

（2）绘制对象为图 B-2 中的所有内容：墙线、门窗、家具、轴线、轴线尺寸、图案填充及文字。

主要参考文献

[1] 李智辉，张灶法.AutoCAD建筑制图习题集锦［M］.北京：清华大学出版社，2005.

[2] 胡仁喜，刘昌丽.AutoCAD2008中文版室内装潢设计［M］.北京：机械工业出版社，2008.

[3] 汤晓山，莫敷建，陈菲菲.计算机辅助环境艺术设计［M］.北京：清华大学出版社，2007.

[4] 中华人民共和国住房与城乡建设部.GB/T 50001—2010房屋建筑制图统一标准［S］.北京：中国建筑工业出版社，2010.

[5] 中华人民共和国建设部.GB/T 50104—2010建筑制图标准［S］.北京：中国建筑工业出版社，2010.